人工智能技术丛书

智能推荐系统开发实战

尚涛◎著

www.waterpub.com.cn
·北京·

内 容 提 要

《智能推荐系统开发实战》基于 Python 3.7 编写，全书围绕推荐模型的开发实践，为读者重点介绍了各种不同类型推荐模型的开发过程及其在多种业务场景下的应用。

全书分为 4 篇，第 1 篇简单介绍了推荐系统的发展过程及从事推荐模型研发需要的数学知识；第 2 篇重点介绍了不同类型的推荐算法在多种应用场景下的开发实践，包括协同过滤、矩阵分解、Logistic 回归、决策树、集成学习、因子分解机与深度学习模型；第 3 篇介绍了推荐系统的冷启动问题及效果评估方法；第 4 篇通过行业真实案例，如广告点击率预测、金融产品精准营销、音乐推荐、基于客户生命周期的推荐等，深入浅出、循序渐进地介绍了推荐模型开发的全过程。

《智能推荐系统开发实战》内容精练、案例丰富，实践性极强，可快速学习并上手实践，值得一读，特别适合在企业中从事推荐模型开发、数据分析挖掘、机器学习研发等工作的人员使用，同样适合想从事数据挖掘工作的各大中专院校的学生与教师，以及其他对推荐系统领域有兴趣的各类人员使用。

图书在版编目（CIP）数据

智能推荐系统开发实战 / 尚涛著. -- 北京 : 中国水利水电出版社, 2022.7

（人工智能技术丛书）

ISBN 978-7-5170-9935-2

Ⅰ. ①智… Ⅱ. ①尚… Ⅲ. ①算法理论－研究 Ⅳ.①TP301.6

中国版本图书馆CIP数据核字（2021）第185599号

丛 书 名	人工智能技术丛书
书　　名	智能推荐系统开发实战 ZHINENG TUIJIAN XITONG KAIFA SHIZHAN
作　　者	尚涛　著
出版发行	中国水利水电出版社 （北京市海淀区玉渊潭南路 1 号 D 座　100038） 网址：www.waterpub.com.cn E-mail：zhiboshangshu@163.com 电话：（010）62572966-2205/2266/2201（营销中心）
经　　售	北京科水图书销售有限公司 电话：（010）68545874、63202643 全国各地新华书店和相关出版物销售网点
排　　版	北京智博尚书文化传媒有限公司
印　　刷	河北鲁汇荣彩印刷有限公司
规　　格	190mm×235mm　16 开本　19.25 印张　451 千字
版　　次	2022 年 7 月第 1 版　2022 年 7 月第 1 次印刷
印　　数	0001—3000 册
定　　价	79.80 元

前　言

技术的前途

我们正处在一个信息爆炸的时代，移动互联网的发展使我们淹没在数据的汪洋大海里不知所措，纵使周遭遍布信息，也是无所适从。而智能推荐系统的出现解决了信息筛选的难题，帮助我们迈入了信息智能推荐时代。

对于企业而言，推荐系统已经成为业务运营的标配。智能推荐赋能业务增长，它以用户行为数据为基础，采用深度学习等先进的机器学习算法，帮助企业构建智能的产品或信息分发系统，实现对用户“千人千面”的个性化推荐，改善用户体验，持续提升核心业务指标。

对于用户而言，推荐系统解决了信息筛选的难题，帮助用户发现自己喜爱的物品，如电影、音乐、书籍，提升了用户体验。

对于广大研发工程师们来说，能够投身于推荐系统的研发，是一件既有趣又充满挑战性的事情。几乎所有企业都加大了人工智能领域的研发投入，在今天的互联网应用中，越来越多“聪明”的推荐系统被开发出来，并被广大用户信赖和使用。推荐算法和推荐系统技术的研究与应用方兴未艾，值得读者加入。

本书特色

- 简单易学：本书使用 Python 3.7 版本进行编写，代码简单，易于读者学习。
- 实践为主：本书不是空讲推荐算法理论知识，而是以实际的案例清晰简明地介绍如何使用 Python 实现推荐模型的开发落地。
- 内容全面：覆盖推荐系统领域常见的模型及热点案例。
- 配备数据和源代码：提供所有案例的数据文件和 Python 源代码供读者操作练习、快速上手。
- 学习路线图清晰：每个推荐模型开发案例均按照数据挖掘项目的一般工作流程逐步展开，分析逻辑清晰。

本书的内容

本书基于 Python 3.7 编写，全书围绕推荐模型的开发实践，为读者重点展示了各种不同类型推荐模型的开发过程及其在多种业务场景下的应用。

本书分为 4 篇，第 1 篇简单介绍了推荐系统的发展过程及从事推荐模型研发需要的数学知识；第 2 篇重点介绍了不同类型的推荐算法在多种应用场景下的开发实践，包括协同过滤、矩阵分解、Logistic 回归、决策树、集成学习、因子分解机与深度学习模型；第 3 篇介绍了推荐系统的冷启动问题和效果评估方法；第 4 篇通过行业真实案例，如广告点击率预测、金融产品推荐、电影推荐、音乐推荐、产品交叉销售等，深入浅出、循序渐进地介绍了推荐模型开发的全过程。

本书内容精练、案例丰富，实践性极强，可快速学习、快速上手实践。关于本书的逻辑架构，读者可以参考如下思维导图。

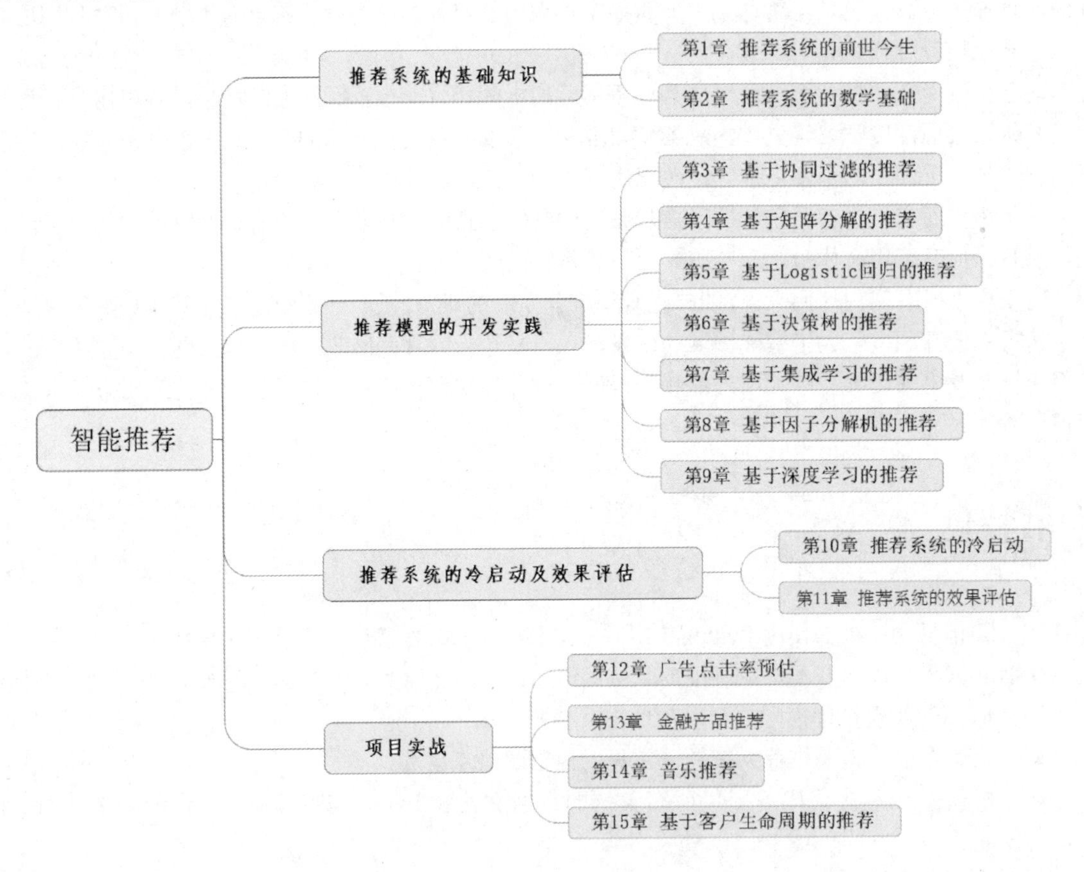

作者介绍

尚涛，毕业于上海交通大学数学系，拥有数学硕士学位，研究方向为数据挖掘与机器学习应用领域，拥有超过 10 年数据挖掘和优化建模的经验，以及多年使用 SAS、R、Python 等软件的经验；曾任职于支付宝、平安科技、易方达基金，现就职于南方基金，专注于精准营销、推荐系统、信用风险评分等领域数据挖掘项目的研发工作；就职期间，为所在公司的业务方成功实施了众多深受好评的数据挖掘项目，实现了良好的业务价值。

本书读者对象

- 推荐算法工程师
- 数据科学家
- 数据挖掘工程师
- 机器学习工程师
- 想从事数据挖掘工作的院校学生
- 对数据挖掘技术领域有兴趣的人员

资源下载

本书提供实例的源码文件，读者使用手机微信扫一扫下面的二维码，或者在微信公众号中搜索“人人都是程序猿”，关注后输入 TF9935 至公众号后台，即可获取本书的资源下载链接。将该链接复制到计算机浏览器的地址栏中（一定要复制到计算机浏览器的地址栏中），根据提示进行下载。

读者可加入本书的读者交流圈，与其他读者在线学习交流，或查看本书的相关资讯。

人人都是程序猿

读者交流圈

致谢

本书能够顺利出版，是作者、编辑和所有审校人员共同努力的结果，在此表示深深的感谢。同时，祝福所有读者在通往优秀工程师的道路上一帆风顺。

编　者

目 录

第1篇 推荐系统的基础知识

第 1 章 推荐系统的前世今生 ············ 2

1.1 从信息匮乏到信息过载 ···················· 3

1.2 从搜索到推荐 ···················· 4

1.3 推荐系统的应用场景 ···················· 4

1.4 推荐系统的基础知识 ···················· 5

1.4.1 什么是推荐系统 ············ 5

1.4.2 使用推荐系统的目的 ········· 5

1.4.3 如何搭建一个推荐系统 ······ 6

1.4.4 推荐系统涉及的模型 ········· 7

1.5 推荐系统的开发工具说明 ············· 7

第 2 章 推荐系统的数学基础 ············ 9

2.1 线性代数 ···················· 10

2.1.1 向量 ···················· 10

2.1.2 矩阵 ···················· 11

2.1.3 范数 ···················· 15

2.1.4 矩阵分解 ···················· 16

2.2 微积分 ···················· 18

2.2.1 函数 ···················· 18

2.2.2 极限 ···················· 18

2.2.3 导数 ···················· 19

2.2.4 微分中值定理 ············ 19

2.2.5 泰勒展开式 ············ 20

2.2.6 梯度 ···················· 21

2.2.7 最小二乘法 ············ 21

2.3 概率统计 ···················· 22

2.3.1 概率 ···················· 22

2.3.2 总体与个体 ············ 23

2.3.3 简单随机抽样 ············ 23

2.3.4 统计量 ···················· 24

2.3.5 描述性统计 ············ 24

第2篇 推荐模型的开发实践

第 3 章 基于协同过滤的推荐 ··········· 27

3.1 协同过滤算法简介 ···················· 28

3.1.1 基于用户的协同过滤 ······· 28

3.1.2 基于项目的协同过滤 ······· 30

3.1.3 基于模型的协同过滤 ······· 31

3.2 基于协同过滤算法的实现 ············· 31

3.2.1 数据源说明 ···················· 31

3.2.2 基于项目的协同过滤推荐实现 ···················· 32

3.2.3 基于用户的协同过滤推荐实现 ···················· 36

第 4 章　基于矩阵分解的推荐 ………… 39
4.1　矩阵分解模型简介 ………… 40
4.1.1　SVD 分解 ………… 40
4.1.2　Funk SVD 分解 ………… 41
4.1.3　SVD++分解 ………… 41
4.1.4　timeSVD 分解 ………… 42
4.2　Surprise 推荐算法库简介 ………… 42
4.2.1　基本用法 ………… 43
4.2.2　使用交叉验证迭代器 ………… 44
4.2.3　使用 GridSearchCV 调整参数 ………… 45
4.3　案例：基于矩阵分解的电影推荐 ………… 46
4.3.1　数据说明 ………… 46
4.3.2　数据探索 ………… 48
4.3.3　模型开发 ………… 50
4.3.4　模型评估 ………… 52
第 5 章　基于 Logistic 回归的推荐 ………… 54
5.1　Logistic 回归模型简介 ………… 55
5.1.1　理解 Odds ………… 55
5.1.2　Logistic 回归模型 ………… 56
5.1.3　为什么 Logistic 回归模型可以用在推荐场景 ………… 56
5.2　案例：基于 Logistic 回归的广告推荐 ………… 57
5.2.1　数据说明 ………… 57
5.2.2　项目目标 ………… 60
5.2.3　数据探索 ………… 60
5.2.4　模型开发与评估 ………… 61
5.2.5　模型应用 ………… 64
第 6 章　基于决策树的推荐 ………… 65
6.1　决策树算法的原理 ………… 66
6.1.1　ID3 算法 ………… 66
6.1.2　C4.5 算法 ………… 67
6.1.3　CART 算法 ………… 67
6.2　案例：基于决策树的产品推荐 ………… 68
6.2.1　数据说明 ………… 68
6.2.2　项目目标 ………… 70
6.2.3　数据探索 ………… 70
6.2.4　特征工程 ………… 76
6.2.5　模型开发评估 ………… 79
6.2.6　模型应用 ………… 81
第 7 章　基于集成学习的推荐 ………… 83
7.1　集成学习简介 ………… 84
7.1.1　什么是集成学习 ………… 84
7.1.2　Bagging 和 Boosting 算法 ………… 85
7.1.3　集成学习方法的有效性 ………… 86
7.2　随机森林算法 ………… 87
7.2.1　什么是随机森林 ………… 87
7.2.2　随机森林算法的 Python 实现 ………… 88
7.3　梯度提升算法 ………… 97
7.3.1　GBM 模型 ………… 97
7.3.2　XGBoost 模型 ………… 110
7.3.3　LightGBM 模型 ………… 114
7.4　案例：电信套餐个性化推荐 ………… 115
7.4.1　项目背景 ………… 115
7.4.2　项目目标 ………… 115
7.4.3　数据说明 ………… 115
7.4.4　数据探索 ………… 118
7.4.5　特征工程 ………… 120
7.4.6　模型开发与评估 ………… 123
第 8 章　基于因子分解机的推荐 ………… 127
8.1　因子分解机算法简介 ………… 128
8.1.1　辛普森悖论 ………… 128

8.1.2 多项式回归模型…………129
8.1.3 FM 模型……………………129
8.1.4 FFM 模型…………………129
8.2 xLearn 库简介 131
8.2.1 模型选择……………………132
8.2.2 模型参数设置………………133
8.2.3 模型训练与输出……………135
8.3 案例：广告点击率的预测............136
8.3.1 项目背景及目标……………136
8.3.2 数据说明……………………136
8.3.3 模型训练……………………137
8.3.4 模型输出……………………138

第 9 章 基于深度学习的推荐 ………… 140

9.1 深度学习简介...............................141
9.1.1 神经网络的发展……………141
9.1.2 什么是深度学习……………141
9.1.3 深度学习的工作原理………141
9.2 从神经元到多层感知器................143
9.2.1 神经元 ……………………143
9.2.2 多层感知器 ………………145
9.2.3 案例：用户购买产品预测 ……………………146
9.3 DNN 模型 149
9.3.1 前向传播计算....................150
9.3.2 反向传播计算 ……………150
9.3.3 梯度弥散问题 ……………152
9.3.4 案例：DNN 模型的构造与训练 ……………………155
9.4 Wide & Deep 模型........................159
9.4.1 Wide 模型 …………………159
9.4.2 Deep 模型 …………………159
9.4.3 案例：Wide & Deep 模型的构造与训练 ……………160
9.5 DeepFM 模型...............................166
9.5.1 DeepFM 模型的结构 ……166
9.5.2 案例：DeepFM 模型的构造与训练 ……………168

第 3 篇 推荐系统的冷启动及效果评估

第 10 章 推荐系统的冷启动 ………… 174

10.1 什么是冷启动...........................175
10.2 解决冷启动的方案...................175
10.3 冷启动实际案例.......................177
10.3.1 案例：热门产品推荐.............................177
10.3.2 案例：基于初始信息的产品推荐.................179

第 11 章 推荐系统的效果评估……… 182

11.1 推荐系统的评测方法...............183
11.2 推荐系统的评估指标...............183
11.2.1 基于机器学习模型的评估指标 183
11.2.2 基于信息论的评估指标 184
11.2.3 基于用户体验的评估指标 185
11.3 评估指标的案例说明 187
11.3.1 数据说明 187
11.3.2 数据清洗 188
11.3.3 模型训练与评估......... 194

第4篇 项目实战

第 12 章 广告点击率预估 …………199
12.1 案例背景……200
12.2 数据说明……200
12.3 数据探索……203
12.3.1 无效变量的剔除……204
12.3.2 类型变量的处理……204
12.4 特征工程……207
12.5 模型开发与评估……208
12.6 模型应用……213

第 13 章 金融产品推荐 ……………214
13.1 项目背景……215
13.2 推荐场景说明……215
13.3 基于客户-产品信息的推荐……217
13.3.1 源数据说明……217
13.3.2 数据探索……219
13.3.3 特征工程……222
13.3.4 基于决策树的推荐模型……225
13.3.5 基于 Logistic 回归的推荐模型……228
13.3.6 基于集成学习的推荐模型……229
13.4 关于金融产品推荐的进一步说明……231

第 14 章 音乐推荐 …………………233
14.1 项目背景……234
14.2 数据说明……234
14.3 数据导入……236
14.4 数据探索……238
14.5 模型开发……241
14.5.1 决策树模型……241
14.5.2 Logistic 回归模型……247
14.5.3 随机森林模型……250
14.5.4 XGBoost 模型……254
14.5.5 LightGBM 模型……257
14.6 模型应用……259

第 15 章 基于客户生命周期的推荐 ……260
15.1 客户生命周期……261
15.2 客户获取：获客广告点击率预测……263
15.3 客户提升：保险产品精准推荐……264
15.3.1 数据说明……264
15.3.2 数据探索……265
15.3.3 数据准备……273
15.3.4 模型开发……274
15.3.5 模型应用……278
15.4 客户成熟：产品交叉销售推荐……279
15.4.1 关联规则知识简介……279
15.4.2 关联规则分析……281
15.4.3 关联规则的应用……284
15.5 客户衰退：客户流失预警与挽回……285
15.5.1 数据说明……285
15.5.2 数据探索……286
15.5.3 模型开发与评估……295
15.5.4 模型应用……297

第 1 篇

推荐系统的基础知识

第 1 章

推荐系统的前世今生

自 1994 年美国明尼苏达大学 GroupLens 研究组推出第一个自动化推荐系统 GroupLens 以来，已经经过了二十多年的发展，推荐算法的思路和研究已经深入到很多互联网应用中。例如，内容分发平台的个性化阅读（如今日头条、抖音），搜索引擎的结果排序（如谷歌、百度、360 搜索），电商的个性化推荐（如淘宝、京东、亚马逊），音视频网站的内容推荐（如优酷、Netflix、YouTube）以及社交关系推荐（如微博、Facebook）等，昭示着互联网已经进入智能推荐的时代。

1.1　从信息匮乏到信息过载

随着信息技术和互联网的发展，人们逐渐从信息匮乏的时代进入了信息过载（Information Load）的时代。首先来直观感受一下互联网世界中每天产生的数据量。

图 1-1 所示为互联网平台一些每天关键的统计数据，数据来自 raconteur.net。

- 每天发送了 5 亿条推文。
- 每天发送了 2940 亿封电子邮件，预计 2021 年电子邮件发送量要达到 3200 亿封。
- 每天在 Facebook 上创建了 4PB 的数据，其中包含 3.5 亿张照片及 1 亿小时的视频。
- 每天每辆连接的汽车都会创建 4TB 的数据。
- 每天在 WhatsApp 上发送了 650 亿条消息。
- 每天进行了 50 亿次搜索。
- 每天可穿戴设备产生了 28PB 的数据。
- 每天在 Instagram 上的照片和视频分享量达 9500 万。

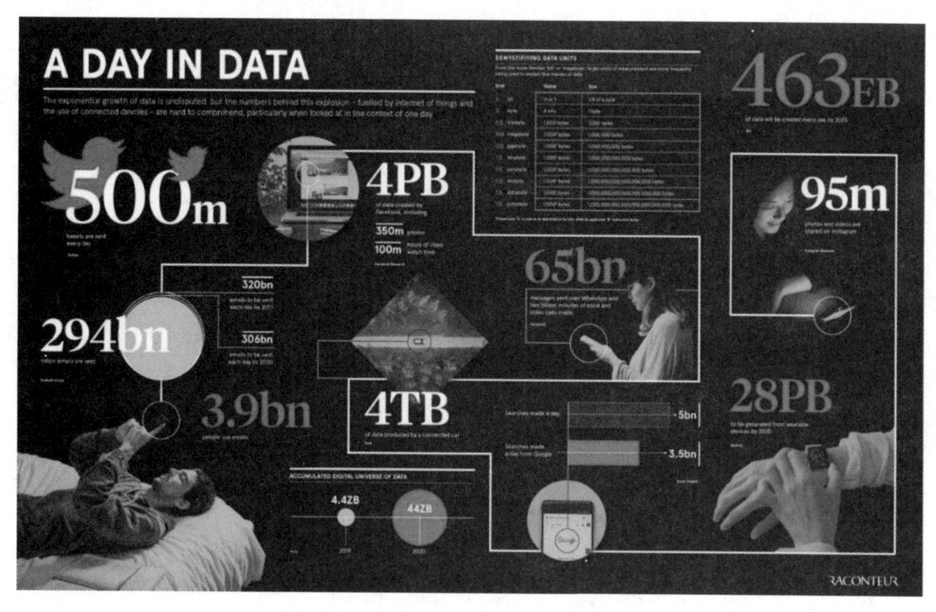

图 1-1　互联网平台每天产生的数据量

随着整个互联网行业的发展，据估计，到 2025 年全球每天将创建 463EB 的数据。在互联网技术飞速发展的今天，互联网上涌现出大量的信息，这些信息具有相当大的复杂性与动态性，往往让人们无所适从，严重干扰了消费者对相关信息的准确选择，进而影响了消费者的消费体验，这就是信息过载带来的问题。

信息过载就是信息处理（执行交互和内部计算）所需的时间，远远超过了现有信息处理能力对其处理的可用时间，即可用信息超出了消费者的处理能力。

在信息过载的情况下，消费者如何在庞杂的信息中找到自己感兴趣的信息，信息提供者如何将自己的信息快速呈现给相应的目标用户，将是一个很重要、很值得探讨的课题。无论是信息消费者还是信息生产者都遇到了很大的挑战，作为信息消费者，如何从大量信息中找到自己感兴趣的信息是一件非常困难的事情；作为信息生产者，如何让自己生产的信息脱颖而出，受到广大用户的关注，也是一件非常困难的事情。

推荐系统就是解决上述矛盾、克服信息过载的重要工具。

1.2 从搜索到推荐

回顾互联网行业的发展，从获取信息的角度来说，互联网大致经历了三个阶段。

第一个阶段：门户网站时期。用户依靠 hao123 等热门网站排行找到自己需要的网站。

第二个阶段：搜索引擎。用户在百度、谷歌等搜索引擎上直接搜索关键词。

第三个阶段：信息推荐时代。用户不需要主动搜索，个性化推荐系统会学习其行为、兴趣，为他们推荐合适的信息。

如今是信息推荐时代，但是信息推荐并不是互联网时代的专利，早在互联网出现之前，在那些街头的小商店或超级市场中，商户们就已经在靠自己敏锐的目光，根据用户个性特点把货架上的商品源源不断地放进他们的购物篮中。例如：

当我们走进一家餐厅时，服务员总是推荐店里的“特色菜”。当我们走进任何一条商业街上的某间服饰专卖店时，导购员总会说这款是新品，那款与你的气质比较搭配。当我们走在大街上时，房产中介的门店前一定会展示几个高性价比的房源，以吸引用户。这就是商家的推荐机制，虽然在多数情况下，我们并不会意识到它的存在。

随着互联网技术的快速发展，面对海量网络信息，推荐系统能够帮助用户在没有明确需求或信息量巨大时解决信息过载的问题，为用户提供精准、快速的业务（如商品、项目、服务等）信息，智能推荐成为近年来产业界和学术界共同的兴趣点和研究热点，也成为这个时代互联网行业的最大特征。

1.3 推荐系统的应用场景

推荐系统本质上是一种信息过滤系统，主要解决的问题是信息过载，即用户与标的物（如商品、信息项目、服务等）之间的触达效率。判别产品或业务线是否需要推荐系统的先决条件有两个：一个是存在信息过载，即用户不能很容易或很快地从所有物品中找到自己想要的信息；另一个是用户在当前场景下大部分时间是没有特别明确需求的。满足两个条件之一，即需要推荐系统支持业务的发展，提升用户的体验。

下面简单介绍一些推荐系统常见的应用场景，给读者一个直观的感受。

- 电子商务：商品推荐系统已经成了购物网站的标配。例如，根据产品相似度、浏览行为、好友关系等的推荐，如淘宝、亚马逊。
- 视频推荐：数以亿计的视频内容。例如，给用户推荐与他们曾经喜欢的视频相似的视频信息，如抖音、西瓜视频。
- 音乐电台：例如，Pandora 会根据专家标注的基因计算歌曲的相似度，并给用户推荐和他之前喜欢的音乐在基因上相似的其他音乐；Last.fm 记录了所有用户的听歌记录及用户对歌曲的反馈，在这一基础上计算出不同用户在歌曲上的喜好相似度，从而给用户推荐有相似听歌爱好的其他用户喜欢的歌曲。国内音乐平台，如网易云音乐、QQ 音乐，也使用了推荐系统。
- 社交网络：例如，利用用户的社交网络信息对用户进行个性化的物品推荐、信息流的会话推荐、给用户推荐好友等，如微博、微信。
- 个性化阅读：例如，平台收集用户对文章的偏好信息，给用户推荐之前看过的、喜欢的文章。根据用户的浏览历史计算用户之间的兴趣相似度，然后给用户推荐兴趣相似的用户喜欢的文章，如今日头条、微信的看一看。
- 个性化广告：找到可能对广告感兴趣的用户。例如，上下文广告，通过分析用户正在浏览的网页内容，投放和网页内容相关的广告，如谷歌的 Adsense 系统。又如搜索广告，通过分析用户在当前会话中的搜索记录，判断用户的搜索目的，投放和用户目的相关的广告。再比如个性化展示广告，我们经常在很多网站看到大量展示广告，它们是根据用户的兴趣，对不同用户投放不同的展示广告，如新浪、网易、腾讯等门户网站。
- 金融产品营销：包括支付、财务管理、贷款、保险等产品推荐服务建议。例如，截至 2021 年 3 月 31 日，国内公募基金的产品数量就达 7913 只。对于普通个人用户来说，如何从 7000 多只基金中选择一只或几只基金还是比较复杂的，必须通过智能推荐系统（资管行业中一般称之为智能投顾系统）。

1.4 推荐系统的基础知识

1.4.1 什么是推荐系统

根据学术领域的定义，推荐系统是一种信息过滤系统，用于预测用户对标的物的“偏好”。

推荐系统能够将可能受用户喜爱的资讯或实物（如短视频、电影、电视、音乐、书籍、新闻、图片、网页等）推荐给用户，以提升其使用体验。

1.4.2 使用推荐系统的目的

从企业的一线业务方面来说，使用推荐系统的目的在于解决用户的诉求，主动提供对用户有价值的信息，可以变被动服务为主动服务。

使用推荐系统的最终目的还是在于提升用户的活跃度、转化率。概括来说，有以下四个方面作用：

- 信息过载时，帮用户便捷地筛选出感兴趣的内容。
- 接触陌生领域时，为用户提供参考意见。
- 在需求不明确时，作为用户的“贴心助手”辅助决策。
- 满足不同用户的需求，解决群体与个人的矛盾，更像私人助理。

1.4.3 如何搭建一个推荐系统

使用推荐系统带来的好处如此之多，接下来看一看如何构建一个推荐系统。假设我们已经有了一个网站或 APP 的平台，想要在平台上添加一个推荐系统，图 1-2 所示为我们需要做的工作。

图 1-2 推荐模型开发闭环

第一，通过需求分析确定推荐系统的业务目标具体是什么。例如，我们的业务目标是通过增加推荐系统提高产品的销售量，或者是通过推荐系统提升用户的点击率，总之需要一个明确的、具体的业务目标。

第二，根据需求分析的结果，我们需要收集与业务主体相关的用户行为数据。

第三，使用收集的数据构建一个推荐模型，该模型可以看作是一个函数，它将在给定用户 ID 的情况下计算该用户的推荐产品列表。

第四，需要在历史数据上测试该推荐模型，评估其是否可以用来预测用户的购买行为。例如，用户是否在观察时点后购买推荐的产品，并与热门产品推荐的效果对比。

第五，如果我们开发的推荐模型在评估后显示效果更好，则可以在平台上线，直接公开给部分用户，看看是否可以提升产品销量。如果监控数据显示能够提升产品销量，则可以投入生产；否则从头迭代优化。

在后续的章节中，我们将重点介绍第三和第四个环节的工作。

1.4.4 推荐系统涉及的模型

本小节我们将简单介绍在推荐系统开发过程中涉及的一些数据分析算法，大部分算法的模型在后续章节中均可见到实际的操作案例。

推荐算法有很多种，数据科学家需要根据业务的限制和要求选择最优的算法，常见的推荐算法一般有分类算法、聚类算法、关联规则算法。

一般情况下推荐问题基本上是多分类问题，所以分类算法的模型在推荐系统中比较常见，在后续的章节中也使用较多。下面列举了十种常见的分类模型：

- 最近邻模型。
- 决策树模型。
- Logistic 回归模型。
- 贝叶斯模型。
- 随机森林（Random Forests）模型。
- 梯度提升树模型。
- 神经网络模型。
- 支持向量机模型。
- XGBoost 模型。
- LightGBM 模型。

除了分类算法，推荐系统中比较常用的还有聚类算法，如 K-Means 算法、DBSCAN 算法（基于密度的聚类）、GMM 算法（高斯混合模型）、基于层次的聚类等。

关联规则算法的模型适用于某些场景下。例如，线下商超的商品推荐，购物网站的交叉销售、捆绑销售等，应用基于关联规则的推荐系统效果更佳。基于关联规则的推荐系统的首要目标是挖掘出产品的关联规则，也就是获取那些同时被很多用户购买的产品集合，这些集合内的产品可以通过相互关联进行推荐。目前关联规则获取算法主要由 Apriori 和 FP-Growth 两个算法演变而来，在后续章节中也会有所介绍。

1.5 推荐系统的开发工具说明

由于本书内容主要涉及推荐系统中推荐算法的实现或模型的开发，所以每个实际案例均按照 CRISP-DM 方法论展开，共分为 6 个标准阶段，分别是商业理解、数据理解、数据准备、模型建立、模型评估和模型应用。

一个完整的推荐系统的模型开发一般会涉及以下 Python 库：在数据理解和数据准备阶段，我们需要用到 Numpy、Scipy 和 Pandas 库对数据进行整合、清洗、分析。在数据探索、数据分析阶段，会使用 Pandas、seaborn、Matplotlib 库进行数据分析和可视化图形的制作。在模型训练及评估阶段，又会使用 Scikit-Learn、TensorFlow、xLearn、XGBoost、LightGBM、Surprise 等库进行模型分析和建设。

表 1-1 列出了推荐系统模型开发中常见的 Python 库，供读者参考学习。

表 1-1　常见 Python 库

数据分析阶段	库　名	功能说明
数据理解、数据准备阶段	Numpy	科学计算基础库
	Scipy	科学计算库
	Pandas	数据分析库
	Matplotlib	数据可视化库
模型建立、评估和发布阶段	Scikit-Learn	机器学习库
	TensorFLow	深度学习库
	xLearn	因子分解模型库
	XGBoost	XGBoost 模型框架库
	LightGBM	LightGBM 模型框架库
	Surprise	推荐系统库
	Mlxtend	关联规则库

第2章

推荐系统的数学基础

本章将介绍与本书内容相关的线性代数、微积分、统计分析等方面的基本概念，以便读者对与推荐算法相关的数学基础知识有一些了解，便于从根本上理解推荐算法及推荐模型开发的核心。

2.1 线性代数

线性代数是数学的一个分支，它研究的对象是向量、向量空间（或称线性空间）、线性变换和有限维的线性方程组。线性代数在工程技术和国民经济等领域有着广泛的应用，很多实际问题最往往可以归结为线性问题。因此，它也是一门基本的和重要的学科。当然，它也是我们解决机器学习领域内问题的有力工具。

2.1.1 向量

向量 由n个有次序的数$a_1,a_2,\cdots,a_n$组成的数据称为n维向量，这n个数称为该向量的n个分量，第i个数称为第i个分量。

线性相关 给定向量组$\boldsymbol{A}$：$a_1,a_2,\cdots,a_n$，如果存在不全为零的数$k_1,k_2,\cdots,k_n$，使得

$$k_1a_1+k_2a_2+\cdots+k_na_n=0$$

则称向量组$\boldsymbol{A}$是线性相关的，否则称它为线性无关。

向量的内积 设有n维向量

$$x=\begin{pmatrix}x_1\\x_2\\\vdots\\x_n\end{pmatrix},\quad y=\begin{pmatrix}y_1\\y_2\\\vdots\\y_n\end{pmatrix}$$

令

$$[x,y]=x_1y_1+x_2y_2+\cdots+x_ny_n$$

则称$[x,y]$为向量x和y的内积。

Numpy 提供了线性代数函数库 linalg，该库包含了线性代数中的所有函数计算方法，我们可以利用 linalg 实现各种计算。下面通过实际案例进行说明。

```
import numpy as np
a=np.array([1,2,3])
b=np.array([1,2,3])
print(a)
print(b)
print(np.inner(a,b))
```

运行上述程序，结果如下，向量 a 和 b 的内积为 32。

```
[1 2 3]
[4 5 6]
32
```

2

推荐系统的数学基础

2.1.2 矩阵

矩阵 由$m\times n$个数组成的数据表，形如

$$\begin{pmatrix} a_{11} & a_{12} & \cdots & a_{1n} \\ a_{21} & a_{22} & \cdots & a_{2n} \\ \vdots & \vdots & \ddots & \vdots \\ a_{m1} & a_{m2} & \cdots & a_{mn} \end{pmatrix}$$

称为m行n列的矩阵，简称$m\times n$矩阵，一般用大写字母表示，记作

$$\boldsymbol{A}=\begin{pmatrix} a_{11} & a_{12} & \cdots & a_{1n} \\ a_{21} & a_{22} & \cdots & a_{2n} \\ \vdots & \vdots & \ddots & \vdots \\ a_{m1} & a_{m2} & \cdots & a_{mn} \end{pmatrix}$$

式中：$\boldsymbol{A}$为矩阵名称，一般用大写字母表示；$m\times n$为矩阵元素的个数；a为矩阵$\boldsymbol{A}$的元素；$a_{ij}(i=1,2,\cdots,m;j=1,2,\cdots,n)$为位于矩阵$\boldsymbol{A}$第$i$行第$j$列的元素。

行数与列数都为n的矩阵称为n阶矩阵或n阶方阵。

只有一行的矩阵，形如

$$\boldsymbol{A}=(a_1 \quad a_2 \quad \cdots \quad a_n)$$

称为行矩阵，又称为行向量。

只有一列的矩阵，形如

$$\boldsymbol{B}=\begin{pmatrix} b_1 \\ b_2 \\ \vdots \\ b_m \end{pmatrix}$$

称为列矩阵，又称为列向量。

下面通过实际案例来说明矩阵的操作，首先生成一个矩阵$\boldsymbol{a}$，代码如下所示。

```
#矩阵
import numpy as np
a = np.mat([[1, 2, 3], [4, 5, 6]])   #使用mat函数创建一个2×3矩阵
a
```

运行上述程序，结果如下。

```
matrix([[1, 2, 3],
        [4, 5, 6]])
```

接着，获取矩阵$\boldsymbol{a}$中的任意元素，代码如下。

```
a[1,1]    #获取矩阵元素
```

运行上述程序，结果如下。

```
5
```

单位矩阵 设$I \in \mathbf{R}^{n \times n}$是一个方阵，如果对角线上的元素都是1，其余元素都是0，则方阵I是单位矩阵。

可以调用Numpy库中的eye接口自动生成单位矩阵。

```
I = np.eye(5)
I
```

运行上述程序，结果如下，矩阵I为一个5阶单位矩阵。

```
array([[1., 0., 0., 0., 0.],
       [0., 1., 0., 0., 0.],
       [0., 0., 1., 0., 0.],
       [0., 0., 0., 1., 0.],
       [0., 0., 0., 0., 1.]])
```

对角矩阵 对角线之外的元素都是0的矩阵为对角矩阵，常用的表示方法为$\boldsymbol{D} = \text{diag}(d_1, d_2, \cdots, d_n)$，其中

$$\boldsymbol{D}_{ij} = \begin{cases} d_i, \ i = j \\ 0, \ i \neq j \end{cases}$$

矩阵的加法运算 设矩阵$\boldsymbol{A}$和矩阵$\boldsymbol{B}$都是$m \times n$矩阵，则矩阵$\boldsymbol{A}$和矩阵$\boldsymbol{B}$的和可记作

$$\boldsymbol{A} + \boldsymbol{B} = \begin{pmatrix} a_{11} + b_{11} & a_{12} + b_{12} & \cdots & a_{1n} + b_{1n} \\ a_{21} + b_{21} & a_{22} + b_{22} & \cdots & a_{2n} + b_{2n} \\ \vdots & \vdots & \ddots & \vdots \\ a_{m1} + b_{m1} & a_{m2} + b_{m2} & \cdots & a_{mn} + b_{mn} \end{pmatrix}$$

需要注意的是，只有两个矩阵是同型矩阵时，才可以进行加法运算，矩阵的加法运算满足以下运算规律。

- $\boldsymbol{A} + \boldsymbol{B} = \boldsymbol{B} + \boldsymbol{A}$。
- $(\boldsymbol{A} + \boldsymbol{B}) + \boldsymbol{C} = \boldsymbol{A} + (\boldsymbol{B} + \boldsymbol{C})$。

通过案例来展示矩阵的加法运算法则，代码如下。

```
A = np.mat([[1, 2, 3], [3, 4, 5], [6, 7, 8]])    #使用mat函数创建一个3×3矩阵
B = np.mat([[5, 4, 2], [1, 7, 9], [0, 4, 5]])
A + B    #矩阵的加法对matrix类型和array类型是通用的
```

运行上述程序，结果如下。

```
matrix([[6,  6,  5],
        [4, 11, 14],
        [6, 11, 13]])
```

数与矩阵的乘法运算 设矩阵 $\boldsymbol{A}$ 是 $m\times n$ 矩阵，则数 λ 与矩阵 $\boldsymbol{A}$ 的乘积可记作 $\lambda\boldsymbol{A}$ 或 $\boldsymbol{A}\lambda$，规定

$$\lambda\boldsymbol{A}=\begin{pmatrix}\lambda a_{11} & \lambda a_{12} & \cdots & \lambda a_{1n}\\ \lambda a_{21} & \lambda a_{22} & \cdots & \lambda a_{2n}\\ \vdots & \vdots & \ddots & \vdots\\ \lambda a_{m1} & \lambda a_{m2} & \cdots & \lambda a_{mn}\end{pmatrix}$$

数与矩阵的乘法运算满足以下运算规律。

- $(\lambda\mu)\boldsymbol{A}=\lambda(\mu\boldsymbol{A})$。
- $(\lambda+\mu)\boldsymbol{A}=\lambda\boldsymbol{A}+\mu\boldsymbol{A}$。
- $\lambda(\boldsymbol{A}+\boldsymbol{B})=\lambda\boldsymbol{A}+\lambda\boldsymbol{B}$。

通过案例来展示数与矩阵的乘法运算，代码如下。

```
2 * A  #数与矩阵的乘法运算对 matrix 类型和 array 类型是通用的
```

运行上述程序，结果如下。

```
matrix([[2,  4,  6],
        [6,  8, 10],
        [12, 14, 16]])
```

矩阵与矩阵的乘法运算 设 $\boldsymbol{A}=(a_{ij})$ 是一个 $m\times p$ 矩阵，$\boldsymbol{B}=(b_{ij})$ 是一个 $p\times n$ 矩阵，规定矩阵 $\boldsymbol{A}$ 与矩阵 $\boldsymbol{B}$ 的乘积是一个 $m\times n$ 矩阵 $\boldsymbol{C}=(c_{ij})$，其中

$$c_{ij}=a_{i1}b_{1j}+a_{i2}b_{2j}+\cdots+a_{ip}b_{pj}=\sum_{k=1}^{p}a_{ik}b_{kj}\quad(i=1,2,\cdots,m;j=1,2,\cdots,n)$$

并把上述乘积记作

$$\boldsymbol{C}=\boldsymbol{AB}$$

需要注意的是，只有左矩阵的列数和右矩阵的行数相等时，两个矩阵才能相乘。下面通过案例来展示矩阵与矩阵的乘法运算。

```
A = np.mat([[1, 2, 3], [3, 4, 5], [6, 7, 8]])    #使用 mat 函数创建一个 3×3 矩阵
B = np.mat([[5, 4, 2], [1, 7, 9], [0, 4, 5]])
A*B  # A * B != B * A
```

运行上述程序，A*B 的结果如下。

```
matrix([[7,30, 35],
        [19,60,67],
        [37,105,115]])
```

在矩阵与矩阵的乘法运算中 A*B 与 B*A 的意义是不同的，下面来计算 B*A 的结果，代码如下。

```
B*A
```

运行上述程序，B*A 的结果如下，根据实际计算结果可知，A*B 不等于 B*A。

```
matrix([[29,40,51],
        [76,93,110],
        [42,51,60]])
```

矩阵的转置 把矩阵 $\boldsymbol{A}$ 的行换成同序数的列得到一个新的矩阵，叫作 $\boldsymbol{A}$ 的转置矩阵，记作 $\boldsymbol{A}^{\mathrm{T}}$。我们可以通过调用 linalg 库中的 T 函数计算矩阵的转置，代码如下所示。

```
A.T  #A 的转置
matrix([[1,3,6],
        [2,4,7],
        [3,5,8]])
A.T.T  #A 的转置的转置还是 A 本身
matrix([[1,2,3],
        [3,4,5],
        [6,7,8]])
#验证矩阵转置的性质：(A±B)'=A'±B'
(A + B).T
matrix([[6, 4, 6],
        [6,11,11],
        [5,14,13]])
A.T + B.T
matrix([[6, 4, 6],
        [6,11,11],
        [5,14,13]])
```

方阵的行列式 由 n 阶方阵 $\boldsymbol{A}$ 的元素构成的行列式，称为方阵 $\boldsymbol{A}$ 的行列式，记作 $\det\boldsymbol{A}$ 或 $|\boldsymbol{A}|$。计算矩阵行列式的函数为 det，代码如下所示。

```
#计算矩阵的行列式
np.linalg.det(B)
-16.999999999999986
```

逆矩阵 对于 n 阶方阵 $\boldsymbol{A}$，如果有一个 n 阶方阵 $\boldsymbol{B}$，使得

$$\boldsymbol{AB}=\boldsymbol{BA}=\boldsymbol{E}$$

则说明矩阵 $\boldsymbol{A}$ 是可逆的，并把矩阵 $\boldsymbol{B}$ 称为矩阵 $\boldsymbol{A}$ 的逆矩阵。

可以通过调用 linalg 库中的 inv 函数计算矩阵的逆矩阵，代码如下所示。

```
B_inverse = np.linalg.inv(B)  #求矩阵 B 的逆矩阵
B_inverse
matrix([[0.05882353,  0.70588235,  -1.29411765],
        [0.29411765, -1.47058824,  2.52941176],
```

```
[-0.23529412,  1.17647059, -1.82352941]])
```

定理 1　若矩阵 $\boldsymbol{A}$ 可逆，则 $|\boldsymbol{A}| \neq 0$。

定理 2　若 $|\boldsymbol{A}| \neq 0$，则矩阵 $\boldsymbol{A}$ 可逆，且

$$\boldsymbol{A}^{-1} = \frac{1}{|\boldsymbol{A}|}\boldsymbol{A}^{*}$$

其中 $\boldsymbol{A}^{*}$ 为矩阵 $\boldsymbol{A}$ 的伴随矩阵。

矩阵的子式　设矩阵 $\boldsymbol{A} = (a_{ij})$ 是 $m \times n$ 矩阵，在矩阵 $\boldsymbol{A}$ 中任取 k 行与 k 列，位于这些行列交叉处的 k^2 个元素，不改变它们在矩阵 $\boldsymbol{A}$ 中所处的位置次序而得到的 k 阶行列式，称为矩阵 $\boldsymbol{A}$ 的 k 阶子式。

矩阵的秩　设在矩阵 $\boldsymbol{A}$ 中有一个不等于 0 的 r 阶子式 D，且所有 r+1 阶子式全等于 0，则称 D 为矩阵 $\boldsymbol{A}$ 的最高阶非零子式，称 r 为矩阵 $\boldsymbol{A}$ 的秩，记作 $R(\boldsymbol{A})$。

酉矩阵　设 $\boldsymbol{U}$ 为 n 阶复方阵，当矩阵 $\boldsymbol{U}$ 的 n 个列向量同时也是矩阵 $\boldsymbol{U}$ 空间的标准正交基时，则称矩阵 $\boldsymbol{U}$ 为酉矩阵。

2.1.3　范数

范数　设 V 是数域 F 上的线性空间，对于 V 中的任意向量 $\boldsymbol{x}$，都有一个非负实数 $\|x\|$ 与之对应，并且具有以下三个条件：

（1）$\|x\| \geqslant 0, x = 0 \Leftrightarrow \|x\| = 0$。

（2）$\|\lambda x\| = |\lambda|\|x\| (\forall \lambda \in F)$。

（3）$\|x + y\| \leqslant \|x\| + \|y\|$，$x$，$y \in V$。

则称 $\|x\|$ 是向量 x 的向量范数。

下面给出几种常见的范数。

（1）p- 范数：设向量 $\boldsymbol{x} = [x_1, x_2, \cdots, x_n]^{\mathrm{T}}$，对任意的数 $p \geqslant 1$，称 $\|\boldsymbol{x}\|_p = \left(\sum_{i=1}^{n}|x_i|^p\right)^{1/p}$ 为向量 $\boldsymbol{x}$ 的 p- 范数。

（2）1-范数：$\|\boldsymbol{x}\|_1 = \sum_{i=1}^{n}|x_i|$。

（3）2-范数：$\|\boldsymbol{x}\|_2 = \left(\sum_{i=1}^{n}|x_i|^2\right)^{1/2}$。

（4）∞- 范数：$\|\boldsymbol{x}\|_\infty = \max_{1 \leqslant i \leqslant n}|x_i|$。

向量是特殊的矩阵，所以可以将向量范数推广至矩阵范数。

矩阵范数　对于任意矩阵 $\boldsymbol{A} \in F^{m \times n}$，用 $\|\boldsymbol{A}\|$ 表示按照某一确定法则与矩阵 $\boldsymbol{A}$ 相对应的一个实数，且满足

（1）非负性：当 $\|\boldsymbol{A}\| \neq 0$，$\|\boldsymbol{A}\| > 0$，$\boldsymbol{A} = 0 \Leftrightarrow \|\boldsymbol{A}\| = 0$。

（2）齐次性：$\|\lambda \boldsymbol{A}\| = |\lambda| \|\boldsymbol{A}\|, \forall \lambda \in F$ 。

（3）三角不等式：$\|\boldsymbol{A}+\boldsymbol{B}\| \leqslant \|\boldsymbol{A}\| + \|\boldsymbol{B}\|$，$\forall \boldsymbol{A}$，$\boldsymbol{B} \in F^{m \times n}$ 。

（4）矩阵乘法相容性：$\|\boldsymbol{AB}\| \leqslant \|\boldsymbol{A}\| \|\boldsymbol{B}\|$，$\forall \boldsymbol{A}$，$\boldsymbol{B} \in F^{m \times n}$ 。

则称$\|\boldsymbol{A}\|$是矩阵 $\boldsymbol{A}$ 的矩阵范数。

下面通过实际案例来说明范数的计算。例如，计算 1-范数，代码如下所示。

```
import numpy as np
a = np.array([1,2,3,4,5,-1,-2,-3,-4,-5])
norm_a = np.linalg.norm(a, ord=1)
print('原始数据 a:')
print(a)
print("a 的第一范数计算结果:")
print(norm_a)
```

运行上述程序，结果如下所示。计算结果 30.0 为每个元素的绝对值之和。

```
原始数据 a:
[1  2  3  4  5 -1 -2 -3 -4 -5]
a 的第一范数计算结果:
30.0
```

接着，我们计算第二范数，代码如下所示。

```
norm2_a = np.linalg.norm(a)
print("a 的第二范数计算结果:")
print(norm2_a)
```

运行上述程序，结果如下。

```
a 的第二范数计算结果:
10.488088481701515
```

当然，我们也可以继续计算其他范数，在此不再赘述。

2.1.4 矩阵分解

在研究应用中，把矩阵分解为形式比较简单或具有某种特性的一些矩阵的乘积有着重要的作用，因为这些矩阵分解式的特殊形式一方面能明显地反映出原始矩阵的某些数值特征，如矩阵的秩、行列式、特征值和奇异值等，另一方面矩阵分解的方法与过程往往提供了一些有效的数值计算方法和理论分析依据。

矩阵的奇异值分解在最优化问题、特征值问题、最小二乘法问题、广义逆矩阵问题，以及统计学等领域有着重要的应用。

奇异值 设 $\boldsymbol{A} \in \mathbf{C}^{m \times n}$，$\operatorname{rank}(\boldsymbol{A}) = r(r > 0)$，矩阵 $\boldsymbol{A}^{\mathrm{H}} \boldsymbol{A}$ 的特征值为

$$\lambda_1 \geqslant \lambda_2 \geqslant \cdots \geqslant \lambda_r \geqslant \lambda_{r+1} = \cdots = \lambda_n = 0$$

则 $\sigma_i = \sqrt{\lambda_i} (i = 1,2,\cdots,n)$ 称为 $\boldsymbol{A}$ 的奇异值。

矩阵奇异值分解定理 设 $\boldsymbol{A} \in \mathbf{C}^{m\times n}$ 且 $\operatorname{rank}(\boldsymbol{A}) = r(r > 0)$，则存在 m 阶酉矩阵 $\boldsymbol{U}$ 和 n 阶 $\boldsymbol{V}$ 酉矩阵，使得

$$\boldsymbol{U}^{\mathrm{H}} \boldsymbol{A} \boldsymbol{V} = \begin{pmatrix} \Sigma & 0 \\ 0 & 0 \end{pmatrix}$$

式中：$\sum = \operatorname{diag}(\sigma_1, \sigma_2, \cdots, \sigma_r)$，而 $\sigma_i (i = 1,2,\cdots,r)$ 为 $\boldsymbol{A}$ 的非零奇异值，则

$$\boldsymbol{A} = \boldsymbol{U} \begin{pmatrix} \Sigma & 0 \\ 0 & 0 \end{pmatrix} \boldsymbol{V}^{\mathrm{H}}$$

这样的分解就称为 $\boldsymbol{A}$ 的奇异值分解。

下面通过实际案例来说明如何利用 Python 进行奇异值分解操作，代码如下所示。

```
#奇异值分解
from numpy import array
from scipy.linalg import svd
#定义一个 3×2 矩阵
A = array([[1, 2], [3, 4], [5, 6]])
print(A)
#奇异值分解
U, s, VT = svd(A)
print(U)
print(s)
print(VT)
```

运行上述程序，结果如下，矩阵 A 被分解为 U、s 和 VT。

```
[[1 2]
[3 4]
[5 6]]
[[-0.2298477   0.88346102  0.40824829]
[-0.52474482  0.24078249 -0.81649658]
[-0.81964194 -0.40189603  0.40824829]]
[9.52551809 0.51430058]
[[-0.61962948 -0.78489445]
[-0.78489445  0.61962948]]
```

Schur 定理 若 $\boldsymbol{A} \in \mathbf{C}^{n\times n}$，则存在酉矩阵 $\boldsymbol{U}$，使得 $\boldsymbol{U}^{\mathrm{H}} \boldsymbol{A} \boldsymbol{U} = \boldsymbol{T}$，这里 $\boldsymbol{T}$ 为上三角形矩阵，$\boldsymbol{T}$ 的主对角线上的元素都是 $\boldsymbol{A}$ 的特征值。

矩阵 *QR* 分解定理 设 $\boldsymbol{A} \in \mathbf{C}^{n\times n}$，则存在酉矩阵 $\boldsymbol{Q}$ 及上三角矩阵 $\boldsymbol{R}$，使得 $\boldsymbol{A} = \boldsymbol{Q}\boldsymbol{R}$。

下面通过实际案例来说明如何利用 Python 进行 QR 分解操作，代码如下所示。

```
# QR 分解
from numpy import array
```

```
from numpy.linalg import qr
#定义一个 3×2 矩阵
A = array([[1, 2], [3, 4], [5, 6]])
print(A)
# QR 分解
Q, R = qr(A, 'complete')
print(Q)
print(R)
B = Q.dot(R)
print(B)
```

运行上述程序，结果如下所示，矩阵 A 被分解为 Q 和 R。

```
[[1 2]
 [3 4]
 [5 6]]
[[-0.16903085  0.89708523  0.40824829]
 [-0.50709255  0.27602622 -0.81649658]
 [-0.84515425 -0.34503278  0.40824829]]
[[-5.91607978 -7.43735744]
 [0.           0.82807867]
 [0.           0.        ]]
[[1. 2.]
 [3. 4.]
 [5. 6.]]
```

2.2 微积分

2.2.1 函数

映射 设 A 、B 是两个集合，如果有一种规律，使得对于 A 中的每一个元素 x 在 B 中有唯一确定的元素 $f(x)$ 与之对应，则称 f 是一个由集合 A 到集合 B 的映射，记作

$$f: A \to B$$

其中，集合 A 叫作映射 f 的定义域，$f(x)$ 叫作 x 在映射 f 之下的像或 f 在 x 上的值。

函数 如果映射 $f: X \to Y$，其中 X 与 Y 均由实数组成，则 f 称为函数。

2.2.2 极限

极限 设函数 $f(x)$ 在点 x_0 的某一去心邻域内有定义，设 l 是一个实数，如果对于任意给定的 $\varepsilon > 0$，都存在一个 $\delta > 0$，使得对于一切适合 $|x - x_0| < \delta$ 的 x，均有

$$\left| f(x)-l \right| < \varepsilon$$

则称当 x 趋于点 x_0 时，函数 $f(x)$ 有极限 l，记作

$$\lim_{x \to x_0} f(x) = l$$

连续函数 设 $f:[a,b] \to \mathbf{R}$，则称函数 $f(x)$ 在点 x_0 处连续，$x_0 \in (a,b)$，记作

$$\lim_{x \to x_0} f(x) = f(x_0)$$

即对于任意给定的 $\varepsilon > 0$，存在一个适当的 $\delta > 0$，使得对于任意的 $\left| x - x_0 \right| < \delta$ 时，均有

$$\left| f(x) - f(x_0) \right| < \varepsilon$$

2.2.3 导数

导数 设函数 $f(x)$ 在点 x 的某个邻域内有定义，如果极限

$$\lim_{h \to 0} \frac{f(x+h)-f(x)}{h}$$

存在并且有限，则称这个极限值为 $f(x)$ 在 x 处的导数，记作 $f'(x)$，并称函数 $f(x)$ 在点 x 处可导。

若函数 $f(x)$ 在 x_0 处可导，则 $f(x)$ 必在 x_0 处连续。反之，函数在一点处连续却无法保证该函数在这一点处可导，如函数 $f(x) = |x|$。

求导四则运算 设函数 $f(x)$ 和 $g(x)$ 在点 x 处可导，则 $f(x) \pm g(x)$、$f(x) \cdot g(x)$ 也在 x 处可导，如果 $g(x) \neq 0$，则函数 $\dfrac{f(x)}{g(x)}$ 在点 x 处可导。精确的公式如下：

$$\left[f(x) \pm g(x) \right]' = f'(x) \pm g'(x)$$

$$\left[f(x) \cdot g(x) \right]' = f'(x)g(x) + f(x)g'(x)$$

$$\left[\frac{f(x)}{g(x)} \right] = \frac{f'(x)g(x) - f(x)g'(x)}{g^2(x)}$$

链式法则 设函数 $\varphi(x)$ 在点 t 处可导，函数 $f(x)$ 在点 $x = \varphi(t)$ 处可导，则复合函数 $f \circ \varphi$ 在点 t 处可导，且

$$(f \circ \varphi)'(t) = f' \circ \varphi(t) \varphi'(t)$$

需要强调的是，在后续的章节中会介绍神经网络模型，其中最重要的是反向传播算法（Back Propagation）的实现，与上述求导链式法则有着非常密切的关系，当前流行的各种深度学习网络结构无不遵循这个法则。对于深度学习神经网络而言，它的数学本质等同于一个多层的复合函数。

2.2.4 微分中值定理

Rolle 定理 设函数 $f(x)$ 在区间 $[a,b]$ 上连续，在区间 (a,b) 内可导，且 $f(a) = f(b)$，那么存在一点 $\xi \in (a,b)$，使得 $f'(\xi)=0$。

Lagrange 中值定理 设函数 $f(x)$ 在区间 $[a,b]$ 上连续，在区间 (a,b) 内可导，则存在一点 $\xi \in (a,b)$，使得

$$\frac{f(b)-f(a)}{b-a}=f'(\xi)$$

Cauchy 中值定理 设函数 $f(x)$ 和 $g(x)$ 在区间 $[a,b]$ 上连续，在区间 (a,b) 内可导，且当 $x \in (a,b)$ 时 $g'(x) \neq 0$，这时必存在一点 $\xi \in (a,b)$，使得

$$\frac{f(b)-f(a)}{g(b)-g(a)}=\frac{f'(\xi)}{g'(\xi)}$$

在上式中，当 $g(x)=x$ 时，则 Cauchy 中值定理就为 Lagrange 中值定理了，本小节中的 Rolle 定理、Lagrange 中值定理和 Cauchy 中值定理统称为微分中值定理。

2.2.5 泰勒展开式

泰勒（Taylor）展开式，通俗地讲，就是用一个函数在某点的信息描述其附近取值的公式。如果函数足够平滑，在已知函数在某一点的各阶导数的情况下，Taylor 公式可以利用这些导数值来做系数，构建一个多项式近似函数，求得在这一点的邻域中的值。一个非常复杂的函数，想求某一点的值，如果直接求解则无法实现，此时可以使用泰勒展开式近似地求该值。在后续的章节中，将会介绍泰勒展开式在梯度迭代算法中的应用。

Taylor 公式 设函数 $f(x)$ 在点 x_0 有直到 n 阶的导数，则对任意给定的正整数 n，令

$$T_n(f,x_0;x)=f(x_0)+\frac{1}{1!}f'(x_0)(x-x_0)+\frac{1}{2!}f''(x_0)(x-x_0)^2 +\cdots+\frac{1}{n!}f^{(n)}(x_0)(x-x_0)^n$$

则称 $T_n(f,x_0;x)$ 为函数 $f(x)$ 在点 x_0 处的 n 次 Taylor 多项式。

定理 1 设函数 $f(x)$ 在点 x_0 有直到 n 阶的导数，则有

$$f(x_0)=T_n(f,x_0;x)+o((x-x_0)^n),\ x\to x_0$$

泰勒展开式十分重要，因为函数在某一点附近的性质都可以用该公式进行讨论。

定理 2 设函数 $f(x)$ 在区间 (a,b) 内有直到 n+1 阶的导数，x 和 x_0 是区间 (a,b) 中的任意两点，则

$$f(x_0)=T_n(f,x_0;x)+R_n(x)$$

其中

$$R_n(x)=\frac{f^{n+1}(\xi)}{(n+1)!}(x-x_0)^{n+1}$$

或者

$$R_n(x)=\frac{f^{n+1}(\xi)}{n!}(x-\xi)^n(x-x_0),\quad \xi\in(x,x_0)$$

$R_n(x)$ 称为 Lagrange 余项或 Cauchy 余项。

2.2.6 梯度

设 $f:\mathbf{R}^{m\times n}\to\mathbf{R}$ 是将矩阵 $A\in\mathbf{R}^{m\times n}$ 映射为实数的函数，f 的梯度的定义如下：

$$\nabla_A f(A)\in\mathbf{R}^{m\times n}=\begin{bmatrix}\frac{\partial f(A)}{\partial A_{11}} & \frac{\partial f(A)}{\partial A_{12}} & \cdots & \frac{\partial f(A)}{\partial A_{1n}}\\ \frac{\partial f(A)}{\partial A_{21}} & \frac{\partial f(A)}{\partial A_{21}} & \cdots & \frac{\partial f(A)}{\partial A_{21}}\\ \vdots & \vdots & \ddots & \vdots\\ \frac{\partial f(A)}{\partial A_{m1}} & \frac{\partial f(A)}{\partial A_{m1}} & \cdots & \frac{\partial f(A)}{\partial A_{mn}}\end{bmatrix}$$

即

$$(\nabla_A f(A))_{ij}=\frac{\partial f(A)}{\partial A_{ij}}$$

如果 $A\in\mathbf{R}^n$ 是一个向量，则

$$\nabla_x f(x)=\begin{bmatrix}\frac{\partial f(x)}{\partial x_1} & \frac{\partial f(x)}{\partial x_2} & \cdots & \frac{\partial f(x)}{\partial x_n}\end{bmatrix}^{\mathrm{T}}$$

2.2.7 最小二乘法

最小二乘法是 A. M. Legendre 于 1805 年在其著作《计算慧星轨道的新方法》中提出的，其核心思想是求解未知参数，使得理论值与观测值之差（误差或残差）的平方和（一般叫作损失函数）达到最小。

对于一组样本 $(x_1,y_1),(x_2,y_2),\cdots,(x_n,y_n)$，其中，$x_i$ 是一个 p 维向量，表示第 i 个样本被观察的 p 个特征；y_i 表示第 i 个样本的取值，拟合出来的直线就是样本的所有 p 维特征值到样本取值 y_i 的一种近似的线性映射关系，如果利用矩阵形式，则有以下的线性方程。

$$y=\omega^{\mathrm{T}}x+b$$

如果方程的常数项写成 $\omega_0 x_{i0}$，其中 x_{i0} 恒为 1，则上述方程可以简化为

$$y=\omega^{\mathrm{T}}x$$

接着，如何去估计参数向量 ω 成了我们将要面对的问题。根据最小二乘法的核心思想，我们定义目标函数为

$$L(\omega)=\sum_{i=1}^{N}\left|\omega^{\mathrm{T}}x_i-y_i\right|^2$$

最小二乘法估计的目标就是找到一个向量ω，使得上述函数$L(\omega)$取值最小。

计算函数$L(\omega)$的最小值，方法非常简单，就是直接对ω求导。首先把函数$L(\omega)$写成矩阵的形式。

$$
\begin{aligned}
L(\omega) &= \sum_{i=1}^{N}\left|\omega^{\mathrm{T}}x_i - y_i\right|^2 \\
&= \begin{bmatrix}\omega^{\mathrm{T}}x_1 - y_1 & \omega^{\mathrm{T}}x_2 - y_2 & \cdots & \omega^{\mathrm{T}}x_N - y_N\end{bmatrix}\begin{bmatrix}\omega^{\mathrm{T}}x_1 - y_1 \\ \omega^{\mathrm{T}}x_2 - y_2 \\ \vdots \\ \omega^{\mathrm{T}}x_N - y_N\end{bmatrix} \\
&= (\omega^{\mathrm{T}}X^{\mathrm{T}} - Y^{\mathrm{T}})(\omega^{\mathrm{T}}X^{\mathrm{T}} - Y^{\mathrm{T}})^{\mathrm{T}} \\
&= (\omega^{\mathrm{T}}X^{\mathrm{T}} - Y^{\mathrm{T}})(X\omega - Y) \\
&= \omega^{\mathrm{T}}X^{\mathrm{T}}X\omega - \omega^{\mathrm{T}}X^{\mathrm{T}}Y - Y^{\mathrm{T}}X\omega + Y^{\mathrm{T}}Y \\
&= \omega^{\mathrm{T}}X^{\mathrm{T}}X\omega - 2\omega^{\mathrm{T}}X^{\mathrm{T}}Y + Y^{\mathrm{T}}Y
\end{aligned}
$$

接着对ω进行求导，结果如下：

$$
\begin{aligned}
\frac{\partial L(\omega)}{\partial \omega} &= \frac{\partial}{\partial \omega}\left(\omega^{\mathrm{T}}X^{\mathrm{T}}X\omega - 2\omega^{\mathrm{T}}X^{\mathrm{T}}Y + Y^{\mathrm{T}}Y\right) \\
&= \frac{\partial}{\partial \omega}\left(\omega^{\mathrm{T}}X^{\mathrm{T}}X\omega - 2\omega^{\mathrm{T}}X^{\mathrm{T}}Y\right) \\
&= 2X^{\mathrm{T}}X\omega - 2X^{\mathrm{T}}Y
\end{aligned}
$$

令$\frac{\partial L(\omega)}{\partial \omega} = 0$，则

$$
\omega = \left(X^{\mathrm{T}}X\right)^{-1}X^{\mathrm{T}}Y
$$

2.3　概率统计

在进行数据分析时，一般情况下，首先要对数据进行基本的描述性统计分析，以发现其内在的基本规律，再选择进一步的分析方法（如适用哪类算法、模型等）。描述性统计分析要对样本总体的所有变量进行统计性描述，主要包括数据的频数分析、集中趋势分析、离散程度分析、分布分析等。本节内容将介绍一些基本的概率统计知识。

2.3.1　概率

样本空间Ω　随机试验的所有结果的集合为样本空间。

事件空间F　样本空间Ω中的子集A的集合即为事件空间，用F表示。F满足如下三个条件：

- $\phi \in F$
- $ACF \Rightarrow \Omega \backslash A \in F$ 。
- $A_1, A_2, \cdots, A_n \in F \Rightarrow \bigcup_{i=1} A_i \in F$ 。

概率 事件发生的可能性的大小，设函数 P 是一个 $F \rightarrow \mathbf{R}$ 的映射，满足以下性质，被称为概率函数。

- 对于每个 $A \in F$ ，$P(A) > 0$ 。
- $P(\Omega) = 1$ 。
- 如果 $A_1, A_2, \cdots$ 是互不相交的事件，那么 $P\left(\bigcup_i A_i\right) = \sum_i P(A_i)$

以上三条性质称为概率公理。

全概率定理 如果 $A_1, A_2, \cdots, A_k$ 是互不相交的事件，且其并集是 Ω ，则它们的概率之和等于 1。

结合本书的主要内容，在推荐模型的开发过程中，大部分业务场景是计算用户在未来一段时间内对某一事物感兴趣（衡量是否感兴趣的标准可以是点击、浏览或购买等行为动作）的概率。

2.3.2 总体与个体

研究对象的全体称为总体，一般把我们关心的所有样本称为总体。组成总体的每个单元称为个体。

2.3.3 简单随机抽样

为了使样本抽样具有充分的代表性，要求：

- 每个个体被抽到的机会均等。
- 每次抽取是独立的。

这样的抽样叫作简单随机抽样，通常都是无放回抽样，当总体很大时，可以满足独立性。

一般情况下，当我们所分析的数据量比较大或样本分布十分不均衡时，均需要对样本进行随机抽样。

在实际的数据挖掘项目中，经常会遇到对数据集进行随机抽样操作。下面通过案例来说明如何进行随机抽样，代码如下所示，首先随机生成 10 个样本。

```
data = pd.DataFrame(np.random.randn(10, 4))
data
```

运行上述程序，结果如图 2-1 所示。

对上述随机生成的 10 个样本进行抽样，随机抽取 4 个样本，代码如下。

```
#随机抽取 4 个样本
data.sample(n=4)
```

运行上述程序，结果如图2-2所示。

	0	1	2	3
0	-0.036497	-0.405367	-0.440847	1.493545
1	0.644204	1.232674	-0.223396	0.182291
2	-0.362351	-1.653222	-2.141620	-0.028085
3	-0.762194	-2.558995	0.685578	0.270291
4	1.130818	1.599681	0.868199	0.056424
5	0.244843	0.264314	-1.061606	0.771907
6	0.117749	1.902790	0.387230	0.386841
7	-1.382038	1.857321	-0.640329	-0.654069
8	0.627756	-1.449472	1.233562	0.750913
9	-0.523060	2.718494	0.372847	0.448139

图2-1　随机生成的10个样本

	0	1	2	3
5	0.491599	0.547507	-0.417714	-0.644508
0	-0.781168	-0.415401	-0.404796	0.724648
6	-0.270862	0.618014	0.230849	-1.038020
3	-0.485207	0.773295	-2.200502	0.294932

图2-2　随机抽取4个样本

2.3.4　统计量

统计量是含有样本$X_1,X_2,\cdots,X_n$的一个数学表达式，并且统计量的数学表达式中不含未知参数，因而可以在得到样本值后立即计算出数值。

三个重要的统计量：

样本均值 $\bar{X}=\frac{1}{n}\sum_{i=1}^{n}X_i$

样本方差 $S^2=\frac{1}{n-1}\sum_{i=1}^{n}(X_i-\bar{X})^2$

样本标准差 $S=\sqrt{S^2}$

其中，$\bar{X}$作为均值，可以反映样本总体X的情况，S^2是数据与均值的差的平方的均值，体现样本的离散程度，因而可以反映样本总体X的方差。

2.3.5　描述性统计

如前所述，在数据挖掘时，需要对原始数据进行数据探索分析。一般情况下，主要涉及频数分析、集中趋势分析、数据离散程度分析、数据的分布等。

频数　频数也称次数，对总体数据按某种标准进行分组，统计出各个组内含个体的个数。而频率则是每个小组的频数与数据总数的比值。例如，在实际业务数据分析时，对于分类型变量，我们均需查看其频数分布情况。

平均值　平均值是衡量数据的中心位置的重要指标，反映了一些数据必然性的特点，包括算术平均值、加权算术平均值、调和平均值和几何平均值。

中位数　中位数是另外一种反映数据的中心位置的指标，其确定方法是将所有数据按由小到大的顺序排列，位于中央的数值就是中位数。

众数 众数是指在数据中出现频率最高的数值。

偏度 偏度是对数据分布偏斜方向和程度的测度，其计算公式为三阶中心矩 v_3 与标准差的三次方之比，具体公式如下：

$$\alpha = \frac{v_3}{\sigma^3} = \frac{\sum_{i=1}^{n}\left(x_i - \overline{x}\right)^3 f_i}{\sum_{i=1}^{n} f_i \cdot \sigma^3}$$

式中：α 为偏度系数。

峰度 峰度是分布集中趋势高峰的形状，其计算公式为四阶中心矩 v_4 与标准差的四次方之比，以此来判断各分布曲线峰度的尖平程度，公式如下：

$$\beta = \frac{v_4}{\sigma^4} - 3 = \frac{\sum_{i=1}^{n}\left(x_i - \overline{x}\right)^4 f_i}{\sum_{i=1}^{n} f_i \cdot \sigma^4} - 3$$

式中：β 为峰度系数，需要注意的是，上式中减 3 是为了使正态分布的峰度系数为 0。

一般情况下，如果样本的偏度接近于 0，而峰度接近于 3，就可以判断出总体的分布接近于正态分布。

第 2 篇
推荐模型的开发实践

第 3 章

基于协同过滤的推荐

协同过滤算法广泛应用于推荐系统中，是目前推荐领域中应用最多且效果最好的一种算法。其本质为分析用户特征，找出与目标用户相似的用户或与目标用户偏好项目相似的项目，使用近邻技术对目标用户生成推荐。协同过滤算法在实际应用中取得了很好的成绩，如亚马逊、Netflix 等大型商业公司都采用了协同过滤算法来为系统提供推荐功能。

3.1 协同过滤算法简介

协同过滤算法可以大致分为两类：基于模型的协同过滤算法（Model-based CF）和基于记忆的协同过滤算法（Memory-based CF）。协同过滤算法的分类如图 3-1 所示。

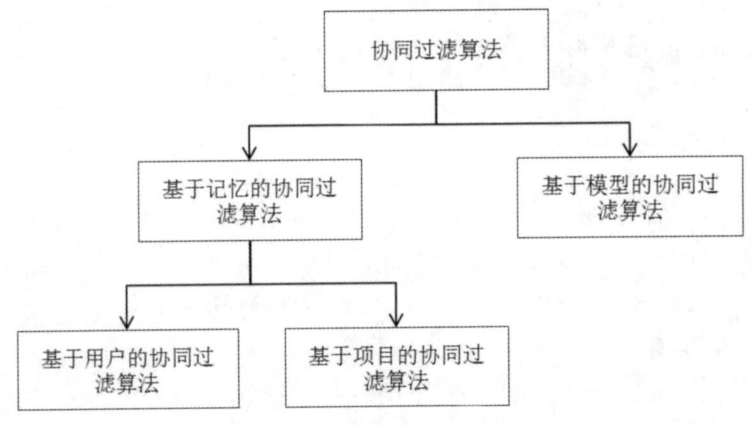

图 3-1　协同过滤算法的分类

3.1.1 基于用户的协同过滤

基于用户的协同过滤算法有个基本的业务假设，即如果两个用户对某些项目有着相似的偏好，则认为他们在其他项目上也具有类似的偏好。

基于用户的协同过滤推荐算法包含两个最基本的步骤：

（1）寻找目标用户的最近邻。

（2）根据最近邻的历史评价信息为目标用户产生推荐。

如图 3-2 所示，通过一个简单的案例来说明基于用户的协同过滤算法，图 3-2 中的基本情况为：

- 用户 A 喜欢物品 A 和物品 C；
- 用户 B 喜欢物品 B；
- 用户 C 喜欢物品 A、物品 C 和物品 D。

对比用户 A、B、C 可知，用户 A 和用户 C 是最相似的，那么对于用户 A，用户 C 就是用户 A 的最近邻居，这时我们就推断用户 A 同样会喜爱用户 C 喜爱的物品 D，所以就把产品 D 推荐给用户 A。

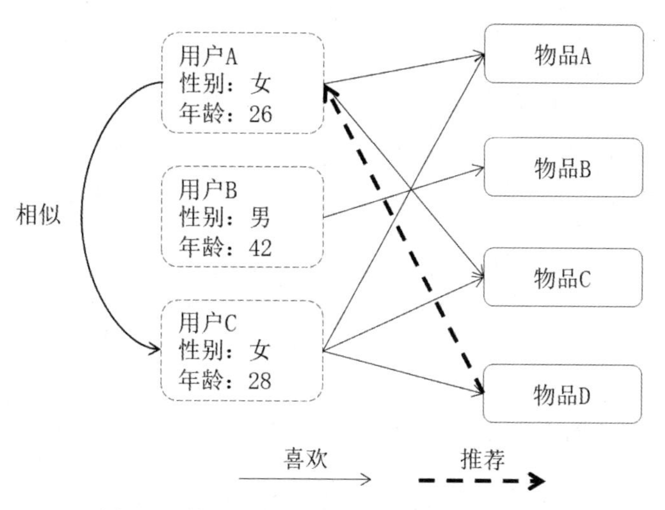

图 3-2　基于用户的协同过滤算法的示意图

图 3-2 只是展示了最简单的基于用户的协同过滤算法，下面介绍一般情况下的算法步骤。

（1）构建用户-项目评分矩阵。

建立评分矩阵的主要工作是将用户-项目评分转化为用户-项目评分矩阵的形式，基于用户的协同过滤算法用一个 $m \times n$ 的矩阵来表示用户对项目的评分。其中，m 为用户数量；n 为项目数量；r_{ij} 为用户 i 对项目 j 的评分。矩阵如下：

$$\begin{pmatrix} r_{11} & \cdots & r_{1n} \\ \vdots & \ddots & \vdots \\ r_{m1} & \cdots & r_{mn} \end{pmatrix}$$

（2）计算用户相似性。

得到用户-项目评分矩阵之后，就可以开始计算用户之间的相似性，以下介绍几种常用相似性的计算方法。

1）余弦相似性。

将用户对项目的评分看作一个向量，然后用两个用户的评分向量之间的夹角余弦来衡量相似度，通过这种方式计算出来的相似性就是余弦相似性。

设用户 i 对项目 k 的评分为 r_{ik}，用户 i 、j 的评分向量分别为 $\vec{i}$ 、$\vec{j}$，已评分项目集合分别为 I_i 和 I_j，I_{ij} 为用户 i 、j 的评分项目集合的交集，则用户 i 和用户 j 的余弦相似性可以表示为

$$\text{sim}(\vec{i},\vec{j})=\cos(\vec{i},\vec{j})=\frac{\vec{i}\cdot\vec{j}}{\|\vec{i}\|\|\vec{j}\|}=\frac{\sum_{k\in I_{ij}} r_{i,k}\cdot r_{j,k}}{\sqrt{\sum_{k\in I_i} r_{i,k}^2 \sum_{k\in I_j} r_{j,k}^2}}$$

2）Pearson 相关相似性。

Pearson 相关相似性只考虑用户对项目的共同评分，用户 i 和用户 j 的相似性为

$$\mathrm{sim}(i,j)=\frac{\sum_{k\in I_{ij}}(r_{i,k}-\overline{r}_i)\cdot(r_{j,k}-\overline{r}_j)}{\sqrt{\sum_{k\in I_{ij}}(r_{i,k}-\overline{r}_i)^2}\sqrt{\sum_{k\in I_{ij}}(r_{j,k}-\overline{r}_j)^2}}$$

式中：$\overline{r}_i$ 、$\overline{r}_j$ 分别为用户 i 和用户 j 对项目的平均评分。

Pearson 相关相似性能够很好地反映出用户间的相似性，但是当两个用户共同评分项目很少时相关相似性将难以使用，所以在一些数据极其稀疏的系统中，用户间的共同评分极少，相关相似性难以发挥作用。

3）修正的余弦相似性。

余弦相似性忽略了不同用户的评分标准是不相同的，修正的余弦相似性通过在余弦相似性的基础上减去用户对项目的平均评分的方式，来修正前面提到的不足所带来的误差，修正余弦相似性为

$$\mathrm{sim}(i,j)=\frac{\sum_{k\in I_{ij}}(r_{i,k}-\overline{r}_i)\cdot(r_{j,k}-\overline{r}_j)}{\sqrt{\sum_{k\in I_i}(r_{i,k}-\overline{r}_i)^2}\sqrt{\sum_{k\in I_j}(r_{j,k}-\overline{r}_j)^2}}$$

式中：$\overline{r}_i$ 、$\overline{r}_j$ 分别为用户 i 和用户 j 对项目的平均评分。

（3）预测评分。

最后，我们预测的用户 i 对项目 k 的评分如下：

$$P_{ik}=\frac{\sum \mathrm{sim}(i,j)\cdot(r_{j,k}-\overline{r}_j)}{\sum \mathrm{sim}(i,j)}+\overline{r}_i$$

式中：$\overline{r}_i$ 、$\overline{r}_j$ 分别为用户 i 和用户 j 的平均评分；$\mathrm{sim}(i,j)$ 为用户 i 和用户 j 的相似度；$r_{j,k}$ 为用户 j 对项目 k 的评分。选取预测评分最高的前 N 个项目推荐给用户。

3.1.2　基于项目的协同过滤

基于项目的协同过滤与基于用户的协同过滤相似，不同的是基于项目的协同过滤通过计算项目间的相似度来产生推荐。它的核心思想是：如果用户喜欢某一类项目，则找出与该类项目相似的项目推荐给他。对于项目之间的相似度计算，3.1.1 小节中的方法同样适用，在此不再赘述。

图 3-3 为基于项目的协同过滤算法的示意图，图中的基本情况如下：

- 用户 A 喜欢电影 A。
- 用户 B 喜欢电影 B。
- 用户 C 喜欢电影 B。

对比电影 A、B、C 可知，电影 A 和电影 C 的类型都是爱情片，所以是最相似的，那么对于电影 A，电影 C 就是电影 A 的最近邻居，这时我们就推断用户 A 同样会喜爱电影 C，所以就把电影 C 推荐给用户 A。

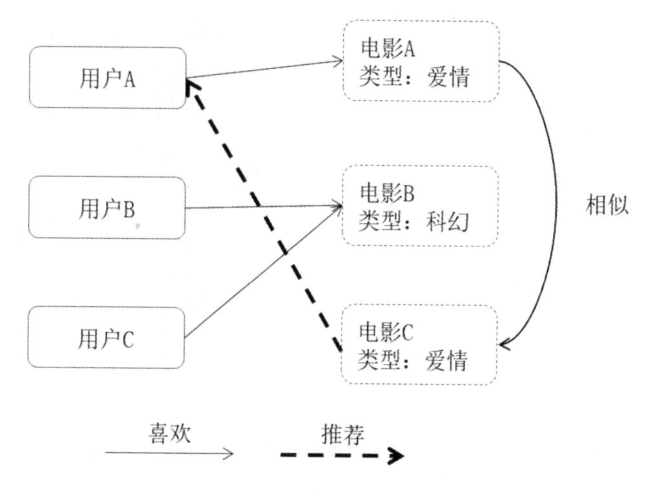

图 3-3　基于项目的协同过滤算法的示意图

由于项目间的相似度较为稳定，因此项目间相似度可以离线计算，这意味着每次使用基于项目的协同过滤算法比使用基于用户的协同过滤算法产生推荐时所耗费的时间更短，但是基于项目的协同过滤算法也有如下缺点：

- 需要对物品进行分析和建模，推荐的质量依赖于建模的完整性和全面性。
- 物品相似度的分析仅仅依赖于物品本身的特征，这里没有考虑用户对物品的态度。
- 需要基于用户以往的喜好历史作出推荐，对于新用户有“冷启动”的问题。

3.1.3　基于模型的协同过滤

基于记忆的协同过滤推荐方法已被广泛应用，但随着项目及用户的大量增加、算法复杂度的增大，将导致系统性能变差。而基于模型的协同过滤算法可以解决这一问题，它使用统计方法来对用户行为数据进行建模，并且可以在离线条件下完成建模过程，模型训练完成后可以在线生成推荐结果。

基于模型的协同过滤算法首先会根据用户对产品的购买信息、评价信息等历史数据得到一个模型，然后再用得到的模型进行预测，主要采用的技术有贝叶斯网络、聚类、神经网络、关联规则等。后续的章节会逐步介绍用于推荐系统的常用机器学习技术。

3.2　基于协同过滤算法的实现

3.2.1　数据源说明

本案例中使用的数据为明尼苏达大学 GroupLens 研究项目收集的 MovieLens 数据集，读者可以自行在网站（https://grouplens.org/datasets/movielens）下载。首先我们导入数据集，代码如下所示。

```
# --- Import Libraries --- #
import pandas as pd
import numpy as np
from scipy.spatial.distance import cosine
#首先导入客户评级数据集
columns = ['user_id', 'item_id', 'rating', 'timestamp']
user_data =
pd.read_csv('D:/ReSystem/Data/chapter15/ml-100k/u.data',
                  sep='\t',
                  names=columns)
user_data.info()
#然后导入电影信息数据集
columns = ['item_id', 'movie title', 'release date',
          'video release date', 'IMDb URL', 'unknown',
          'Action', 'Adventure','Animation', 'Childrens',
          'Comedy', 'Crime', 'Documentary', 'Drama',
          'Fantasy', 'Film-Noir', 'Horror',
          'Musical', 'Mystery', 'Romance', 'Sci-Fi',
          'Thriller', 'War', 'Western']
movies_data =
pd.read_csv('D:/ReSystem/Data/chapter15/ml-100k/u.item',
                    sep='|',
                    names=columns,
                    encoding='latin-1')
#考虑后续计算量较大，这里对电影数据进行随机抽样
movies=movies_data.sample(n=300)
movies.head()
```

运行上述程序，结果如图 3-4 所示。

	item_id	movie title	release date	video release date	IMDb URL	unknown	Action	Adventure	Animation	Childrens	...	Fantasy	Film-Noir	Horror	Musical
14	15	Mr. Holland's Opus (1995)	29-Jan-1996	NaN	http://us.imdb.com/M/title-exact?Mr.%20Holland...	0	0	0	0	0	...	0	0	0	0
1307	1308	Babyfever (1994)	01-Jan-1994	NaN	http://us.imdb.com/M/title-exact?Babyfever%20(...	0	0	0	0	0	...	0	0	0	0
1019	1020	Gaslight (1944)	01-Jan-1944	NaN	http://us.imdb.com/M/title-exact?Gaslight%20(1...	0	0	0	0	0	...	0	0	0	0
1310	1311	Waiting to Exhale (1995)	15-Jan-1996	NaN	http://us.imdb.com/M/title-exact?Waiting%20to%...	0	0	0	0	0	...	0	0	0	0
127	128	Supercop (1992)	26-Jul-1996	NaN	http://us.imdb.com/M/title-exact?Police%20Stor...	0	1	0	0	0	...	0	0	0	0

5 rows × 24 columns

图 3-4　数据集 movies 的前 5 行

3.2.2　基于项目的协同过滤推荐实现

导入数据集之后，首先需要把客户评级数据集和电影信息数据集进行合并，把电影的基本信息

关联至客户评级数据集上，便于进行电影相似性关系的计算，代码如下所示。

```
#合并客户评级数据与电影信息数据
movie_names = movies[['item_id', 'movie title']]
combined_movies_data = pd.merge(user_data,
                                movie_names,
                                on='item_id')
combined_movies_data.head()
```

运行上述程序，结果如图 3-5 所示。

	user_id	item_id	rating	timestamp	movie title
0	186	302	3	891717742	L.A. Confidential (1997)
1	191	302	4	891560253	L.A. Confidential (1997)
2	49	302	4	888065432	L.A. Confidential (1997)
3	54	302	4	880928519	L.A. Confidential (1997)
4	62	302	3	879371909	L.A. Confidential (1997)

图 3-5　合并后的数据集

为了计算电影之间的相似性，需要生成客户-电影矩阵数据表，代码如下所示。

```
#创建客户-电影矩阵表
rating_crosstab = combined_movies_data.pivot_table(values='rating',
                                                   index='user_id',
                                                   columns='movie title',
                                                   fill_value=0)
rating_crosstab.head(10).T
```

运行上述程序，结果如图 3-6 所示。

user_id	1	2	3	4	5	6	7	8	9	10
movie title										
1-900 (1994)	0	0	0	0	0	0	0	0	0	0
8 Heads in a Duffel Bag (1997)	0	0	0	0	0	0	0	0	0	0
8 Seconds (1994)	0	0	0	0	0	0	0	0	0	0
Above the Rim (1994)	0	0	0	0	0	0	0	0	0	0
Addiction, The (1995)	0	0	0	0	0	0	0	0	0	0
...	...	...	...	...	...	...	...	...	...	...
Winnie the Pooh and the Blustery Day (1968)	0	0	0	0	0	0	0	0	0	0
Wizard of Oz, The (1939)	4	0	0	0	0	5	5	0	0	5
World of Apu, The (Apur Sansar) (1959)	0	0	0	0	0	0	0	0	0	0
Yankee Zulu (1994)	0	0	0	0	0	0	0	0	0	0
Young Guns II (1990)	0	0	0	0	0	0	0	0	0	0

300 rows × 10 columns

图 3-6　客户-电影矩阵数据表

在计算电影之间的相似性之前，需要一个数据帧来存储相似度系数。首先创建一个名为data_temp 的 Pandas 临时数据帧，代码如下所示。

```
data_temp = pd.DataFrame(index=rating_crosstab.columns,
                         columns=rating_crosstab.columns)
data_temp.head()
```

运行上述程序，结果如图 3-7 所示。

movie title movie title	1-900 (1994)	8 Heads in a Duffel Bag (1997)	8 Seconds (1994)	Above the Rim (1994)	Addiction, The (1995)
1-900 (1994)	NaN	NaN	NaN	NaN	NaN
8 Heads in a Duffel Bag (1997)	NaN	NaN	NaN	NaN	NaN
8 Seconds (1994)	NaN	NaN	NaN	NaN	NaN
Above the Rim (1994)	NaN	NaN	NaN	NaN	NaN
Addiction, The (1995)	NaN	NaN	NaN	NaN	NaN
...	...	...	...	...	...
Winnie the Pooh and the Blustery Day (1968)	NaN	NaN	NaN	NaN	NaN
Wizard of Oz, The (1939)	NaN	NaN	NaN	NaN	NaN
World of Apu, The (Apur Sansar) (1959)	NaN	NaN	NaN	NaN	NaN
Yankee Zulu (1994)	NaN	NaN	NaN	NaN	NaN
Young Guns II (1990)	NaN	NaN	NaN	NaN	NaN

300 rows × 5 columns

图 3-7　相似度系数表

然后使用 for 循环计算任意两部电影之间的相似度系数，代码如下所示。

```
#计算电影之间的相似关系，这里使用余弦相似度
#Loop through the columns
for i in range(0,len(data_temp.columns)) :
    #Loop through the columns for each column
    for j in range(0,len(data_temp.columns)) :
    #Fill in placeholder with cosine similarities
      data_temp.iloc[i,j] = 1-cosine(rating_crosstab.iloc[:,i],
                                     rating_crosstab.iloc[:,j])
data_temp.head().T
```

运行上述程序，即可完成每部电影与其他电影的相似度系数的计算，并会将结果存放至数据帧data_temp 中，如图 3-8 所示。

movie title	1-900 (1994)	8 Heads in a Duffel Bag (1997)	8 Seconds (1994)	Above the Rim (1994)	Addiction, The (1995)
movie title					
1-900 (1994)	1	0	0	0	0.0911353
8 Heads in a Duffel Bag (1997)	0	1	0	0	0
8 Seconds (1994)	0	0	1	0	0
Above the Rim (1994)	0	0	0	1	0
Addiction, The (1995)	0.0911353	0	0	0	1
...	...	...	...	...	...
Winnie the Pooh and the Blustery Day (1968)	0.0133693	0	0	0.051151	0.0698558
Wizard of Oz, The (1939)	0.0487523	0.0347962	0.0916099	0.0532932	0.0855182
World of Apu, The (Apur Sansar) (1959)	0	0	0	0	0.0227921
Yankee Zulu (1994)	0.152499	0	0	0	0
Young Guns II (1990)	0.0234075	0.0584737	0	0.268672	0

300 rows × 5 columns

图 3-8 相似度系数矩阵

如果想要获取相似度系数最大的前 10 部电影，则直接在数据帧 data_temp 中提取即可，代码如下所示。

```
#创建临时数据帧用于存放电影
data_neighbours = pd.DataFrame(index=data_temp.columns,
                               columns=range(0,11))
#提取与每部电影最相似的前 10 部电影（除去本身）
# Loop through our similarity dataframe and fill in item names
for i in range(0,len(data_temp.columns)):
    data_neighbours.iloc[i,:11] = \
    data_temp.iloc[0:,i].sort_values(ascending=False)[:11].index
data_neighbours.head().T
```

运行上述程序，结果如图 3-9 所示。

movie title	1-900 (1994)	8 Heads in a Duffel Bag (1997)	8 Seconds (1994)	Above the Rim (1994)	Addiction, The (1995)
0	1-900 (1994)	8 Heads in a Duffel Bag (1997)	8 Seconds (1994)	Above the Rim (1994)	Addiction, The (1995)
1	Two or Three Things I Know About Her (1966)	MURDER and murder (1996)	Fresh (1994)	Dangerous Minds (1995)	Scream of Stone (Schrei aus Stein) (1991)
2	Nelly & Monsieur Arnaud (1995)	Brother's Kiss, A (1997)	Top Hat (1935)	Three Musketeers, The (1993)	Bitter Moon (1992)
3	Thieves (Voleurs, Les) (1996)	Wedding Bell Blues (1996)	Up in Smoke (1978)	Young Guns II (1990)	April Fool's Day (1986)
4	Belle de jour (1967)	Rough Magic (1995)	Dangerous Minds (1995)	Robin Hood: Prince of Thieves (1991)	Tales from the Crypt Presents: Bordello of Blo...
5	Heidi Fleiss: Hollywood Madam (1995)	For Ever Mozart (1996)	New York Cop (1996)	Angus (1995)	Hellraiser: Bloodline (1996)
6	Hedd Wyn (1992)	Sudden Manhattan (1996)	Rudy (1993)	Client, The (1994)	Castle Freak (1995)
7	Lashou shentan (1992)	Crooklyn (1994)	Killing Zoe (1994)	I Love Trouble (1994)	Sirens (1994)
8	Lotto Land (1995)	Sixth Man, The (1997)	That Darn Cat! (1965)	Billy Madison (1995)	Heidi Fleiss: Hollywood Madam (1995)
9	Yankee Zulu (1994)	Nowhere (1997)	Right Stuff, The (1983)	Nell (1994)	Killing Zoe (1994)
10	Vermont Is For Lovers (1992)	Guantanamera (1994)	Joy Luck Club, The (1993)	Real Genius (1985)	Blob, The (1958)

图 3-9 相似度系数最大的前 10 部电影名单

如果我们需要获取相似度系数最大的前三部电影，则代码如下所示。

```
data_neighbours.head(6).iloc[:6,1:4]
```

运行上述程序，结果如图 3-10 所示。

movie title	1	2	3
1-900 (1994)	Two or Three Things I Know About Her (1966)	Nelly & Monsieur Arnaud (1995)	Thieves (Voleurs, Les) (1996)
8 Heads in a Duffel Bag (1997)	MURDER and murder (1996)	Brother's Kiss, A (1997)	Wedding Bell Blues (1996)
8 Seconds (1994)	Fresh (1994)	Top Hat (1935)	Up in Smoke (1978)
Above the Rim (1994)	Dangerous Minds (1995)	Three Musketeers, The (1993)	Young Guns II (1990)
Addiction, The (1995)	Scream of Stone (Schrei aus Stein) (1991)	Bitter Moon (1992)	April Fool's Day (1986)
African Queen, The (1951)	Casablanca (1942)	Wizard of Oz, The (1939)	Raiders of the Lost Ark (1981)

图 3-10　相似度系数最大的前三部电影名单

3.2.3　基于用户的协同过滤推荐实现

与 3.2.2 小节中基于项目的协同过滤算法一样，首先，创建一个数据帧来保存相似度系数，基本上与原始数据一样，但除了变量信息之外，没有任何其他内容，代码如下所示。

```
#创建临时数据帧，用于存放相似度系数
data_sims = pd.DataFrame(index=rating_crosstab.index,
                   columns=rating_crosstab.columns)
#把用户 user 的 ID 赋给数据表 data_sims
data_sims.iloc[:,:1] = rating_crosstab.iloc[:,:0]
data_sims.head().T
```

运行上述程序后，结果如图 3-11 所示，临时数据帧的元素全为缺失值。

user_id movie title	1	2	3	4	5
1-900 (1994)	NaN	NaN	NaN	NaN	NaN
8 Heads in a Duffel Bag (1997)	NaN	NaN	NaN	NaN	NaN
8 Seconds (1994)	NaN	NaN	NaN	NaN	NaN
Above the Rim (1994)	NaN	NaN	NaN	NaN	NaN
Addiction, The (1995)	NaN	NaN	NaN	NaN	NaN
...	...	...	...	...	...
Winnie the Pooh and the Blustery Day (1968)	NaN	NaN	NaN	NaN	NaN
Wizard of Oz, The (1939)	NaN	NaN	NaN	NaN	NaN
World of Apu, The (Apur Sansar) (1959)	NaN	NaN	NaN	NaN	NaN
Yankee Zulu (1994)	NaN	NaN	NaN	NaN	NaN
Young Guns II (1990)	NaN	NaN	NaN	NaN	NaN

300 rows × 5 columns

图 3-11　临时数据帧

现在循环遍历行和列，用相似度评分填充空白空间。请注意，将用户已经评分的电影得分置为0，因为没有必要再次推荐它，具体代码如下所示。

```
# 定义相似度系数评分函数
def getScore(history, similarities):
   return sum(history*similarities)/sum(similarities)
#现在循环遍历行和列，用相似度评分填充空白空间
#请注意，将用户已经评分的电影得分置为 0，因为没有必要再次推荐它
for i in range(0,len(data_sims.index)):
    for j in range(1,len(data_sims.columns)):
        user = data_sims.index[i]
        product = data_sims.columns[j]
        if rating_crosstab.iloc[i][j] == 1:
            data_sims.iloc[i][j] = 0
        else:
            product_top_names = data_neighbours.loc[product][1:10]
            product_top_sims = \
            data_temp.loc[product].sort_values(ascending=False)[1:10]
            user_purchases = \
            rating_crosstab.loc[user,product_top_names]
            data_sims.iloc[i][j] = getScore(user_purchases,
                                    product_top_sims)
data_sims.head().T
```

运行上述程序，结果如图 3-12 所示。

user_id	1	2	3	4	5
movie title					
1-900 (1994)	0.204164	0	0	0	0
8 Heads in a Duffel Bag (1997)	0	0	0	0	0
8 Seconds (1994)	0.206713	0	0	0	0.205274
Above the Rim (1994)	0.12299	0	0	0.217885	0.57631
Addiction, The (1995)	0	0	0	0	0.224196
...	...	...	...	...	...
Winnie the Pooh and the Blustery Day (1968)	2.53232	0	0.314882	0	1.85571
Wizard of Oz, The (1939)	3.70058	0	0.346187	0	1.61619
World of Apu, The (Apur Sansar) (1959)	0.197726	0	0	0	0
Yankee Zulu (1994)	0	0	0	0	0.0533007
Young Guns II (1990)	0.915404	0	0	0	0.472835

300 rows × 5 columns

图 3-12　相似度系数结果

接着，创建一个临时的数据帧，用于存放推荐的前 5 部电影信息，代码如下所示。

```
# Ceate a temp dataframe
data_recommend = \
pd.DataFrame(index=data_sims.index, columns=['1','2','3','4','5'])
```

```
#data_recommend.iloc[0:,0] = data_sims.iloc[:,0]
data_recommend
```

运行上述程序后，结果如图 3-13 所示。

user_id	1	2	3	4	5
1	NaN	NaN	NaN	NaN	NaN
2	NaN	NaN	NaN	NaN	NaN
3	NaN	NaN	NaN	NaN	NaN
4	NaN	NaN	NaN	NaN	NaN
5	NaN	NaN	NaN	NaN	NaN
...	...	...	...	...	...
939	NaN	NaN	NaN	NaN	NaN
940	NaN	NaN	NaN	NaN	NaN
941	NaN	NaN	NaN	NaN	NaN
942	NaN	NaN	NaN	NaN	NaN
943	NaN	NaN	NaN	NaN	NaN

943 rows × 5 columns

图 3-13　存放推荐电影的临时数据帧

接着，把推荐的前 5 部电影的信息抽取出来，这样会更加直观，代码如下所示。

```
for i in range(0,len(data_sims.index)):
    data_recommend.iloc[i,0:] = \
data_sims.iloc[i,:].sort_values(ascending=False).iloc[0:5,].
index.transpose()
# Print a sample
data_recommend
```

运行上述程序，结果如图 3-14 所示。

user_id	1	2	3	4	5
1	Usual Suspects, The (1995)	Return of the Jedi (1983)	Shawshank Redemption, The (1994)	Princess Bride, The (1987)	Silence of the Lambs, The (1991)
2	English Patient, The (1996)	Full Monty, The (1997)	Emma (1996)	L.A. Confidential (1997)	Sense and Sensibility (1995)
3	Mother (1996)	Boogie Nights (1997)	Bean (1997)	Fallen (1998)	Deconstructing Harry (1997)
4	Lost Highway (1997)	Client, The (1994)	Spawn (1997)	I Shot Andy Warhol (1996)	Boogie Nights (1997)
5	Muppet Treasure Island (1996)	Close Shave, A (1995)	American Werewolf in London, An (1981)	Return of the Jedi (1983)	Princess Bride, The (1987)
...	...	...	...	...	...
939	Mr. Holland's Opus (1995)	Sense and Sensibility (1995)	Face/Off (1997)	Emma (1996)	Spitfire Grill, The (1996)
940	In the Name of the Father (1993)	Princess Bride, The (1987)	Mother (1996)	Real Genius (1985)	L.A. Confidential (1997)
941	Face/Off (1997)	Close Shave, A (1995)	Long Kiss Goodnight, The (1996)	Spawn (1997)	Mr. Holland's Opus (1995)
942	Somewhere in Time (1980)	Great Escape, The (1963)	Secret Garden, The (1993)	Lawrence of Arabia (1962)	African Queen, The (1951)
943	Usual Suspects, The (1995)	Shawshank Redemption, The (1994)	Silence of the Lambs, The (1991)	River Wild, The (1994)	Princess Bride, The (1987)

图 3-14　推荐给每个客户的前 5 部电影清单

第4章

基于矩阵分解的推荐

基于矩阵分解的推荐算法是目前个性化推荐的前沿重要研究热点之一，矩阵分解模型最早由 Yehuda Koren 于 2008 年提出，主要目的是找到两个低维的矩阵，使它们相乘之后得到的矩阵的近似值与评分矩阵中原有值的位置中的值尽可能接近，核心思想是通过隐因子将用户兴趣和物品联系起来。本章将介绍常见的矩阵分解算法，并通过实际案例来说明如何使用 Surprise 库进行矩阵分解操作。

4.1 矩阵分解模型简介

推荐系统中用户和项目数量的增长，造成了用户-项目评分矩阵由低维度向高维度的转换，而且在一般情况下，用户只会对系统中很少的项目进行评价，因此，评分矩阵也是极其稀疏的。传统的协同过滤推荐算法在稀疏、高维的矩阵上进行推荐时，其性能和推荐精度会受到严重的影响，因此，矩阵分解技术被引入到推荐系统中。

矩阵分解的目的是将一个高维矩阵用几个低维矩阵的乘积来表示，在第 2 章中已经介绍过有关矩阵分解的基本知识，如矩阵的特征值分解、奇异值分解、*QR* 分解。

很多学者对矩阵分解技术在推荐系统中的应用进行了探索，提出了多种矩阵分解模型，除了基本的 *QR* 分解模型、奇异值分解模型，还有基于非负模型矩阵分解模型、基于概率模型矩阵分解模型等。下面分别进行介绍。

4.1.1 SVD 分解

矩阵的奇异值分解在求解最优化问题、特征值问题、最小二乘法问题、广义逆矩阵问题等以及统计学领域有着重要的应用。

奇异值定义设 $\boldsymbol{A}\in\mathbf{C}^{m\times n}$， $\operatorname{rank}(\boldsymbol{A})=r(r>0)$，矩阵 $\boldsymbol{A}^{\mathrm{H}}\boldsymbol{A}$ 的特征值为

$$\lambda_1 \geqslant \lambda_2 \geqslant \cdots \geqslant \lambda_r \geqslant \lambda_{r+1} = \cdots = \lambda_n = 0$$

则 $\sigma_i=\sqrt{\lambda_i}\,(i=1,2,\cdots,n)$ 称为 $\boldsymbol{A}$ 的奇异值。

矩阵奇异值分解定理设 $\boldsymbol{A}\in\mathbf{C}^{m\times n}$ 且 $\operatorname{rank}(\boldsymbol{A})=r(r>0)$，则存在 m 阶酉矩阵 $\boldsymbol{U}$ 和 n 阶酉矩阵 $\boldsymbol{V}$，使得

$$\boldsymbol{U}^{\mathrm{H}}\boldsymbol{A}\boldsymbol{V}=\begin{pmatrix}\sum & 0\\ 0 & 0\end{pmatrix}$$

式中：$\sum=\operatorname{diag}(\sigma_1,\sigma_2,\cdots,\sigma_r)$，而 $\sigma_i\,(i=1,2,\cdots,r)$ 为 $\boldsymbol{A}$ 的非零奇异值，则

$$\boldsymbol{A}=\boldsymbol{U}\begin{pmatrix}\sum & 0\\ 0 & 0\end{pmatrix}\boldsymbol{V}^{\mathrm{H}}$$

称为矩阵 $\boldsymbol{A}$ 的奇异值分解。

如果在推荐系统中使用奇异值分解模型，则必须要求待分解的矩阵是稠密的，即矩阵中的元素要非空，否则就不能运用奇异值分解。随着推荐系统中用户和项目数量的增长，用户-项目评分矩阵必然变成稀疏矩阵，此时无法使用奇异值分解模型。所以，一般情况下，需要先用均值填充矩阵，然后再运用奇异值分解模型进行降维。

4.1.2 Funk SVD 分解

基础矩阵分解（Basic Matrix Factorization）原型是在 2006 年的 Netflix Prize 大赛上，由 Simon Funk 提出的 Funk SVD 分解方法，后更名为 Basic MF 分解方法。

Funk SVD 分解与奇异值分解最大的区别在于它由三个矩阵缩减为两个矩阵，将评分矩阵 $\boldsymbol{A}$ 分解为 $\boldsymbol{P}$、$\boldsymbol{Q}$ 两个潜在因子矩阵，然后根据已经存在的评分更新优化潜在因子矩阵，最后通过将求得的潜在因子矩阵再拟合求得预测评分。潜在因子矩阵 $\boldsymbol{P}$、$\boldsymbol{Q}$ 分别表示用户或项目对其潜在特征的偏好。

$$\boldsymbol{A}_{m\times n}=\boldsymbol{P}_{m\times k}^{\mathrm{T}}\boldsymbol{Q}_{k\times n}$$

基础矩阵分解是对奇异值分解的一种优化。

为了使预测的评分矩阵与原来的评分矩阵之间尽可能地接近，需要定义一个判断两者误差的函数并使得这个函数最小化，找到合适的矩阵 $\boldsymbol{P}$ 与 $\boldsymbol{Q}$。这里借鉴了线性回归的思想，通过最小化观察数据的平方来寻求最优的矩阵 $\boldsymbol{P}$ 与 $\boldsymbol{Q}$，计算公式如下：

$$\min_{q,p}\sum_{i,j}\left(r_{ij}-q_i^{\mathrm{T}}p_j\right)^2$$

同时为了避免产生过拟合，增加了正则项。

$$\min_{q,p}\sum_{i,j}\left(r_{ij}-q_i^{\mathrm{T}}p_j\right)^2+\lambda\left(\left\|q_i\right\|^2+\left\|p_j\right\|^2\right)$$

如果要找到上述损失函数的最小值，那么必须找到函数曲线的最低点。在常见的寻找函数最小值的方法中，梯度下降算法是最常使用的算法之一，具体算法在此不再赘述，请读者参考相关书籍。

4.1.3 SVD++分解

上述的 SVD 分解和 Funk SVD 分解均是对用户-项目评分矩阵而言的，但是除了显式评分之外，用户对项目的隐式反馈信息同样有助于偏好建模，如用户的点击、浏览、收藏，这些隐式反馈信息一定程度上同样可以从侧面反映用户的偏好，SVD++分解模型就是在 SVD 分解模型中融入用户对项目的隐式反馈信息，其具体的公式如下所示。

$$r_{ij}=q_i^{\mathrm{T}}\left(p_j+\left|N(i)\right|^{-\frac{1}{2}}\sum_{s\in N(i)}y_s\right)$$

式中：$N(i)$ 为用户产生隐式反馈信息的项目集合；y_s 为对于项目 s 的用户偏好设置；$\left|N(i)\right|^{-\frac{1}{2}}$ 为一个经验公式。

4.1.4 timeSVD 分解

用户对项目的兴趣或偏好不是一成不变的，而是随着时间动态变化的。基于此在 SVD 分解模型中加入了时间因素，提出了 timeSVD 分解模型。

$$r_{ui} = q_i^{\mathrm{T}} p_u(t_{ui})$$

式中：i 表示时间因子，为不同的时间状态。

除了上述介绍的矩阵分解模型，还有很多其他分解模型，如 NMF 分解模型、PMF 分解模型、SRui 分解模型等，在此不再赘述，感兴趣的读者可以参考相关文献。

4.2 Surprise 推荐算法库简介

Surprise（Simple Python Recommendation System Engine）是一个推荐系统库，是 Scikit 系列中的一个。简单易用，同时支持多种推荐算法（基础算法、协同过滤、矩阵分解等）。

设计 Surprise 时考虑到以下目的：

- 让用户完美控制实验过程，试图通过文档指出算法的每个细节，尽可能清晰和准确。
- 降低数据集处理的难度，用户可以使用内置数据集和自定义数据集。
- 提供各种即用型预测算法，如基线算法、邻域方法、基于矩阵分解的模型等，Surprise 推荐算法列表如表 4-1 所示。此外，Surprise 内置了各种相似性度量，如表 4-2 所示。
- 可以轻松实现新的算法思路。
- 提供评估、分析和比较算法性能的工具，使用强大的 CV 迭代器，可以非常轻松地运行交叉验证程序。

表 4-1　Surprise 推荐算法列表

算法类名	说　明
random_pred.NormalPredictor	根据训练集的分布特征随机给出一个预测值
baseline_only.BaselineOnly	给定用户和产品，给出基于 baseline 的估计值
knns.KNNBasic	最基础的协同过滤
knns.KNNWithMeans	将每个用户评分的均值考虑在内的协同过滤实现
knns.KNNBaseline	考虑基线评级的协同过滤
matrix_factorization.SVD	SVD
matrix_factorization.SVDpp	SVD++，即 LFM+SVD
matrix_factorization.NMF	基于矩阵分解的协同过滤
slope_one.SlopeOne	一个简单而精确的协同过滤算法
co_clustering.CoClustering	基于协同聚类的协同过滤算法

表 4-2　相似度量标准

相似度度量标准	度量标准说明
cosine	计算所有用户（或物品）之间的余弦相似度
msd	计算所有用户（或物品）之间的均方差异相似度
pearson	计算所有用户（或物品）之间的 Pearson 相关系数
pearson_baseline	计算所有用户（或物品）之间的（缩小的）Pearson 相关系数，使用基线进行居中而不是使用平均值

4.2.1　基本用法

Surprise 有一套内置的算法和数据集供读者使用。Surprise 的使用非常简单，只需要几行代码即可完成交叉验证过程。下面通过一个简单的案例来说明用法，代码如下所示。

```
from surprise import SVD
from surprise import Dataset
from surprise.model_selection import cross_validate
#加载 ml-100k 数据集（本地没有的情况会自动下载）
data = Dataset.load_builtin('ml-100k')
#此处使用著名的 SVD 算法
algo = SVD()
#运行 5 折交叉验证过程并打印结果
cross_validate(algo,
data,
measures=['RMSE', 'MAE'],
cv=5,
verbose=True)
```

运行上述代码，结果如下所示。

```
Evaluating RMSE, MAE of algorithm SVD on 5 split(s).
                  Fold 1  Fold 2  Fold 3  Fold 4  Fold 5  Mean    Std
RMSE (testset)    0.9380  0.9381  0.9360  0.9357  0.9326  0.9361  0.0020
MAE (testset)     0.7386  0.7410  0.7390  0.7377  0.7348  0.7382  0.0020
Fit time          4.71    5.57    4.77    4.66    4.71    4.89    0.34
Test time         0.15    0.16    0.12    0.12    0.15    0.14    0.02
```

如果尚未下载 ml-100k 数据集，load_builtin()方法将会下载该数据集至 home 目录下的.surprise_data 文件夹。上述例子中使用的就是著名的 SVD 算法，此外，还有许多其他算法可以使用，有关的详细信息，请读者参阅 Surprise 文档。cross_validate()函数根据 cv 参数运行交叉验证过程，并计算一些模型度量，在这里使用经典的 5 折交叉验证，另外也可以使用更好的迭代器。

如果不想运行完整的交叉验证过程，则可以使用 train_test_split()对给定尺寸的 trainset 和 testset 进行采样，并且选择适合的 accuracy metric 参数，代码如下所示。

```
#利用简单随机抽样方法生成 trainset 数据集和 testset 数据集
trainset, testset = train_test_split(data, test_size=.25)
#此处使用著名的 SVD 算法
algo = SVD()
#在 trainset 上训练算法，并用 testset 预测评分
algo.fit(trainset)
predictions = algo.test(testset)
# 然后计算 RMSE（Root Mean Squared Error，均方根误差）
accuracy.rmse(predictions)
```

运行上述程序，结果如下所示。

```
RMSE: 0.9367
```

显然，我们也可以简单地将算法运用于整个数据集，而不进行交叉验证。这可以使用构建 trainset 对象的 build_full_trainset()方法来完成。

```
from surprise import KNNBasic
from surprise import Dataset
#加载 ml-100k 数据集
data = Dataset.load_builtin('ml-100k')
# 构建一个算法，并对其进行训练
trainset = data.build_full_trainset()
algo = KNNBasic()
algo.fit(trainset)
```

现在可以直接调用 predict()方法来预测评分，假设我们用户 196 对物品 302 感兴趣，实际用户对物品的评分为 4，代码如下所示。

```
uid = str(196)
iid = str(302)
# get a prediction for specific users and items.
pred = algo.predict(uid, iid, r_ui=4, verbose=True)
```

运行上述程序，结果如下，预测的评分结果为 4.06。

```
user: 196          item: 302          r_ui = 4.00    est = 4.06    {'actual_k': 40,
'was_impossible': False}
```

4.2.2 使用交叉验证迭代器

对于交叉验证，我们可以轻松地使用 cross_validate()函数实现，但为了更好地控制过程，我们也可以实例化一个交叉验证迭代器，并使用迭代器的 split()方法和算法的 test()方法对每个 split 进行预测。下面用一个例子来说明，例子中使用了经典的 K 折交叉验证（定义 K 为 3），代码如下所示。

```
from surprise import SVD
from surprise import Dataset
from surprise import accuracy
from surprise.model_selection import KFold
# 加载 ml-100k 数据集
data = Dataset.load_builtin('ml-100k')
# 定义一个交叉验证迭代器
kf = KFold(n_splits=3)
algo = SVD()
for trainset, testset in kf.split(data):
    # 训练并测试算法
    algo.fit(trainset)
    predictions = algo.test(testset)
    # 计算并打印 RMSE
    accuracy.rmse(predictions, verbose=True)
```

运行上述程序，结果如下所示。

```
RMSE: 0.9537
RMSE: 0.9402
RMSE: 0.9398
```

4.2.3 使用 GridSearchCV 调整参数

函数 cross_validate()的作用是针对一组给定的参数，通过交叉验证展示其准确性度量结果。如果想知道如何组合参数可以产生最佳结果，那么可以通过使用 GridSearchCV 类来实现。给定一定数量的参数，这个类会用尽方法尝试所有参数的组合，并报告任何精度度量的最佳参数。

下面例子中为 SVD 算法的参数 n_epochs、lr_all 和 reg_all 尝试不同的值。

```
from surprise import SVD
from surprise import Dataset
from surprise.model_selection import GridSearchCV
# 使用 ml-100k 数据集
data = Dataset.load_builtin('ml-100k')
param_grid = {'n_epochs': [5, 10], 'lr_all': [0.002, 0.005],
              'reg_all': [0.4, 0.6]}
gs = GridSearchCV(SVD, param_grid, measures=['rmse', 'mae'], cv=3)
gs.fit(data)
# 最佳 RMSE 得分
print(gs.best_score['rmse'])
# 能达到最佳 RMSE 得分的参数组合
print(gs.best_params['rmse'])
```

运行上述程序，结果如下所示。

```
0.9646298882159284
{'n_epochs': 10, 'lr_all': 0.005, 'reg_all': 0.4}
```

4.3 案例：基于矩阵分解的电影推荐

本节通过案例来说明最常见的电影推荐模型的开发过程，案例目标就是根据客户对电影的评级数据，通过模型预测客户对各部电影的偏好，并以此对客户进行电影推荐。

4.3.1 数据说明

本案例中使用的数据集为明尼苏达大学 GroupLens 研究项目收集的 MovieLens 数据集，读者可以自行在网站（https://grouplens.org/datasets/movielens）下载。

首先，导入客户评级数据集，代码如下所示。

```
import pandas as pd
import numpy as np
columns = ['user_id', 'item_id', 'rating', 'timestamp']
df = pd.read_csv('D:/ReSystem/Data/chapter04/ml-100k/u.data',
                 sep='\t',
                 names=columns)
df.head()
```

运行上述程序，结果如图 4-1 所示，客户评级数据集 df 共计有 4 个变量：user_id（客户号）、item_id（电影识别号）、rating（评级）和 timestamp（时间戳）。

	user_id	item_id	rating	timestamp
0	196	242	3	881250949
1	186	302	3	891717742
2	22	377	1	878887116
3	244	51	2	880606923
4	166	346	1	886397596

图 4-1　客户评级数据集 df 的前 5 行数据

然后，查看客户评级数据集 df 的基本信息，代码如下所示。

```
df.info()
```

运行上述程序，结果如下，客户评级数据集 df 共计 10 万行，4 个变量。

```
<class 'pandas.core.frame.DataFrame'>
RangeIndex: 100000 entries, 0 to 99999
Data columns (total 4 columns):
user_id      100000 non-null int64
item_id      100000 non-null int64
rating       100000 non-null int64
timestamp    100000 non-null int64
dtypes: int64(4)
memory usage: 3.1 MB
```

最后，导入数据集 movies，代码如下所示。

```
columns = ['item_id', 'movie title', 'release date',
'video release date', 'IMDb URL', 'unknown', 'Action',
'Adventure','Animation', 'Childrens', 'Comedy', 'Crime',
'Documentary', 'Drama', 'Fantasy', 'Film-Noir', 'Horror',
'Musical', 'Mystery', 'Romance', 'Sci-Fi', 'Thriller',
'War', 'Western']
movies = pd.read_csv('D:/ReSystem/Data/chapter04/ml-100k/u.item',
sep='|', names=columns, encoding='latin-1')
movies.head()
```

运行上述程序，结果如图 4-2 所示。

	item_id	movie title	release date	video release date	IMDb URL	unknown	Action	Adventure	Animation	Childrens
0	1	Toy Story (1995)	01-Jan-1995	NaN	http://us.imdb.com/M/title-exact?Toy%20Story%2...	0	0	0	1	1
1	2	GoldenEye (1995)	01-Jan-1995	NaN	http://us.imdb.com/M/title-exact?GoldenEye%20(...	0	1	1	0	0
2	3	Four Rooms (1995)	01-Jan-1995	NaN	http://us.imdb.com/M/title-exact?Four%20Rooms%...	0	0	0	0	0
3	4	Get Shorty (1995)	01-Jan-1995	NaN	http://us.imdb.com/M/title-exact?Get%20Shorty%...	0	1	0	0	0
4	5	Copycat (1995)	01-Jan-1995	NaN	http://us.imdb.com/M/title-exact?Copycat%20(1995)	0	0	0	0	0

5 rows × 24 columns

图 4-2　电影信息数据集 movies 的前 5 行观测结果

接着，查看电影信息数据集 movies 的基本信息，代码如下所示。

```
movies.info()
```

运行上述程序，结果如下，总计 24 个变量，1682 行记录。

```
<class 'pandas.core.frame.DataFrame'>
```

```
RangeIndex: 1682 entries, 0 to 1681
Data columns (total 24 columns):
item_id               1682 non-null int64
movie title           1682 non-null object
release date          1681 non-null object
video release date    0 non-null float64
IMDb URL              1679 non-null object
unknown               1682 non-null int64
Action                1682 non-null int64
Adventure             1682 non-null int64
Animation             1682 non-null int64
Childrens             1682 non-null int64
Comedy                1682 non-null int64
Crime                 1682 non-null int64
Documentary           1682 non-null int64
Drama                 1682 non-null int64
Fantasy               1682 non-null int64
Film-Noir             1682 non-null int64
Horror                1682 non-null int64
Musical               1682 non-null int64
Mystery               1682 non-null int64
Romance               1682 non-null int64
Sci-Fi                1682 non-null int64
Thriller              1682 non-null int64
War                   1682 non-null int64
Western               1682 non-null int64
dtypes: float64(1), int64(20), object(3)
memory usage: 315.5+ KB
```

4.3.2 数据探索

导入数据集之后，需要对数据集中各变量的缺失情况、分布情况进行分析，确定数据集不存在影响后续建模过程的数据。

首先，查看客户评级数据集是否存在缺失值，代码如下所示。

```
df[df.isnull().any(axis=1)].count()
```

运行上述程序后，结果如下所示，说明客户评级数据集的变量不存在缺失值。

```
user_id      0
item_id      0
rating       0
timestamp    0
dtype: int64
```

接着，把电影的名称关联到客户评级数据集之上，代码如下所示。

```
#合并数据集
movie_names = movies[['item_id', 'movie title']]
combined_movies_data = pd.merge(df, movie_names, on='item_id')
combined_movies_data = combined_movies_data[['user_id',
                                            'movie title',
                                            'rating']]
combined_movies_data.head()
```

运行上述程序，结果如图 4-3 所示。

本案例的目的是给新客户推荐电影，所以首先要读取一个新客户对部分电影的评分，并根据新客户对电影的评分数据，获取对应的推荐电影列表。

首先，读取数据，代码如下所示。

```
newcust_ratings = pd.read_csv(
    'D:/ReSystem/Data/chapter04/newcust_ratings.csv')
newcust_ratings
```

运行上述程序，结果如图 4-4 所示。

	user_id	movie title	rating
0	196	Kolya (1996)	3
1	63	Kolya (1996)	3
2	226	Kolya (1996)	5
3	154	Kolya (1996)	3
4	306	Kolya (1996)	5

图 4-3　合并后数据集的前 5 行数据

	user_id	movie title	rating
0	1001	Aladdin (1992)	1.0
1	1001	Braveheart (1995)	5.0
2	1001	Dances with Wolves (1990)	3.5
3	1001	Face/Off (1997)	3.5
4	1001	Forrest Gump (1994)	4.0
5	1001	Jurassic Park (1993)	3.5
6	1001	Reservoir Dogs (1992)	4.0
7	1001	Return of the Jedi (1983)	1.0
8	1001	Scream (1996)	1.0
9	1001	Star Trek: First Contact (1996)	1.0
10	1001	Star Trek: The Wrath of Khan (1982)	1.0
11	1001	Star Wars (1977)	1.0
12	1001	Terminator 2: Judgment Day (1991)	3.5
13	1001	Titanic (1997)	4.0
14	1001	Trainspotting (1996)	3.0

图 4-4　数据表 newcust_ratings 的行数据

接着，把新客户的电影评级数据合并至原有客户评级数据集中，代码如下所示。

```
combined_movies_data = pd.concat([combined_movies_data,
                                 newcust_ratings],
                                 axis=0)
combined_movies_data.head()
```

运行上述程序，结果如图 4-5 所示。

进一步，对评级数据集的变量重新命名，并计算每部电影的评级次数，保留评级次数大于 15 次的数据，代码如下所示。

```
#重新对变量进行命名
combined_movies_data.columns = ['userID', 'itemID', 'rating']
#计算每部电影的评级次数
combined_movies_data['reviews'] = combined_movies_data.groupby(
      ['itemID'])['rating'].transform('count')
#保留电影评级次数大于 15 次的数据明细
combined_movies_data=
combined_movies_data[combined_movies_data.reviews>15][[
      'userID', 'itemID', 'rating']]
combined_movies_data.head()
```

运行上述程序，结果如图 4-6 所示。

	user_id	movie title	rating
0	196	Kolya (1996)	3.0
1	63	Kolya (1996)	3.0
2	226	Kolya (1996)	5.0
3	154	Kolya (1996)	3.0
4	306	Kolya (1996)	5.0

图 4-5　合并后数据集的前 5 行数据

	userID	itemID	rating
0	196	Kolya (1996)	3.0
1	63	Kolya (1996)	3.0
2	226	Kolya (1996)	5.0
3	154	Kolya (1996)	3.0
4	306	Kolya (1996)	5.0

图 4-6　评级次数大于 15 次的数据集的前 5 行观测数据

4.3.3　模型开发

经过数据探索后，已经准备好了评级数据集，这里可以使用 Surprise 推荐算法库开发不同的推荐系统模型。首先，导入所需的模型库，代码如下所示，运行后即可使用相关模型。

```
from surprise import NMF,SVD,SVDpp
from surprise import KNNBasic,KNNWithMeans,KNNWithZScore
from surprise import CoClustering
from surprise.model_selection import cross_validate
from surprise import Reader, Dataset
```

接着，读取整理好的评级数据集，并设定评级分数范围，代码如下所示。

```
#设置评级分数范围
reader = Reader(rating_scale=(1, 5))
#读取评级数据集
data = Dataset.load_from_df(combined_movies_data, reader)
```

然后，删除部分数据。显然，如果要对新用户推荐电影，则需要删除用户已经评级的电影，代码如下所示。

```
#删除已评级的电影
#获取电影 ID
unique_ids = combined_movies_data['itemID'].unique()
# 获取用户 ID 为 1001 评级的电影 ID
iids1001 =
combined_movies_data.loc[combined_movies_data['userID']==1001,
'itemID']
# 删除 iids1001 中的电影 ID
movies_to_predict = np.setdiff1d(unique_ids,iids1001)
```

调用推荐算法进行模型训练。这里使用 SVD 矩阵分解算法，代码如下所示。

```
#调用 SVD 算法
algo = SVD()
#使用全量数据进行模型训练
algo.fit(data.build_full_trainset())
my_recs = []
for iid in movies_to_predict:
      my_recs.append((iid, algo.predict(uid=1001,iid=iid).est))
#展示预测评分最大的前 10 部电影
pd.DataFrame(my_recs,
columns=['iid','predictions']).sort_values('predictions',
ascending=False).head(10)
```

运行上述程序，结果如图 4-7 所示，展示了预测评分最大的前 10 部电影。

	iid	predictions
234	Dead Man Walking (1995)	3.874956
771	Schindler's List (1993)	3.829766
699	Postino, Il (1994)	3.762054
195	Close Shave, A (1995)	3.696629
802	Silence of the Lambs, The (1991)	3.690141
506	Kolya (1996)	3.656358
182	Cinema Paradiso (1988)	3.606733
795	Shawshank Redemption, The (1994)	3.575116
648	Notorious (1946)	3.564880
518	Lawrence of Arabia (1962)	3.564759

图 4-7　推荐预测评分最大的前 10 部电影（基于 SVD 矩阵分解算法）

当然，也可以调用 SVD++矩阵分解算法进行推荐模型的开发，代码如下所示。

```
#Recommender Systems using SVD
#调用 SVD++矩阵分解算法
algo = SVDpp()
```

```
#使用全量数据进行模型训练
algo.fit(data.build_full_trainset())
my_recs = []
for iid in movies_to_predict:
      my_recs.append((iid, algo.predict(uid=1001,iid=iid).est))
#展示预测评分最大的前 10 部电影
pd.DataFrame(my_recs,
columns=['iid','predictions']).sort_values('predictions',
ascending=False).head(10)
```

运行上述程序，结果如图 4-8 所示，与使用 SVD 分解算法训练的模型结果相比，存在一定的差异。

	iid	predictions
131	Boot, Das (1981)	3.977405
771	Schindler's List (1993)	3.842521
385	Graduate, The (1967)	3.753982
825	Sound of Music, The (1965)	3.653919
964	When Harry Met Sally... (1989)	3.615229
861	Sunset Blvd. (1950)	3.605706
62	As Good As It Gets (1997)	3.595444
281	Enchanted April (1991)	3.576155
905	To Kill a Mockingbird (1962)	3.547300
478	Jean de Florette (1986)	3.529360

图 4-8　预测评分最大的前 10 部电影（基于 SVD++矩阵分解算法）

除了上述的 SVD 和 SVD++矩阵分解算法，还可以使用其他算法进行模型训练，在此不再赘述。

4.3.4　模型评估

前面我们看到，不同的推荐算法推荐不同的电影，我们关心的是哪一种推荐算法的表现最好，以及我们如何在不同的算法中进行选择。像所有机器学习的问题一样，我们可以将数据集拆分为训练、测试两部分，这里将应用交叉验证进行推荐算法的性能评估，得到模型的 RMSE。

以下程序对各种推荐算法进行了评估，同时引入其他几种算法共同评估。

```
#评估推荐算法的性能
cv = []
#引入其他几种算法共同评估
for recsys in [NMF(), SVD(), SVDpp(),
               KNNWithZScore(), CoClustering()]:
    # 进行交叉验证
    tmp = cross_validate(recsys,
```

```
                              data,
                              measures=['RMSE'],
                              cv=5,
                              verbose=False)
    cv.append((str(recsys).split(' ')[0].split('.')[-1],
               tmp['test_rmse'].mean()))
pd.DataFrame(cv, columns=['RecSys', 'RMSE'])
```

运行上述程序后，结果如图 4-9 所示，从结果可知，SVD++算法的 RMSE 最小，所以最佳的推荐算法为 SVD++矩阵分解算法。

	RecSys	RMSE
0	NMF	0.950067
1	SVD	0.929446
2	SVDpp	0.914286
3	KNNWithZScore	0.941717
4	CoClustering	0.950069

图 4-9　推荐算法的评估结果

第5章

基于 Logistic 回归的推荐

点击率（Click-through Rate，CTR）预测是互联网公司中重要的研究课题，其结果与上下文、客户属性和广告属性息息相关。CTR 的有效预测对于提高公司的广告收入至关重要，CTR 预测中最常见的模型是 Logistic 回归模型，其模型简单，可解释性强，在产品推荐、广告点击率预测等场景中应用广泛。本章首先介绍 Logistic 回归模型的基本数学理论，接着通过实际的 CTR 预测案例讲述如何利用 Python 开发 Logistic 回归模型。

5.1 Logistic 回归模型简介

社会科学中的很多变量是二分的，如就业与失业、已婚与未婚、有罪与无罪、投票与未投票、购买与未购买、点击与不点击等，对于这些二分类的变量，使用 Logistic 或 Probit 回归模型是一个很好的选择。

在本章中，将重点讨论作为二元因变量回归分析最佳方法的 Logistic 回归模型，以便读者理解和掌握 Logistic 回归模型。

5.1.1 理解 Odds

要理解 Logistic 回归模型，首先需要了解 Odds 和 Odds 比率。一般认为概率是事件发生的可能性的量化。我们可以很自然地按照从 0 到 1 的数字进行思考，可以认为 0 表示事件一定不会发生，1 表示事件一定会发生。但是，也有其他的方式来表示事件发生的可能性，如 Odds。

一个事件发生的 Odds 是该事件发生的预期次数与不发生的预期次数之比，例如，Odds 等于 3 意味着事件发生概率是事件不发生概率的 3 倍，Odds 等于 1/4 意味着事件发生概率是事件不发生概率的 1/4。事件发生的概率和 Odds 之间有一个简单的关系，如果 P 表示事件发生的概率，O 是事件的 Odds，那么

$$O=\frac{P}{1-P}=\frac{\text{事件发生的概率}}{\text{事件不发生的概率}}$$

即

$$P=\frac{O}{1+O}$$

从上述公式可知，Odds 的下限为 0，上限为无穷大，概率 P 与事件 Odds 的对应关系如表 5-1 所示。从表 5-1 中可以得到，如果 Odds 小于 1，则对应的事件发生概率小于 0.5；如果 Odds 大于 1，则对应的事件发生概率大于 0.5。

表 5-1 概率 P 与事件 Odds 的对应关系

P	Odds
0.1	0.11
0.2	0.25
0.3	0.43
0.4	0.67
0.5	1.00
0.6	1.50
0.7	2.33

续表

P	Odds
0.8	4.00
0.9	9.00

接着，介绍 Odds 比率（即优势比）。Odds 比率是一种广泛用于衡量两个二分类变量之间关系的方法，顾名思义，Odds 比率（简称 OR）是指两个 Odds 的比值。

下面给出了某个产品的购买情况，总计 200 个客户，如表 5-2 所示。

表 5-2　某个产品的购买情况

购买情况	男性客户	女性客户	总　计
购买	30	20	50
未购买	120	30	150
总计	150	50	200

根据表 5-2 中的数据可得，此产品的整体购买概率为 50/200，即 25%。男性客户的购买概率为 30/150，即 20%；女性客户的购买概率为 20/50，即 40%；女性客户与男性客户之间的 Odds 比率为 40%/20%，即 2。那么可以这样说，女性客户购买此产品的概率比男性客户高 100%。

Odds 比率受边际频率的影响程度不像其他关联指标那么敏感，从这个意义上说，Odds 比率通常被认为是有关变量之间关系的基本描述，与 Logistic 模型中的参数直接相关。

5.1.2　Logistic 回归模型

现在准备引入 Logistic 回归模型，也称逻辑回归模型。如前所述，线性概率模型的一个主要问题是概率以 0 和 1 为界，但线性函数本质上是无界的，解决办法是变换概率，使它不再有界。

将概率转化为 Odds，就去掉了上界，如果继续取 Odds 的对数，则也去掉了下界。将结果设为解释变量的线性函数，便得到了 Logistic 回归模型，对于任意 n 个自变量 $x_1, x_2, \cdots, x_m$，对应的 Logistic 回归模型为

$$\log\left(\frac{p_i}{1-p_i}\right) = \beta_0 + \beta_1 x_1 + \beta_2 x_2 + \cdots + \beta_n x_n$$

式中：p_i 为事件发生的概率，即因变量 $y_i = 1$ 的概率，上式左边的表达式称为 log-odds，求解上式可以使用最小二乘法，在此不再赘述。

5.1.3　为什么 Logistic 回归模型可以用在推荐场景

推荐系统的主要功能是把合适的产品或信息推荐给合适的客户。如果客户对产品或信息的接受程度高，则把产品或信息推荐给该客户；如果客户对产品或信息的接受程度低，则无须把此产品或信息推荐给客户，所以预测客户对产品或信息的接受程度就是一个二分类问题。

为什么不用线性回归模型，而是使用 Logistic 回归模型解决二分类问题呢？是因为线性回归用于二分类问题时，会出现以下问题。

例如，判定一个客户是否点击广告，需要通过分类器预测分类结果，点击是 1，不点击是 0，即 1 表示点击事件发生，0 表示点击事件不发生。可以将此分类任务转化为预测点击事件发生的概率 p，通过点击事件发生概率的大小进行分类，具体公式如下：

$$p = f(x) = \boldsymbol{\beta}^{\mathrm{T}} x$$

从上述线性回归方程可以看到，等式两边的取值范围不同，概率 p 的取值范围是 $[0,1]$，$f(x)$ 的取值范围是 $(-\infty,+\infty)$，概率 p 与自变量并不是线性关系，正如前述章节所述，所以需要引入 Logistic 回归模型，使其成为非线性关系。

5.2 案例：基于 Logistic 回归的广告推荐

5.2.1 数据说明

本案例的数据集为 Kaggle 平台上的一个竞赛案例的数据，即广告实时竞价数据，是广告牌、商场广告位和互联网广告栏中的广告位的实时竞价信息，用以训练推荐模型和预测客户点击率。

案例给出的数据是真实的实时竞价数据，用来预测广告商是否应该为某个营销位置投标，如网页上的横幅，解释变量包括浏览器、操作系统或用户在线的时间等，当用户点击广告时，convert 列为 1；否则，convert 列为 0。

因为是真实的商业案例，所以数据必须匿名，基本上不能做很多特性工程，对原始变量应用了主成分分析技术，保留了 99%的线性解释力。本案例主要解决的问题是在不平衡的数据上如何开发和测试点击率预测模型，这是一项难度较大的挑战。

由于是严重不平衡的建模数据，因此没有必要获取模型的分类准确性，而是通过交叉验证数据来获得良好的 AUC、F1-Score、MCC 或召回率，在这些度量上比较不同的模型（如逻辑回归、决策树、支持向量机等）性能，并查看测试数据对模型的影响。

首先，导入数据集，代码如下所示。

```
import pandas as pd
import numpy as np
import matplotlib.pyplot as plt
import seaborn as sns
from sklearn import datasets
from io import StringIO
%matplotlib inline
biddings=pd.read_csv('D:/ReSystem/Data/chapter05/biddings.csv')
```

运行上述程序，即可导入数据集 biddings.csv 至 Python 中。

接着，查看数据集的基本信息，代码如下所示。

```
biddings.info()
```

运行上述程序，结果如下。

```
<class 'pandas.core.frame.DataFrame'>
RangeIndex: 1000000 entries, 0 to 999999
Data columns (total 89 columns):
0           1000000 non-null float64
1           1000000 non-null float64
2           1000000 non-null float64
3           1000000 non-null float64
4           1000000 non-null float64
5           1000000 non-null float64
6           1000000 non-null float64
7           1000000 non-null float64
8           1000000 non-null float64
9           1000000 non-null float64
10          1000000 non-null float64
11          1000000 non-null float64
12          1000000 non-null float64
13          1000000 non-null float64
14          1000000 non-null float64
15          1000000 non-null float64
16          1000000 non-null float64
17          1000000 non-null float64
18          1000000 non-null float64
19          1000000 non-null float64
20          1000000 non-null float64
21          1000000 non-null float64
22          1000000 non-null float64
23          1000000 non-null float64
24          1000000 non-null float64
25          1000000 non-null float64
26          1000000 non-null float64
27          1000000 non-null float64
28          1000000 non-null float64
29          1000000 non-null float64
30          1000000 non-null float64
31          1000000 non-null float64
32          1000000 non-null float64
33          1000000 non-null float64
34          1000000 non-null float64
35          1000000 non-null float64
36          1000000 non-null float64
37          1000000 non-null float64
```

```
38          1000000 non-null float64
39          1000000 non-null float64
40          1000000 non-null float64
41          1000000 non-null float64
42          1000000 non-null float64
43          1000000 non-null float64
44          1000000 non-null float64
45          1000000 non-null float64
46          1000000 non-null float64
47          1000000 non-null float64
48          1000000 non-null float64
49          1000000 non-null float64
50          1000000 non-null float64
51          1000000 non-null float64
52          1000000 non-null float64
53          1000000 non-null float64
54          1000000 non-null float64
55          1000000 non-null float64
56          1000000 non-null float64
57          1000000 non-null float64
58          1000000 non-null float64
59          1000000 non-null float64
60          1000000 non-null float64
61          1000000 non-null float64
62          1000000 non-null float64
63          1000000 non-null float64
64          1000000 non-null float64
65          1000000 non-null float64
66          1000000 non-null float64
67          1000000 non-null float64
68          1000000 non-null float64
69          1000000 non-null float64
70          1000000 non-null float64
71          1000000 non-null float64
72          1000000 non-null float64
73          1000000 non-null float64
74          1000000 non-null float64
75          1000000 non-null float64
76          1000000 non-null float64
77          1000000 non-null float64
78          1000000 non-null float64
79          1000000 non-null float64
80          1000000 non-null float64
81          1000000 non-null float64
82          1000000 non-null float64
```

```
83          1000000 non-null float64
84          1000000 non-null float64
85          1000000 non-null float64
86          1000000 non-null float64
87          1000000 non-null float64
convert     1000000 non-null int64
dtypes: float64(88), int64(1)
memory usage: 679.0 MB
```

从上述结果可知，数据集 biddings.csv 有 89 个变量，其中目标变量为 convert，其他 88 个变量为客户基础信息及行为特征相关的变量。由于是真实的商业案例数据，所以已经对原始数据进行了处理。

5.2.2 项目目标

根据用户浏览器、操作系统、用户在线时间、用户标识符等基本信息，预测一个广告主是否应该对一个网页位置投放广告，以便使广告主的收益最大化，项目目标本质上就是预测特定用户在特定广告位对特定广告在特定环境下的点击率。

5.2.3 数据探索

由于原始数据已经加密，所以基本上不能做特性工程，当前的变量均使用了 PCA 进行降维，并保留了 99%的线性解释力，所以看一下目标变量 convert 的分布情况，代码如下所示。

```
biddings.convert.value_counts()
```

运行上述程序，结果如下所示。convert 取值为 1 的样本为 1908 个。

```
0    998092
1      1908
Name: convert, dtype: int64
```

接着，计算样本占比，代码如下所示。

```
unclicked, clicked = pd.value_counts(biddings['convert'].values)
total = clicked + unclicked
display(clicked / total)
```

运行上述程序，结果如下所示，convert 取值为 1 的样本占整体样本的比例为 0.19%，小于 1%，所以样本严重不平衡，需要对样本进行分层抽样。

```
0.001908
```

这里需要读者注意的是，数据不平衡在实际业务中是经常遇到的情况，如风险控制中的欺诈交易、盗卡案件、套现交易等。实际风险案件可能仅仅占正常交易的很小一部分，如果创建一个分类模型，就可以很容易地获得 99%的模型分类准确率。其实如果再详细思考一下，就会发现建模数据集中 99%以上的样本都属于正常交易，仅有少于 1%的交易属于风险交易。这种严重不平衡的数据集会导致模型的准确率看似很高，其实其本质是数据不平衡的原因。

解决数据不平衡的方法有很多，如收集更多的数据，改变模型评价指标，以及对原始样本数据进行抽样，可以使不平衡数据集上的机器学习模型得到较好的结果。

在本案例中，对原始数据集进行分层抽样，采取对负样本（convert 取值为 0）进行抽样 10000、正样本不变的策略，抽样完成后合并为新的数据集。

```
#提取 convert 取值为 1 的样本
convert_1 = biddings[biddings.convert == 1]
#提取 convert 取值为 0 的样本，并进行抽样，随机抽样 10000 个样本
convert_0 = biddings[biddings.convert == 0].sample(n=10000)
#合并抽样后的样本
convert_model=pd.concat([convert_1, convert_0])
```

运行上述程序，即可完成对原始数据集的分层抽样操作。进一步，我们查看抽样后的样本分布情况，代码如下所示。

```
convert_model.convert.value_counts()
unclicked_model, clicked_model = pd.value_counts(convert_model['convert'].values)
total = clicked_model + unclicked_model
display(clicked_model / total)
```

运行上述程序，结果如下，其中，convert 取值为 0 的样本为 10000 个，convert 取值为 1 的样本数不变，为 1908 个，占整体样本的比例为 16.02%。

```
0    10000
1     1908
Name: convert, dtype: int64
0.16022841787033926
```

5.2.4 模型开发与评估

数据探索完成之后，则进行模型开发。

首先，对抽样后的数据集进行分割，生成训练数据集（抽样 70%样本）和测试数据集（其他 30%样本），代码如下所示。

```
#进行数据分割
from sklearn import linear_model
from sklearn import metrics
from sklearn.model_selection import train_test_split
convert_model_X=convert_model.drop('convert', 1)
```

```
convert_model_Y = convert_model.convert
data_train, data_test, label_train, label_test = \
train_test_split(convert_model_X,
                 convert_model_Y,
                 test_size = 0.3,
                 random_state = 50)
print(data_train.shape)
print(data_test.shape)
print(label_train.shape)
print(label_test.shape)
```

运行上述程序，结果如下所示，其中，训练数据集的样本数为 8335 个，测试数据集的样本数为 3573 个。

```
(8335, 88)
(3573, 88)
(8335,)
(3573,)
```

接着，我们采用 CTR 预测领域最常用的 Logistic 回归模型进行模型拟合，调用模型接口即可，代码如下所示。

```
from sklearn import linear_model
logreg = linear_model.LogisticRegression()
logreg.fit(data_train, label_train)
Y_pred = logreg.predict(data_test)
```

运行上述代码，即可完成模型训练。

首先获取所训练模型的截距和参数，代码如下所示。

```
print(logreg.intercept_)                    #截距
coef=pd.DataFrame(logreg.coef_).T           #参数
columns=pd.DataFrame(data_train.columns,columns=['A'])
result = pd.concat([columns,coef], axis=1)
result = result.rename(columns={'A': 'Attribute', 0: 'Coefficients'})
print(result)
```

运行上述程序，模型的截距和参数如下所示，模型的截距为-1.9862。

```
[-1.98624411]
   Attribute  Coefficients
0          0      0.905040
1          1     -0.110809
2          2     -0.169277
3          3     -0.019408
4          4      0.272244
..       ...           ...
```

```
83          83        0.040548
84          84        0.049637
85          85        0.203814
86          86       -0.039033
87          87       -0.071975
```

模型训练结束后，需要对训练的模型进行评估，以确定得到的模型是否可用，性能是否能达到业务要求。

首先，可以打印出训练数据集上的准确率，代码如下所示。

```
acc_train = round(logreg.score(data_train, label_train) * 100, 2)
acc_train
```

运行上述程序，结果如下，训练数据集的准确率为 83.85%。

```
83.85
```

然后，打印出测试数据集的模型性能，代码如下所示。

```
# View summary of common classification metrics
print("------------Metrices--------")
print(metrics.classification_report(y_true = label_test,
                                    y_pred = Y_pred))
```

运行上述程序，结果如图 5-1 所示。模型的准确率为 84%，生存样本的召回率为 41%。

```
------------------Metrices------------------
              precision    recall  f1-score   support

           0       0.85      0.99      0.91      3018
           1       0.41      0.03      0.06       555

    accuracy                           0.84      3573
   macro avg       0.63      0.51      0.49      3573
weighted avg       0.78      0.84      0.78      3573
```

图 5-1　测试数据集上的模型性能

最后，绘制模型在测试数据集上的 ROC 曲线，并计算 ROC 曲线下方的面积，需要调用 matplotlib 库，代码如下所示。

```
from sklearn.metrics import roc_curve, auc
import matplotlib.pyplot as plt
probs = logreg.predict_proba(data_test)
preds = probs[:,1]
fpr, tpr, threshold = roc_curve(label_test, preds)
#绘制 ROC 曲线
roc_auc = auc(fpr, tpr)
plt.plot(fpr, tpr, 'b', label = 'AUC = %0.2f' % roc_auc)
plt.plot([0, 1], [0, 1],'r--')
```

```
plt.xlim([0, 1])
plt.ylim([0, 1])
plt.ylabel('True Positive Rate (TPR)')
plt.xlabel('False Positive Rate (FPR)')
plt.title('Receiver Operating Characteristic (ROC)')
plt.legend(loc = 'lower right')
plt.show()
```

运行上述程序，结果如图 5-2 所示，可以得知模型的 AUC 为 0.68。

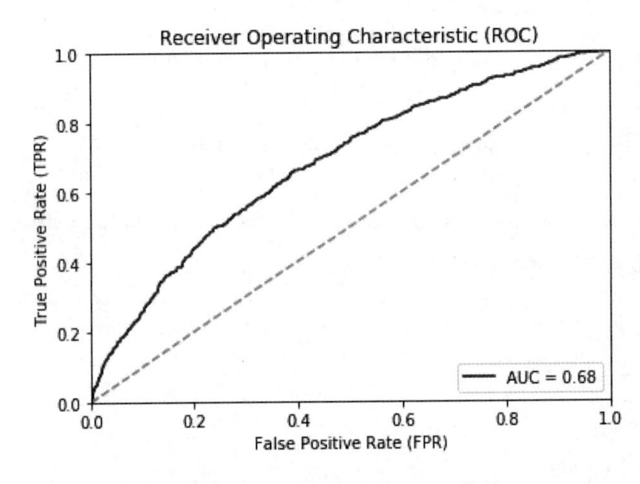

图 5-2　测试数据集上的 ROC 曲线

5.2.5　模型应用

随着移动互联网时代的发展，在广告业务的增长需求驱动下，CTR 模型的发展也可谓一日千里，从十年前几乎千篇一律的逻辑回归模型，发展到因子分解机、梯度提升树，再到现在的深度学习，各种模型架构层出不穷。

本案例所用的 Logistic 回归模型是 CTR 中最常用、最经典的模型。相较于其他模型，Logistic 回归模型虽然性能不是最强的，但是其可解释性强，应用起来更让人信任。随着深度学习的流行，Logistic 回归模型等传统 CTR 模型仍然凭借其可解释性强、轻量级的训练部署要求、便于在线学习等不可替代的优势，拥有大量适用的应用场景，所以解决业务问题最好的是简单模型，而不是复杂模型，这点读者务必注意。

第 6 章

基于决策树的推荐

决策树是以实例为基础的归纳学习算法，它着眼于从一组无次序、无规则的实例中推理出以决策树形式表示的分类规则，通常用来形成分类器和预测模型（用于对未知数据进行分类或预测）。自 20 世纪 60 年代以来，决策树在分类、预测、规则提取等领域有着广泛应用，特别是 J.R.Qululna 于 1986 年提出 ID3 算法以后，决策树在机器学习、知识发现等领域得到了进一步的应用及巨大的发展，在人工智能领域有着相当重要的理论意义与实用价值。

本章首先介绍一些常见的决策树算法，然后通过案例介绍如何利用决策树算法对客户类型及其特征进行选择并分析，最终找出对产品推荐影响较大的特征，针对相应的特征表现进行客户分类，对可能认购的客户进行推荐，降低推荐的成本，有效提高产品推荐的成功率。

6.1　决策树算法的原理

决策树是基于树的结构进行决策的，这与人类的认知方法非常类似。决策树作为一种分类器，由于其操作简单及可解释性强而被广泛应用。同其他数据挖掘方法一样，决策树算法也需要先对训练集进行训练，再通过建立的模型对测试集进行预测。对于模型，可以用树状图表示；对于每个节点，可以根据属性划分不同的分支。最后得到的叶子节点便是分类的结果，叶子节点的枝干便是分类的规则。

构造决策树一般使用贪心算法，其基本步骤如下：

（1）首先将所有样本看作一个节点。

（2）遍历所有自变量，找到最佳分割点。

（3）将最佳分割点分割成节点 Node 1 和 Node 2。

（4）在 Node 1 和 Node 2 节点中循环执行第（2）、（3）步，直到每个节点都足够“纯”，停止循环。

从上述决策树构造步骤来看，决策树的每个节点都是以“纯度”为标准进行样本分割的，所以有必要了解量化纯度的方法。一般情况下，常用的量化方法包括 Gini 不纯度、熵（Entropy）及分类误差（Misclassification Error）。

假设当前样本集中，第 i 类样本所占的比例为 p_i，则

（1）Gini 不纯度：$\text{Gini}=1-\sum_{i=1}^{n}p_i^2$。

（2）熵：$\text{Entropy}=-\sum_{i=1}^{n}p_i\cdot\log_2(p_i)$。

另外，对于如何选择最佳的分割点，数值型变量与字符型变量的分析方法不同。

（1）数值型变量：对记录的值从小到大进行排序，计算每个值作为临界点产生的子节点的“纯度”统计量，能够使不纯度减小程度最大的临界值便是最佳的划分点。

（2）字符型变量：列出划分为两个子集的所有可能组合，计算每种组合下生成子节点的“纯度”统计量，找到使不纯度减小程度最大的组合作为最佳划分点。

下面介绍三种比较经典的分类树算法。

6.1.1　ID3 算法

决策树算法中使用 ID3 算法构建模型十分简单，在树结构的构造过程中，主要利用了信息论中的信息增益来选择特征并进行分支。

ID3 模型的关键步骤是对信息熵和信息增益的计算，其中，信息熵是由香农在 1948 年提出来的，

是对随机事件出现概率的一种表示，即对不确定信息的一种描述。信息越不清晰，信息熵的值越大；信息越清晰有序，信息熵的值越小。

如 6.1 节中对熵的定义，信息熵的计算公式如下：

$$\mathrm{Info}(D) = -\sum_{i=1}^{n} p_i \cdot \log_2(p_i)$$

信息增益是对事件所增加的信息量的度量，在 ID3 模型的构建过程中，信息增益是利用属性进行分支划分后，前后信息熵的差值，公式如下：

$$\mathrm{Info}_A(D) = -\sum_{j=1}^{V} \frac{|D_j|}{|D|} \cdot \mathrm{Info}(D_j)$$

$$\mathrm{Gain}(A) = \mathrm{Info}(D) - \mathrm{Info}_A(D)$$

式中：A 为当前选择的属性，属性 A 将样本集合 D 划分为 V 个子集 D_j（$j = 1, 2, 3, \cdots, V$）；$|D|$ 为样本集合 D 的样本数量；$|D_j|$ 为样本子集合 D_j 的样本数量。

从上述信息增益的计算公式可知，一个属性值带来的信息增益越大，说明这个属性带来的信息量越大，因此对于样本的分类能力就越强。

6.1.2 C4.5 算法

需要特别指出的是，ID3 算法虽然采用了信息增益来选择属性进行分支划分，但信息增益本身是会倾向于某类数量较多的属性，所以选择的属性可能没有太多的意义。为了解决这一问题，在 ID3 算法的基础上进行了改进，即为 C4.5 算法。C4.5 算法的特点如下：

（1）C4.5 算法使用“信息增益比”作为选择划分属性的标准，弥补了使用信息增益选择属性时的缺陷。

$$\mathrm{IV}_A(D) = -\sum_{j=1}^{V} \frac{|D_j|}{|D|} \cdot \log_2\left(\frac{|D_j|}{|D|}\right)$$

$$\mathrm{GainRatio}(A) = \frac{\mathrm{Gain}(A)}{\mathrm{IV}_A(D)}$$

式中：$\mathrm{IV}_A(D)$ 为属性 A 对当前样本 D 进行划分后的信息值。

（2）C4.5 算法既可以处理离散型数据，也可以处理连续型数据，扩大了模型的适用范围。但由于 C4.5 算法要对数据不断读取和排序，所以算法的效率相对较低。

6.1.3 CART 算法

如前所述，在 ID3 算法中使用了信息增益来选择特征，信息增益大，则优先选择；在 C4.5 算法中，采用了信息增益比来选择特征，减少因特征取值多导致的信息增益大的问题。而 CART 分类树算法使用基尼系数来代替信息增益比，基尼系数代表了模型的不纯度，基尼系数越小，不纯度越低，特征越好，所以基尼系数正好和信息增益（或者信息增益比）相反。

假设 K 个类别中出现第 k 个类别的概率为 p_k，则概率分布的基尼系数表达式如下：

$$\mathrm{Gini}(p)=\sum_{k=1}^{K}p_k(1-p_k)=1-\sum_{k=1}^{K}p_k^2$$

所以对于样本 D 的样本数为 $|D|$，假设 K 个类别中第 k 个类别的样本数量为 $|C_k|$，则样本的基尼系数为

$$\mathrm{Gini}(D)=1-\sum_{k=1}^{K}\left(\frac{|C_k|}{|D|}\right)^2$$

对于二分类问题，如果变量 A 的某个数值，把样本分为 $|D_1|$ 和 $|D_2|$，则在变量 A 下的基尼系数为

$$\mathrm{Gini}_A(D)=\frac{|D_1|}{|D|}\mathrm{Gini}(D_1)+\frac{|D_2|}{|D|}\mathrm{Gini}(D_2)$$

基尼系数越大，说明不确定度越大，因此每次都选择基尼系数最小的属性对决策树进行划分，随着决策树迭代次数的增多，基尼系数会随之不断降低。

任何一个算法都有它的优缺点。因此，在选择决策树方法前需要了解该方法的优缺点，决策树的优点如下。

- 可解释性：决策树的结果容易理解，因此对于使用者的专业程度要求不高。同时它通过树形的结构展示，更加直接明了，易于理解。
- 可行性：决策树对连续型属性及噪声均能进行处理，对数据的要求不高。
- 效率高：构建的决策树可以反复使用，并且效率较高。如果使用神经网络，则需要较长的训练时间，效率较低。

当然，决策树方法也存在如下缺点。

- 对于连续型属性预测效果较差，同时对于多分类数据预测的错误率较高。
- 决策树对噪声处理的能力不强，容易出现过度拟合情况。

6.2 案例：基于决策树的产品推荐

6.2.1 数据说明

数据来源于网站 http://archive.ics.uci.edu/ml/，是其中的银行电话营销活动数据。首先读取数据集，代码如下所示。

```
import pandas as pd
import numpy as np
import matplotlib.pyplot as plt
```

```
import seaborn as sns
from sklearn import datasets
from io import StringIO
from sklearn.tree import export_graphviz
from sklearn.model_selection import train_test_split
from sklearn import tree
from sklearn import metrics
%matplotlib inline
bank_additional_full=\
pd.read_csv('D:/ReSystem/Data/chapter06/bank_additional_full.csv',
            sep=';')
bank_additional_full.info()
```

运行上述程序，结果如下所示。

```
<class 'pandas.core.frame.DataFrame'>
RangeIndex: 41188 entries, 0 to 41187
Data columns (total 21 columns):
age                41188 non-null int64
job                41188 non-null object
marital            41188 non-null object
education          41188 non-null object
default            41188 non-null object
housing            41188 non-null object
loan               41188 non-null object
contact            41188 non-null object
month              41188 non-null object
day_of_week        41188 non-null object
duration           41188 non-null int64
campaign           41188 non-null int64
pdays              41188 non-null int64
previous           41188 non-null int64
poutcome           41188 non-null object
emp.var.rate       41188 non-null float64
cons.price.idx     41188 non-null float64
cons.conf.idx      41188 non-null float64
euribor3m          41188 non-null float64
nr.employed        41188 non-null float64
y                  41188 non-null object
dtypes: float64(5), int64(5), object(11)
memory usage: 6.6+ MB
```

从上述结果可知，数据集共有 41188 条记录，每条记录包括 20 个客户基本信息变量、1 个是否签约定期存款业务的目标变量。影响客户是否订阅定期存款业务的因素主要有 20 个，可以分为 3 类，分别是客户基本情况、银行与客户接触状况、社会经济情况。数据集的分类情况与变量说明如表 6-1 所示。

表 6-1　数据集的分类情况与变量说明

类　别	变 量 名 称	变量属性描述
客户基本情况	age	年龄
	job	工作
	marital	婚姻状况
	education	受教育程度
	default	是否有信用卡
	housing	是否有住房贷款
	loan	是否有个人贷款
银行与客户接触状况	contact	通信类型
	day_of_week	最后一次联系客户的星期
	duration	与客户最后一次通话时长
	campaign	本次营销活动期间与客户通话次数
	pdays	上一次接触距离此次联系间隔天数
	previous	本次营销活动前与客户接触次数
	poutcome	以前营销活动结果
社会经济情况	emp.var.rate	就业变化率
	cons.price.idx	居民消费价格指数
	cons.conf.idx	消费者信心指数
	euribor3m	银行同业拆借率
	nr.employed	员工人数
目标变量	y	客户是否订阅定期存款业务

6.2.2　项目目标

随着营销活动的增加，活动对公众的影响力已大大被削弱，在竞争压力与经济发展现状下，营销模式从逐级转向了直销，即面向大众直接销售。因此越发需要考虑接触客户的成本。

如何能在有效保证营销质量的前提下减少与客户的接触次数以减少营销成本至关重要，因此本项目的目标是利用数据挖掘算法建立客户模型，筛选出适合定期存款业务的客户群，并进行针对性的产品推荐，从而提升营销成功率。

6.2.3　数据探索

导入数据集之后，首先，查看是否存在缺失值，代码如下所示。

```
bank_additional_full[bank_additional_full.isnull().any(axis=1)].count()
```

运行上述程序后，结果如下所示，可以判断所有变量均无缺失值。

```
age               0
job               0
marital           0
education         0
default           0
housing           0
loan              0
contact           0
month             0
day_of_week       0
duration          0
campaign          0
pdays             0
previous          0
poutcome          0
emp.var.rate      0
cons.price.idx    0
cons.conf.idx     0
euribor3m         0
nr.employed       0
y                 0
dtype: int64
```

接着，查看各个数值型变量的描述性统计量，并绘制直方图以便分析变量的数值分布情况，代码如下所示。

```
bank_additional_full.describe().T
```

运行上述程序，结果如图 6-1 所示。从结果可知，客户的平均年龄为 40 岁，最小年龄为 17 岁，最大年龄为 98 岁。

	count	mean	std	min	25%	50%	75%	max
age	41188.0	40.024060	10.421250	17.000	32.000	38.000	47.000	98.000
duration	41188.0	258.285010	259.279249	0.000	102.000	180.000	319.000	4918.000
campaign	41188.0	2.567593	2.770014	1.000	1.000	2.000	3.000	56.000
pdays	41188.0	962.475454	186.910907	0.000	999.000	999.000	999.000	999.000
previous	41188.0	0.172963	0.494901	0.000	0.000	0.000	0.000	7.000
emp.var.rate	41188.0	0.081886	1.570960	-3.400	-1.800	1.100	1.400	1.400
cons.price.idx	41188.0	93.575664	0.578840	92.201	93.075	93.749	93.994	94.767
cons.conf.idx	41188.0	-40.502600	4.628198	-50.800	-42.700	-41.800	-36.400	-26.900
euribor3m	41188.0	3.621291	1.734447	0.634	1.344	4.857	4.961	5.045
nr.employed	41188.0	5167.035911	72.251528	4963.600	5099.100	5191.000	5228.100	5228.100

图 6-1　数值型变量的描述性统计量

对于数值型变量的分析，以变量 age 为例进行讲解。首先，我们查看变量 age 的分布情况，代码如下所示。

```
fig, ax = plt.subplots()
fig.set_size_inches(20, 8)
sns.countplot(x = 'age', data = bank_additional_full)
ax.set_xlabel('age', fontsize=15)
ax.set_ylabel('count', fontsize=15)
ax.set_title('age count Distribution', fontsize=15)
sns.despine()
```

运行上述程序后，结果如图 6-2 所示。

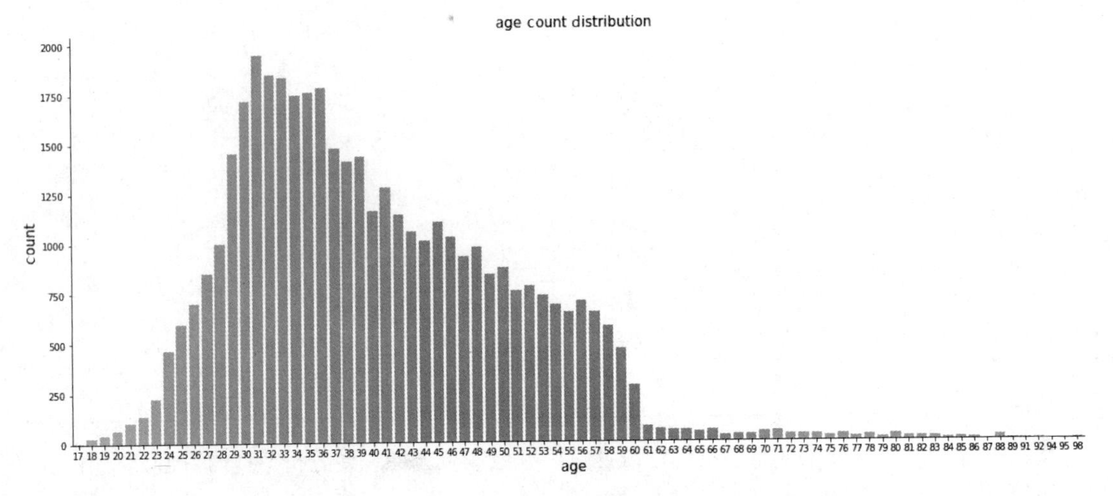

图 6-2　变量 age 的数据分布

进一步，我们绘制变量 age 的箱图来判断是否存在极端值，代码如下所示。

```
#绘制变量 age 的箱图
fig, (ax1, ax2) = plt.subplots(nrows = 1,
                               ncols = 2,
                               figsize = (13, 5))
sns.boxplot(x = 'age',
            data = bank_additional_full,
            orient = 'v',
            ax = ax1)
ax1.set_xlabel('people age', fontsize=15)
ax1.set_ylabel('age', fontsize=15)
ax1.set_title('age distribution', fontsize=15)
ax1.tick_params(labelsize=15)
#绘制变量 age 的直方图
sns.distplot(bank_additional_full['age'], ax = ax2)
```

```
sns.despine(ax = ax2)
ax2.set_xlabel('age', fontsize=15)
ax2.set_ylabel('occurrence', fontsize=15)
ax2.set_title('age x occurrence', fontsize=15)
ax2.tick_params(labelsize=15)
plt.subplots_adjust(wspace=0.5)
plt.tight_layout()
```

运行上述程序，结果如图 6-3 所示，从图中可知，变量 age 明显存在极端值。

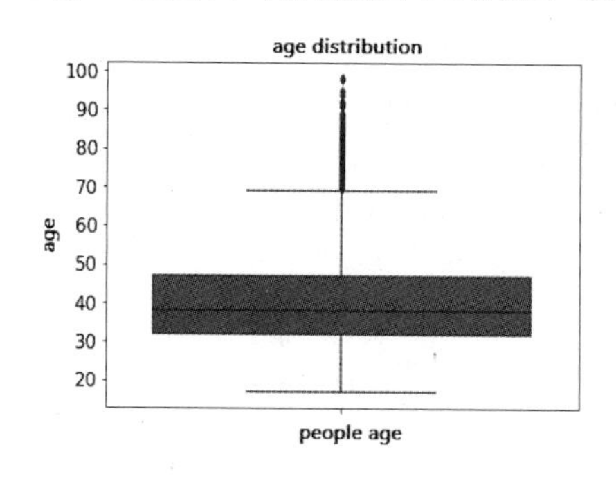

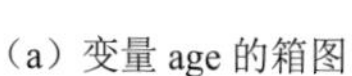
（a）变量 age 的箱图

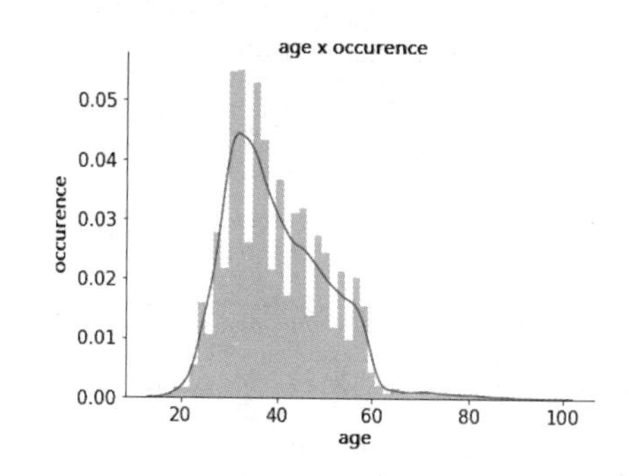

（b）变量 age 的直方图

图 6-3　变量 age 的箱图和直方图

对于字符型变量的分析，以变量 job 为例进行讲解。首先，查看变量 job 的分布情况，代码如下所示。

```
#缩写变量 job 的取值
bank_additional_full_tmp=bank_additional_full.copy()
bank_additional_full_tmp['job'] = bank_additional_full_tmp['job'].replace(['management'],
                                                                          'mgt.')
bank_additional_full_tmp['job'] = bank_additional_full_tmp['job'].replace(['unemployed'],
                                                                          'un-emp.')
bank_additional_full_tmp['job']    =    bank_additional_full_tmp['job'].replace(['self-
employed'],'seft-emp.')
#绘制变量 job 的数量分布
fig, ax = plt.subplots()
fig.set_size_inches(20, 8)
sns.countplot(x = 'job', data = bank_additional_full_tmp)
ax.set_xlabel('job', fontsize=15)
ax.set_ylabel('count', fontsize=15)
ax.set_title('age count distribution', fontsize=15)
ax.tick_params(labelsize=15)
sns.despine()
```

运行上述程序，结果如图 6-4 所示，从图 6-4 中的数据分布可知，变量 job 主要分布为 admin.，另外，由于工作类型较多，建议对工作类型相似的进行合并处理。

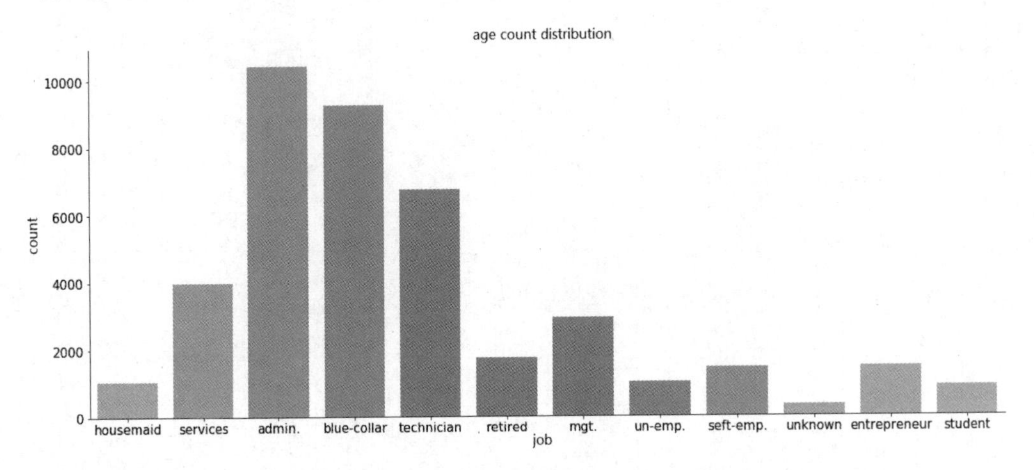

图 6-4　变量 job 的数量分布

下面查看变量 education、marital 与 contact 的频数分布，代码如下所示。

```
bank_data.marital.value_counts()
bank_data.contact.value_counts()
bank_data.education.value_counts()
```

运行上述程序，结果如下所示，其中变量 marital 有 80 个为 unknown 的样本，可以考虑用众数替换，变量 education 中为 unknown 的有 1731 个样本。

```
#变量 marital 的数量分布
married        24928
single         11568
divorced       4612
unknown        80
Name: marital, dtype: int64
#变量 contact 的数量分布
cellular       26144
telephone      15044
Name: contact, dtype: int64
#变量 education 的数量分布
university.degree      12168
high.school            9515
basic.9y               6045
professional.course    5243
basic.4y               4176
basic.6y               2292
unknown                    1731
illiterate                  18
Name: education, dtype: int64
```

下面分析变量 default、housing、loan 的数据分布情况，代码如下所示。

```
# 绘制变量 default 的分布图
```

```
fig, (ax1, ax2, ax3) = plt.subplots(nrows = 1,
                                    ncols = 3,
                                    figsize = (20,8))
sns.countplot(x = 'default',
              data = bank_additional_full,
              ax = ax1,
              order = ['no', 'unknown', 'yes'])
ax1.set_title('default', fontsize=15)
ax1.set_xlabel('')
ax1.set_ylabel('count', fontsize=15)
ax1.tick_params(labelsize=15)
#绘制 housing 的分布图
sns.countplot(x = 'housing',
              data = bank_additional_full,
              ax = ax2,
              order = ['no', 'unknown', 'yes'])
ax2.set_title('housing', fontsize=15)
ax2.set_xlabel('')
ax2.set_ylabel('Count', fontsize=15)
ax2.tick_params(labelsize=15)
#绘制 loan 的分布图
sns.countplot(x = 'loan',
              data = bank_additional_full,
              ax = ax3,
              order = ['no', 'unknown', 'yes'])
ax3.set_title('loan', fontsize=15)
ax3.set_xlabel('')
ax3.set_ylabel('count', fontsize=15)
ax3.tick_params(labelsize=15)
plt.subplots_adjust(wspace=0.25)
```

运行上述程序，结果如图 6-5 所示。从数据分布来看，三个变量中均存在 unknown 值，考虑到取 unknown 值的情况较少，可以用众数替换。

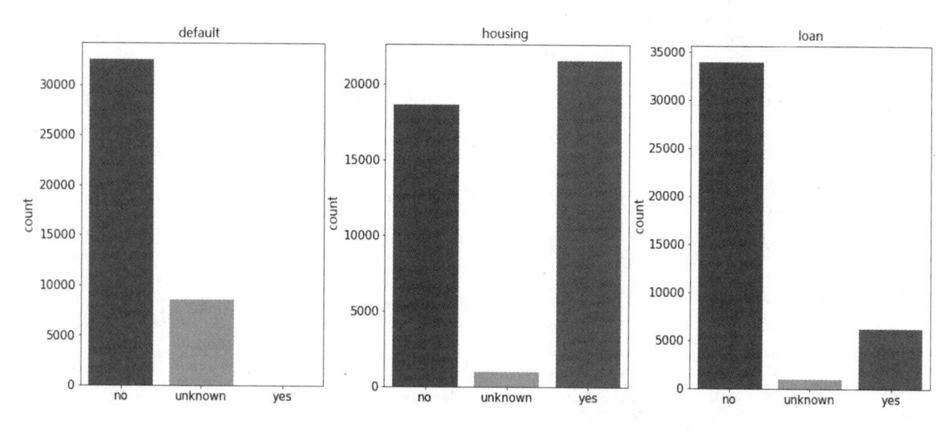

图 6-5　变量 default、housing、loan 的直方图

6.2.4 特征工程

经过数据探索之后，需要对部分变量进行衍生，即我们所说的特征工程。特征工程要进行两方面的工作，一是对数值型变量的极端值进行处理；二是对字符型变量进行 0-1 编码，代码如下所示。

```
#复制一份数据集
bank_model_data = bank_additional_full.copy()
#default 变量的 unknown 值取众数
bank_model_data['default'] = \
bank_model_data['default'].replace(['unknown'] ,'no')
#将 default 变量转换为 0-1 型，并删除原始变量 default
bank_model_data['default_flag'] = \
bank_model_data['default'].map( {'yes':1,'no':0} )
bank_model_data.drop('default', axis=1,inplace = True)
#housing 变量的 unknown 值取众数
bank_model_data['housing'] = \
bank_model_data['housing'].replace(['unknown'] , 'yes')
#将 housing 变量转换为 0-1 型，并删除原始变量 housing
bank_model_data["housing_flag"]=\
bank_model_data['housing'].map({'yes':1, 'no':0})
bank_model_data.drop('housing', axis=1,inplace = True)
#loan 变量的 unknown 值取众数
bank_model_data['loan'] = \
bank_model_data['loan'].replace(['unknown'] ,'no')
#将 loan 变量转换为 0-1 型，并删除原始变量 loan
bank_model_data["loan_flag"] = \
bank_model_data['loan'].map({'yes':1,'no':0})
bank_model_data.drop('loan', axis=1, inplace=True)
#将 y 变量转换为 0-1 型，并删除原始变量 y
bank_model_data["y_target"] = \
bank_additional_full['y'].map({'yes':1,'no':0})
bank_model_data.drop('y', axis=1, inplace=True)
#将 job 变量中的相似值合并为同一类别
bank_model_data['job'] = \
bank_model_data['job'].replace(['entrepreneur',
                                 'management',
                                 'admin.',
                                 'self-employed'],
                                 'white-collar')
bank_model_data['job'] = \
bank_model_data['job'].replace(['housemaid',
'services'],
'pink-collar')
bank_model_data['job'] = \
bank_model_data['job'].replace(['technician'],'blue-collar')
bank_model_data['job'] = \
```

```
bank_model_data['job'].replace(['retired','student',
                                'unemployed','unknown'],
                                'other')
#marital 变量的 unknown 值取众数
bank_model_data['marital'] = \
bank_model_data['marital'].replace(['unknown'] ,'married')
bank_model_data.head().T
```

运行上述程序，结果如图 6-6 所示。

	0	1	2	3	4
age	56	57	37	40	56
job	pink-collar	pink-collar	pink-collar	white-collar	pink-collar
marital	married	married	married	married	married
education	basic.4y	high.school	high.school	basic.6y	high.school
contact	telephone	telephone	telephone	telephone	telephone
month	may	may	may	may	may
day_of_week	mon	mon	mon	mon	mon
duration	261	149	226	151	307
campaign	1	1	1	1	1
pdays	999	999	999	999	999
previous	0	0	0	0	0
poutcome	nonexistent	nonexistent	nonexistent	nonexistent	nonexistent
emp.var.rate	1.1	1.1	1.1	1.1	1.1
cons.price.idx	93.994	93.994	93.994	93.994	93.994
cons.conf.idx	-36.4	-36.4	-36.4	-36.4	-36.4
euribor3m	4.857	4.857	4.857	4.857	4.857
nr.employed	5191	5191	5191	5191	5191
default_flag	0	0	0	0	0
housing_flag	0	0	1	0	0
loan_flag	0	0	0	0	1
y_target	0	0	0	0	0

图 6-6　变量衍生后的数据集前 5 个观测数据

变量 pdays 表示在以前的活动中与客户进行最后一次联系到现在的间隔天数，观察 pdays 变量可知，存在取值为-1 的情况，此时 pdays 表示从没有联系过，所以需要从业务上对-1 进行处理。

```
print("pdays 取值为-1 的样本数",
      len(bank_model_data[bank_model_data.pdays==-1]))
print("pdays 的最大值:", bank_model_data['pdays'].max())
```

运行上述程序，可知变量 pdays 的最大值为 999，所以需要把-1 转换为足够大的数值，以此表示客户从没有被联系过，转换的代码如下所示。

```
bank_model_data.loc[bank_model_data['pdays'] == -1,'pdays'] = 9999
bank_model_data.head()
```

对于变量 day_of_week，直接删除即可，代码如下所示。

```
# 删除 'day_of_week' 变量
bank_model_data.drop('day_of_week', axis=1, inplace=True)
```

最后，对变量 job、marital、education、contact、poutcome 进行哑变量处理，代码如下所示。

```
#对部分变量进行哑变量处理
bank_with_dummies = pd.get_dummies(data=bank_model_data, \
columns = ['job', 'marital', 'education', 'contact','poutcome'], \
prefix = ['job', 'marital', 'education','contact', 'poutcome'])
bank_with_dummies.info()
```

运行上述程序后，结果如下所示。从结果看，所有的变量均为缺失值。

```
<class 'pandas.core.frame.DataFrame'>
RangeIndex: 41188 entries, 0 to 41187
Data columns (total 35 columns):
age                                   41188 non-null int64
month                                 41188 non-null object
duration                              41188 non-null int64
campaign                              41188 non-null int64
pdays                                 41188 non-null int64
previous                              41188 non-null int64
emp.var.rate                          41188 non-null float64
cons.price.idx                        41188 non-null float64
cons.conf.idx                         41188 non-null float64
euribor3m                             41188 non-null float64
nr.employed                           41188 non-null float64
default_flag                          41188 non-null int64
housing_flag                          41188 non-null int64
loan_flag                             41188 non-null int64
y_target                              41188 non-null int64
job_blue-collar                       41188 non-null uint8
job_other                             41188 non-null uint8
job_pink-collar                       41188 non-null uint8
job_white-collar                      41188 non-null uint8
marital_divorced                      41188 non-null uint8
marital_married                       41188 non-null uint8
marital_single                        41188 non-null uint8
education_basic.4y                    41188 non-null uint8
education_basic.6y                    41188 non-null uint8
education_basic.9y                    41188 non-null uint8
education_high.school                 41188 non-null uint8
education_illiterate                  41188 non-null uint8
education_professional.course         41188 non-null uint8
education_university.degree           41188 non-null uint8
```

```
education_unknown                    41188 non-null uint8
contact_cellular                     41188 non-null uint8
contact_telephone                    41188 non-null uint8
poutcome_failure                     41188 non-null uint8
poutcome_nonexistent                 41188 non-null uint8
poutcome_success                     41188 non-null uint8
dtypes: float64(5), int64(9), object(1), uint8(20)
memory usage: 5.5+ MB
```


6.2.5 模型开发评估

特征工程完成之后，即可进入模型开发阶段。考虑到本案例主要是根据客户的属性特征建立模型，找到分类规则，进而对未知客户进行预测，所以可以使用决策树分类方法。

随机抽取数据集 70%的数据作为训练数据集，30%的数据作为测试数据集，具体代码如下。

```
label = bank_with_dummies.y_target

data_train, data_test, label_train, label_test = \
train_test_split(bank_with_dummies_X,
                    label, test_size = 0.3,
                    random_state = 50)
print(data_train.shape)
print(data_test.shape)
print(label_train.shape)
print(label_test.shape)
```

运行上述程序，结果如下所示。其中，训练数据集共计 28831 个样本，测试数据集共计 12357 个样本。

```
(28831, 28)
(12357, 28)
(28831,)
(12357,)
```

完成数据集分割之后，就进入模型训练阶段，代码如下所示。由于我们不清楚决策树的最大深度应该设置为多少，所以要对决策树的深度进行循环，计算出每一个参数的模型准确率，以便根据准确率确定决策树的最大深度。

```
from sklearn.tree import  DecisionTreeClassifier
#设置 k_plot、t_plot 记录测试数据集、训练数据集上的模型准确率
k_plot=[]
t_plot=[]
#对决策树的最大深度 k 进行循环
for k in range(1,10,1):
      dt=DecisionTreeClassifier(max_depth=k,random_state=101)
```

```
        dt.fit(data_train,label_train)
        predict=dt.predict(data_test)
        accuracy_test=round(dt.score(data_test,label_test)*100,2)
        accuracy_train=round(dt.score(data_train,label_train)*100,2)
        #print(k)
        #print('train accuracy of decision tree classifier',accuracy_train)
        #print('test accuracy of decision tree classifier',accuracy_test)
        k_plot.append(accuracy_test)
        t_plot.append(accuracy_train)
fig,axes=plt.subplots(1,1,figsize=(12,8))
axes.set_xticks(range(1,10,1))
plt.title("accuracy of decision tree classifier")
plt.xlabel("max_depth", color = "purple")
plt.ylabel("accuracy", color = "green")
k=range(1,10,1)
plt.plot(k,k_plot,linewidth = 3.0, linestyle = '--',marker = "o")
plt.plot(k,t_plot,'r',marker = "o",markerfacecolor = 'white')
plt.legend(['accuracy_test','accuracy_train'])
```

运行上述程序，结果如图 6-7 所示。从数据可以看出，当决策树的最大深度为 5 时，训练数据集和测试数据集的准确率及模型稳定性均较好。

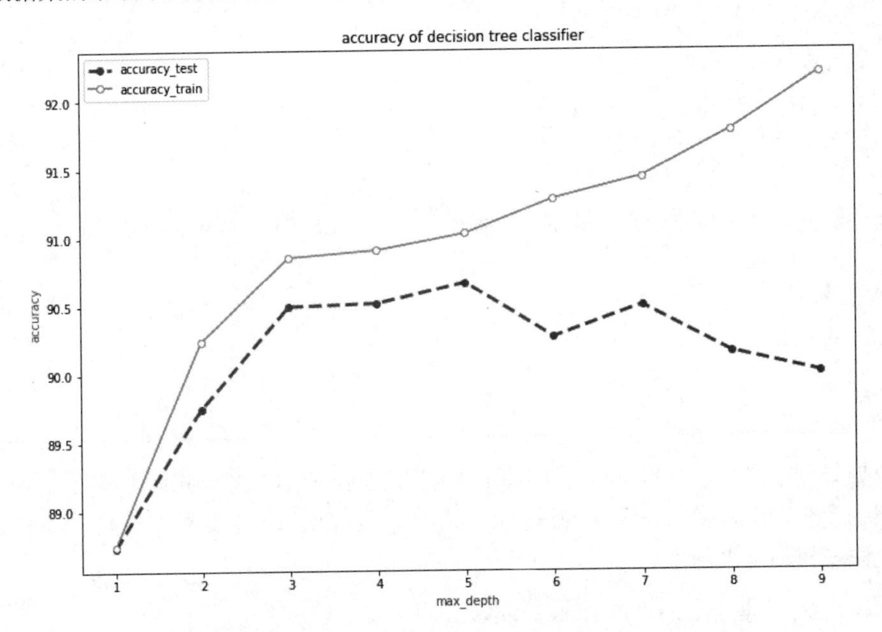

图 6-7　训练数据集和测试数据集上的准确率变化趋势

设置决策树的最大深度为 5，再次进行模型训练，代码如下所示。

```
from sklearn.tree import  DecisionTreeClassifier
#设置决策树的最大深度为 5 进行建模
```

```
k=5
dt=DecisionTreeClassifier(max_depth=k,random_state=101)
dt.fit(data_train,label_train)
predict=dt.predict(data_test)
accuracy_test=round(dt.score(data_test,label_test)*100,2)
accuracy_train=round(dt.score(data_train,label_train)*100,2)
print('决策树最大深度：',k)
print('train accuracy of decision tree classifier',accuracy_train)
print('test accuracy of decision tree classifier',accuracy_test)
```

运行上述程序，结果如下所示，所得的模型即为最佳的决策树模型，训练数据集和测试数据集上的模型准确率分别为91.02%和90.66%。

```
决策树最大深度： 5
train accuracy of decision tree classifier 91.02
test accuracy of decision tree classifier 90.66
```

除了模型的准确率，还可以计算出模型的AUC，具体代码如下所示。

```
# 计算测试数据集上的分类结果
preds = dt.predict(data_test)
# 计算测试数据集上的模型准确率
print("\nAccuracy score:\n{}".format(metrics.accuracy_score(label_test, preds)))
# 计算测试数据集上的预测概率
probs = dt.predict_proba(data_test)[:,1]
# 计算 AUC 指标
print("\nArea Under Curve: \n{}".format(metrics.roc_auc_score(label_test, probs)))
```

运行上述程序，结果如下所示，其中最大深度为 5 的决策树模型的准确率为 90.66%，模型的AUC为0.8654。

```
Accuracy score:
0.9066116371287529
Area Under Curve:
0.8653663703413089
```

如果想要查看各个叶子的决策规则，则直接将其导出至文档即可，代码如下所示。

```
features = bank_with_dummies_X.columns.tolist()
tree.export_graphviz(dt,
out_file='D:/ReSystem/Data/chapter06/tree_depth_5.dot', feature_names=features)
```

6.2.6 模型应用

近年来，银行业务的竞争日趋激烈，银行产品又具有相当的同质性，因此任何类型的业务，要想抢占更多的市场份额，必须不断创新其营销手段。通过数据挖掘技术建立产品推荐模型对于银行制定差异化策略具有很大的参考价值，有助于发现银行存款业务发展的趋势，供银行作出科学的决策，使其具有更强的竞争力。

本案例使用了数据挖掘中的经典模型：决策树模型，该模型具有强大的可解释性，可以避免黑盒操作，使得业务部门更加理解模型的决策逻辑，在应用模型结果时更加放心。

在应用模型时，请读者务必注意：模型只是给出了客户对产品的偏好概率，而影响营销结果的因素很多，如营销的时间、地点、市场环境等，这些因素对金融类产品的营销影响也是巨大的，产品推荐模型的应用效果也会随市场行情的波动而发生变动。

第7章

基于集成学习的推荐

集成学习（Ensemble Learning）是通过整合多个学习个体以获得比单一学习个体更好效果的一种机器学习方法，其具有很好的泛化能力和稳定性。目前集成学习已经广泛应用到了很多领域，在近几年的 Netflix、Kaggle 数据科学比赛中，顶级团队大多数使用的也是集成学习技术，因此若能将集成学习技术与个性化推荐相结合，必定能提高推荐系统的准确率。本文将系统介绍集成学习的基本概念，以及常见的随机森林、梯度提升模型框架，并通过实际案例来介绍如何利用集成学习技术提升产品推荐效率。

7.1 集成学习简介

7.1.1 什么是集成学习

集成学习最早由 Hansen 和 Salamon 提出，他们研究发现，训练多个神经网络并将其结果按照一定的规则进行组合，能够显著提高整个学习系统的泛化性能，感兴趣的读者可以参看论文 *Neural Network Ensembles* 的详细内容。受到这些研究工作的启发，人们开始认识到集成学习蕴含的潜力和应用前景，集成学习也成为近十年来机器学习领域最主要的研究方向之一。

集成学习就是用一些相对较弱的学习模型独立地对同样的样本进行训练，然后把结果整合起来进行整体预测的一种机器学习方法。

目前，Bagging 和 Boosting 是最常见的集成学习框架，除此之外，还有其他学习框架。这些学习框架的具体概括如下。

- Voting：一种思想很简单的集成策略，常见的有简单多数投票法，也就是若某个标记的得票超过了半数，则预测为该标记，否则拒绝预测；相对多数投票法，即预测得票最多的标记，若同时有多个标记，则从中随机选取一个；加权投票法，即为不同的标记赋予不同的权重，最后再按照相对多数投票法来预测。
- Averaging：一种取平均的集成策略，从整体的角度上来提高预测的鲁棒性，包括简单平均和加权平均。
- Bagging：从训练集中进行子抽样组成每个基模型所需要的子训练集，对所有基模型预测的结果进行综合，产生最终的预测结果。
- Boosting：训练过程为阶梯状，基模型按次序一一进行训练（实现上可以做到并行），基模型的训练集按照某种策略每次都进行一定的转化。对所有基模型预测的结果进行线性综合，产生最终的预测结果。
- Stacking：是一种将弱学习器集成进行输出的策略。其中，在 Stacking 框架中，所有的弱学习器被称作 0 级（0 level）学习器，将它们的输出结果当作一个 1 级（1 level）学习器的输入，然后再输出最后的结果。Stacking 框架实际上是一种分层结构，Bagging 和 Boosting 是最基本的二级 Stacking，与 Bagging 和 Boosting 不同的是，在 Stacking 中的弱学习器可以是不同的模型，如 SVM、DT、LR、RF 等。
- Blending：和 Stacking 类似，主要是对已学好的基学习器的结果的融合方式不同，Blending 是线性融合，而 Stacking 是非线性融合。

由于不再是对单一的模型进行预测，所以模型有了“集思广益”的能力，也就不容易产生过拟合现象。但是，直觉并不总是可靠的，需要从基础理论上理解为什么集成学习的预测能力比单一模型的预测能力更加强大。

7.1.2 Bagging 和 Boosting 算法

由于集成学习很好的泛化能力和稳定性，目前集成学习已经被成功用到了很多领域，并且在不同的应用领域，研究者们也提出了不同的改进算法，但总体来说，集成学习主要的算法为 Bagging 和 Boosting 两大算法族，接下来主要介绍 Bagging 算法和 Boosting 算法。

1. Bagging 算法

1996 年 Breiman 提出了 Bagging 算法。Bagging 算法是基于 Bootstrap 集成方法的，其主要从数据分布角度出发，采用有放回抽样更新训练样本集。在获取的多个独立同分布训练集上，使用相同的弱学习算法训练基学习器，当解决分类问题时，采取投票的方法获取最终的预测结果；当解决回归问题时，线性组合各个基学习器获取最终的预测结果。

图 7-1 展示了 Bagging 算法的基本框架。

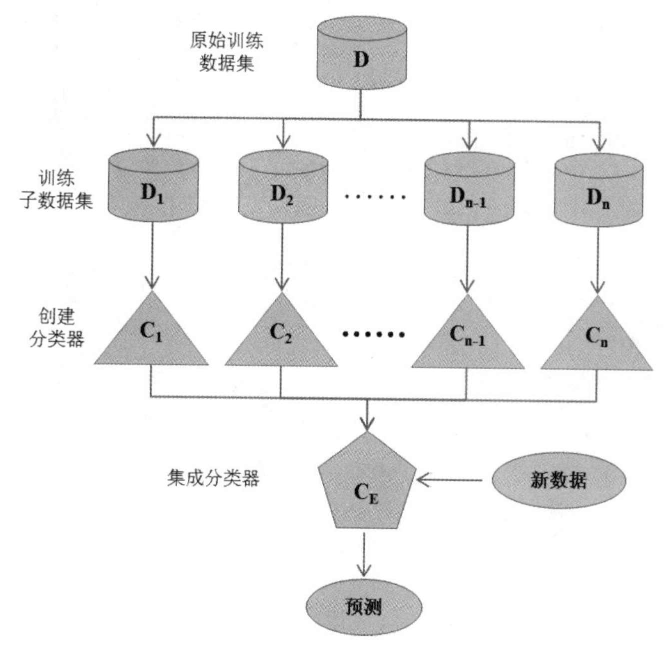

图 7-1　Bagging 算法的基本框架

2. Boosting 算法

Boosting 算法由 Robert T.Schapire 在 1990 年提出，其思想是对那些分类错误的训练实例加强学习。Boosting 算法与 Bagging 算法的不同之处在于，Bagging 算法中各个训练集互不影响，因此训练集可以在模型训练前一起生成，然后并行生成一系列预测函数。而 Boosting 算法中各个训练集之间不是独立的，下一轮的训练集与前面的训练结果相关，因此 Boosting 算法的各个预测函数不能并行生成，只能顺序产生。

Boosting 算法的实现流程是首先给每一个训练集赋予相同的权重，然后训练第一个基本分类个体对训练集进行测试，对于分类错误的测试集，要提高其权重，再使用调整后的带权训练集训练第二个基本分类个体。重复这个过程直到最后得到一个足够好的学习个体。

从实现流程可知，Boosting 算法比较侧重于分类错误的训练集，所以其预测的准确率很高，但其过分侧重分类错误的样本，可能会导致过拟合现象。而 Bagging 是等概率抽样，比较稳定，相对来说不会产生过拟合。

图 7-2 展示了 Boosting 算法的基本框架。

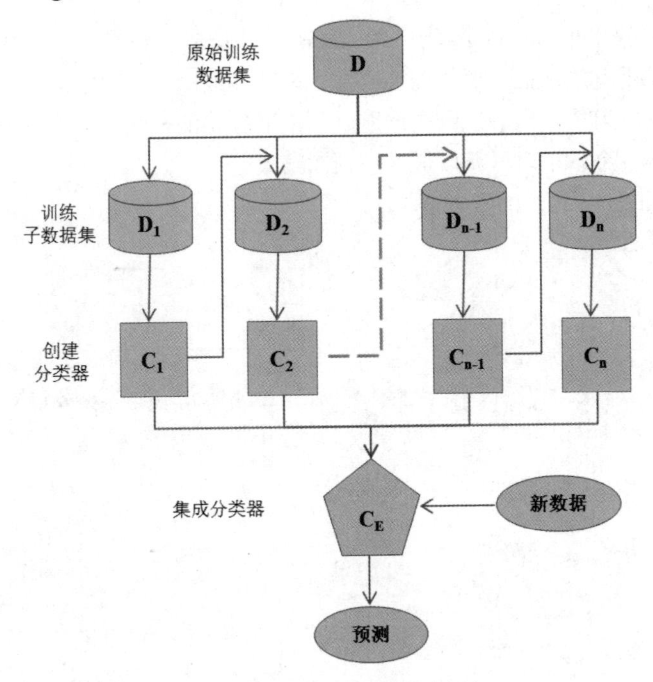

图 7-2　Boosting 算法的基本框架

7.1.3　集成学习方法的有效性

在过去十几年里，专家、学者们在集成学习领域开展了很多工作，并取得了一些具有重要理论价值和实际意义的研究成果，使这一领域得到不断的发展和完善。关于集成学习的有效性，很多学者也进行了研究分析，这不仅使人们对这些算法产生了更深刻的理解，更为设计新的有效集成学习算法提供了一定的理论指导。

本章将不会对集成学习有效性问题的理论进行阐述，感兴趣的读者可以参考集成学习有效性研究的相关文献，在此不再赘述。下面将从更简单的概率统计知识角度简单解释为什么集成学习的预测能力比单一模型的预测能力更加强大。注意，这里有个重要条件，即集成学习中的单个分类器要达到一定的准确率且个别分类器之间要有一定的差异性。

这里以二分类问题为场景，假设在一个数据集 D 上训练了 3 个基学习器，这些基学习器的泛化错误率均为α且相互独立。如果使用这3个基学习器对预测样本的类别进行多数表决，则这个集成学习模型的错误率α_E是可以计算的，即至少两个基学习器都判错的概率为

$$\alpha_E = C_3^3\alpha^3 + C_3^2(1-\alpha)\alpha^2 = 3\alpha^2 - 2\alpha^3$$

α至少要小于0.5，否则学习器的预测性能还不如随机猜测，所以上式必然小于α，因为

$$\begin{aligned} f(\alpha) &= (3\alpha^2 - 2\alpha^3) - \alpha \\ &= \alpha(-2\alpha^2 + 3\alpha - 1) \\ &\leqslant \frac{1}{8}\alpha \\ &< \varepsilon \end{aligned}$$

综上所述，只要基学习器的错误率低于随机猜测，并且基学习器不是完全相同的，集成起来就会有更好的表现。

7.2 随机森林算法

本节主要讲述 Bagging 算法中的经典算法——随机森林。顾名思义，随机森林就是利用多棵树对样本进行训练并预测的一种分类器。

7.2.1 什么是随机森林

学习随机森林，首先必须了解什么是决策树。关于决策树的介绍，读者可以参考第6章的相关内容。

作为集成学习中的一员，随机森林是一个包含多个决策树的分类器，其输出的类别由多个决策树输出的类别的众数决定。随机森林算法的基本框如图7-3所示。

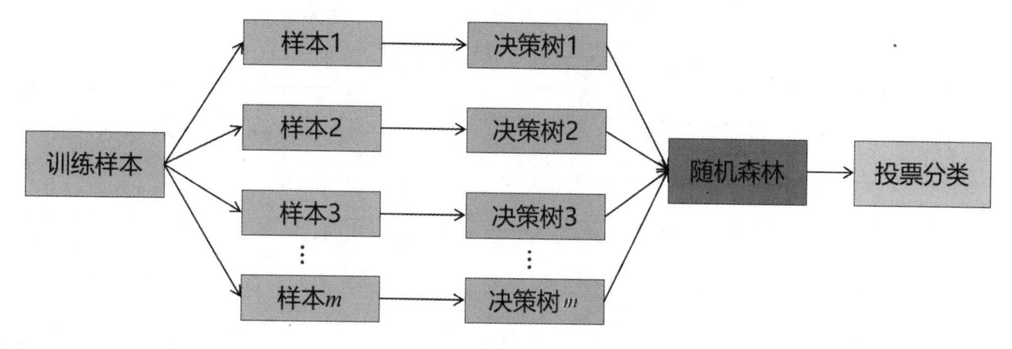

图7-3 随机森林算法的基本框架

随机森林算法的实现流程如下所示：

（1）样本集中有放回采样，选出n个样本组成训练数据集。

（2）从所有属性中随机选择k个属性，建立CART决策树。

（3）重复步骤（1）、（2）m 次，即建立 m 棵 CART 决策树。

（4）这 m 棵 CART 决策树形成随机森林，最后通过投票表决结果决定数据属于哪类。

比起个体分类器，集成学习可以取得更好的效果，因此，随机森林算法在许多与推荐系统相关的领域都有应用，随机森林算法的主要优势为以下几点：

- 不必担心过拟合。
- 可以处理存在大量缺失特征的数据集。
- 可以通过对特征的重要性进行评估来进行特征选择。
- 具有很好的抗噪声能力。
- 算法容易实现，效率高。
- 可以并行处理。

当然，随机森林算法也有缺点，在数据较少和维度较低的数据集上表现不佳。由于整个过程的随机性，集成学习会产生一些相似的决策树，这样会使一些决策树的重要性降低，从而降低准确率。

另外，使用随机森林算法时，模型在业务上的可解释性较弱。随机森林算法不用单棵决策树来作预测，其代价是具体哪个变量起到重要作用变得未知，即随机森林算法改进了预测准确率但损失了业务上的可解释性。

7.2.2 随机森林算法的 Python 实现

Scikit-Learn 是一个紧密结合 Python 科学计算库（Numpy、Scipy、Matplotlib）、集成经典机器学习算法的 Python 模块，所以直接调用 Scikit-Learn 库中的随机森林模型接口就可以实现随机森林算法。此处通过使用 Scikit-Learn 自带的数据集展示随机森林算法的实现过程。

1. 随机森林模型接口

首先，了解一下随机森林模型接口的语法说明，表 7-1 给出了随机森林分类算法的参数说明，表 7-2 给出了随机森林回归算法的参数说明。

表 7-1　随机森林分类算法的参数说明

sklearn.ensemble.RandomForestClassifier(	
n_estimators=10,	#子模型的数量，默认为 10
criterion='gini',	#判断节点继续分裂采用的计算方法，默认为 gini
max_depth=None,	#最大深度，如果指定了 max_leaf_nodes 参数，则忽略
min_samples_split=2,	#分裂所需的最小样本数，默认为 2
min_samples_leaf=1,	#叶节点最小样本数，默认为 1
min_weight_fraction_leaf=0.0,	#叶节点最小样本权重总值
max_features='auto',	#节点分裂时参与判断的最大特征数
max_leaf_nodes=None,	#最大叶节点数
bootstrap=True,	#是否为有放回的采样

续表

sklearn.ensemble.RandomForestClassifier(	
oob_score=False,	#是否计算袋外得分
n_jobs=1,	#并行数，因为是 Bagging 方法，所以可以并行
random_state=None,	#随机器对象
verbose=0,	#日志冗长度
warm_start=False,	#是否热启动
class_weight=None	#类别的权值
)	

随机森林算法的属性如下。

- fit(x,y)：根据训练数据建立随机森林模型。
- predict_proba(x)：给出带有概率值的结果，每个点在所有 label 上的概率和为 1。
- predict(x)：直接给出预测结果。调用 predict_proba()，根据概率结果看哪个类型的预测值最高就判断为哪个类型。
- predict_log_proba(x)：和 predict_proba()一样，只是把结果做了 log()处理。
- score：输出在测试数据集上的平均准确率。

表 7-2 随机森林回归算法的参数说明

sklearn.ensemble.RandomForestRegressor(	
n_estimators=10,	#子模型的数量，默认为 10
criterion='mse',	#判断节点继续分裂采用的计算方法，默认采用 mse
max_depth=None,	#最大深度，如果指定了 max_leaf_nodes 参数，则忽略
min_samples_split=2,	#分裂所需的最小样本数，默认为 2
min_samples_leaf=1,	#叶节点最小样本数，默认为 1
min_weight_fraction_leaf=0.0,	#叶节点最小样本权重总值
max_features='auto',	#节点分裂时参与判断的最大特征数
max_leaf_nodes=None,	#最大叶节点数
bootstrap=True,	#是否为有放回的采样
oob_score=False,	#是否计算袋外得分
n_jobs=1,	#并行数，因为是 Bagging 方法，所以可以并行
random_state=None,	#随机器对象
verbose=0,	#日志冗长度
warm_start=False	#是否热启动
)	

2. 随机森林案例

此处将研究如何使用随机森林来解决一个二分类问题。

首先，使用 make_classification()函数创建一个二分类问题的数据集，该数据集具有 10000 个示例和 30 个特征，代码如下所示。

```
from sklearn.datasets import make_classification
#定义数据集
X, y = make_classification(n_samples=10000,
                           n_features=30,
                           n_informative=10,
                           n_redundant=5,
                           random_state=7)
#汇总数据集
print(X.shape, y.shape)
```

运行上述程序，会直接生成数据集，数据集的结构如下所示，共计 30 个变量，10000 个样本。

```
(10000, 30) (10000,)
```

接下来，为这个数据集设计一个随机森林分类模型，使用 K-fold 交叉验证算法来评估模型，具体代码如下。

```
#评估随机森林分类算法
from numpy import mean
from numpy import std
from sklearn.datasets import make_classification
from sklearn.model_selection import cross_val_score
from sklearn.model_selection import RepeatedStratifiedKFold
from sklearn.ensemble import RandomForestClassifier
#定义数据集
X, y = make_classification(n_samples=10000,
                           n_features=30,
                           n_informative=10,
                           n_redundant=5,
                           random_state=7)
#定义模型
model = RandomForestClassifier()
#评估模型
cv = RepeatedStratifiedKFold(n_splits=10,
                             n_repeats=3,
                             random_state=1)
n_scores = cross_val_score(model,
                           X,
                           y,
                           scoring='accuracy',
                           cv=cv,
```

```
                                   n_jobs=-1,
                                   error_score='raise')
#输出评估效果
print('Accuracy: %.3f (%.3f)' % (mean(n_scores),
                                 std(n_scores)))
```

运行上述程序，结果如下，模型准确率为94.4%。

```
Accuracy: 0.944 (0.008)
```

3. 随机森林超参数调优

此处将进一步研究一些随机森林模型的超参数，以及它们对模型性能的影响。一般来说，有3个超参数需要关注，分别是特征数量、决策树数量及决策树深度。

（1）特征数量。每个决策树的特征数量是随机森林最重要的特性，它通过max_features参数进行设置，默认值是所有特征数量的平方根。

下面探讨不同的特征数量对模型精度的影响，具体代码如下所示。

```
#探讨随机森林特征数量对模型精度的影响
from numpy import mean
from numpy import std
from sklearn.datasets import make_classification
from sklearn.model_selection import cross_val_score
from sklearn.model_selection import RepeatedStratifiedKFold
from sklearn.ensemble import RandomForestClassifier
from matplotlib import pyplot

#获取数据集
def get_dataset():
    X, y = make_classification(n_samples=10000,
                               n_features=30,
                               n_informative=10,
                               n_redundant=5,
                               random_state=3)
    return X, y
#获取要评估的模型列表
def get_models():
    models = dict()
    #探讨1~10的特征数量
    for i in range(1,11):
        models[str(i)] = \
        RandomForestClassifier(max_features=i)
    return models
#使用交叉验证算法评估给定模型
def evaluate_model(model, X, y):
    #定义评估程序
```

```
    cv = RepeatedStratifiedKFold(n_splits=10,
                                 n_repeats=3,
                                 random_state=1)
    #评估模型并收集结果
    scores = cross_val_score(model,
                             X,
                             y,
                             scoring='accuracy',
                             cv=cv,
                             n_jobs=-1)
    return scores
#定义数据集
X, y = get_dataset()
# get the models to evaluate
models = get_models()
#评估模型并保存结果
results, names = list(), list()
for name, model in models.items():
    #评估模型
    scores = evaluate_model(model, X, y)
    #保存结果
    results.append(scores)
    names.append(name)
    #一直汇总评估效果
    print('>%s %.3f (%.3f)' % (name,
                                mean(scores),
                                std(scores)))
#绘图，进行模型性能比较
pyplot.boxplot(results,
               labels=names,
               showmeans=True)
pyplot.show()
```

运行上述程序，结果如图 7-4 所示。表明特征数量在 3~5 之间是合适的，特征数量大于 5 之后，模型的精度趋于稳定。

```
>1 0.863 (0.013)
>2 0.902 (0.009)
>3 0.914 (0.009)
>4 0.923 (0.009)
>5 0.926 (0.007)
>6 0.926 (0.009)
>7 0.930 (0.008)
>8 0.931 (0.008)
>9 0.929 (0.007)
>10 0.930 (0.008)
```

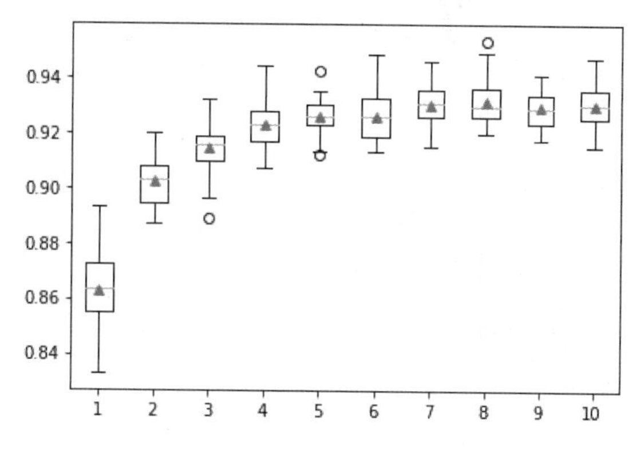

图 7-4　特征数量与模型精度之间的箱图

（2）决策树数量。决策树的数量是随机森林模型的另一个关键超参数，一般情况下，决策树的数量会一直增加，直到模型性能稳定下来。直觉上我们可能认为决策树越多，就越可能导致模型过度拟合，但事实并非如此。考虑到学习算法的随机性，在某种程度上随机森林模型对训练数据集的过拟合有一定的免疫能力。

树的数量可以通过 n_estimators 参数设置，默认值为 100。下面的示例探讨了决策树数量在 10~2000 之间对树的数量的影响。

```
#探讨随机森林决策树数量对模型精度的影响
from numpy import mean
from numpy import std
from sklearn.datasets import make_classification
from sklearn.model_selection import cross_val_score
from sklearn.model_selection import RepeatedStratifiedKFold
from sklearn.ensemble import RandomForestClassifier
from matplotlib import pyplot
#获取数据集
def get_dataset():
    X, y = make_classification(n_samples=10000,
                               n_features=30,
                               n_informative=10,
                               n_redundant=5,
                               random_state=3)
    return X, y
#获取要评估的模型列表
def get_models():
    models = dict()
    #定义要考虑树的数量
    n_trees = [10, 50, 100, 200,
               500, 800,1000,2000]
    for n in n_trees:
        models[str(n)] = \
      RandomForestClassifier(n_estimators=n)
```

```
    return models
#使用交叉验证算法评估给定模型
def evaluate_model(model, X, y):
    #定义评估流程
    cv = RepeatedStratifiedKFold(n_splits=10,
                                 n_repeats=3,
                                 random_state=1)
    #评估模型并收集结果
    scores = cross_val_score(model,
                             X,
                             y,
                             scoring='accuracy',
                             cv=cv,
                             n_jobs=-1)
    return scores
#定义数据集
X, y = get_dataset()
#获取要评估的模型
models = get_models()
#评估模型并保存结果
results, names = list(), list()
for name, model in models.items():
    #评估模型
    scores = evaluate_model(model, X, y)
    #保存结果
    results.append(scores)
    names.append(name)
    #一直汇总评估效果
    print('>%s %.3f (%.3f)' % (name,
                               mean(scores),
                               std(scores)))
#绘图，进行模型性能比较
pyplot.boxplot(results,
               labels=names,
               showmeans=True)
pyplot.show()
```

运行上述程序，结果如图 7-5 所示。可以看到在大约 100 棵树之后性能上升会保持平稳，所以决策树并不是越多越好，而是要找到合适的数量。

```
>10 0.926 (0.008)
>50 0.943 (0.006)
>100 0.945 (0.005)
>200 0.946 (0.006)
>500 0.947 (0.006)
>800 0.947 (0.006)
```

```
>1000 0.947 (0.006)
>2000 0.947 (0.006)
```

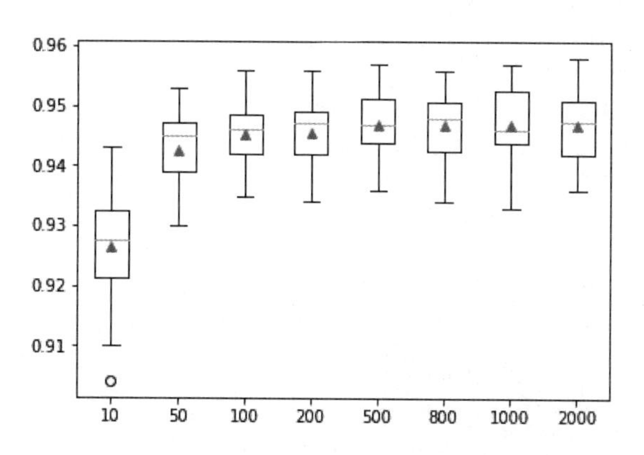

图 7-5　决策树数量与模型性能之间的箱图

（3）决策树深度。另外一个重要的超参数是决策树的最大深度，在默认情况下，决策树的深度是任意的深度，并且不会被修剪，树的最大深度可以通过 max_depth 参数指定。下面的例子探讨了决策树的最大深度对模型性能的影响。

```
#探讨随机森林决策树对模型性能的影响
from numpy import mean
from numpy import std
from sklearn.datasets import make_classification
from sklearn.model_selection import cross_val_score
from sklearn.model_selection import RepeatedStratifiedKFold
from sklearn.ensemble import RandomForestClassifier
from matplotlib import pyplot
#获取数据集
def get_dataset():
    X, y = make_classification(n_samples=10000,
                               n_features=30,
                               n_informative=10,
                               n_redundant=5,
                               random_state=3)
    return X, y
#获取要评估的模型列表
def get_models():
    models = dict()
    #考虑树的深度从 1 到 7 且没有等于满
    depths = [i for i in range(1,11)] + [None]
    for n in depths:
        models[str(n)] = \
     RandomForestClassifier(max_depth=n)
```

```
    return models
#使用交叉验证算法评估给定模型
def evaluate_model(model, X, y):
    #定义评估流程
    cv = RepeatedStratifiedKFold(n_splits=10,
                                 n_repeats=3,
                                 random_state=1)
    #评估模型并收集结果
    scores = cross_val_score(model,
                             X,
                             y,
                             scoring='accuracy',
                             cv=cv,
                             n_jobs=-1)
    return scores
#定义数据集
X, y = get_dataset()
#获取要评估的模型
models = get_models()
#评估模型并保存结果
results, names = list(), list()
for name, model in models.items():
    #评估模型
    scores = evaluate_model(model, X, y)
    #保存结果
    results.append(scores)
    names.append(name)
    #一直汇总评估效果
    print('>%s %.3f (%.3f)' % (name,
                               mean(scores),
                               std(scores)))
#绘图，进行模型性能比较
pyplot.boxplot(results,
               labels=names,
               showmeans=True)
pyplot.show()
```

运行上述程序，结果如图 7-6 所示。可以看到更大的决策树深度会更好地提升模型的性能，默认没有最大深度可以在这个数据集上获得最好的性能。

```
>1 0.769 (0.023)
>2 0.805 (0.015)
>3 0.829 (0.014)
>4 0.857 (0.012)
>5 0.881 (0.008)
>6 0.891 (0.008)
```

```
>7 0.903 (0.008)
>8 0.913 (0.008)
>9 0.920 (0.006)
>10 0.922 (0.007)
>None 0.925 (0.007)
```

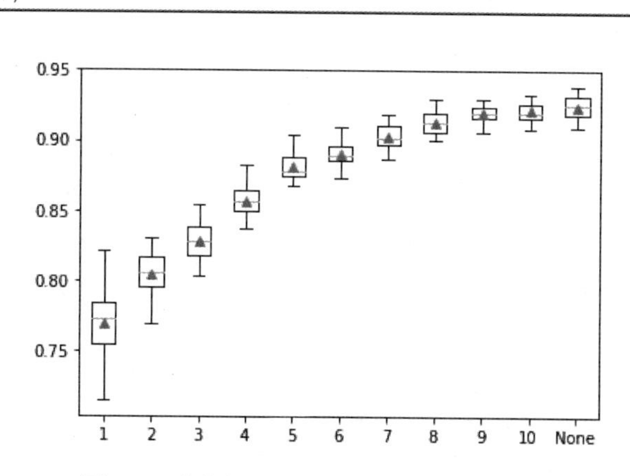

图 7-6　决策树深度与模型性能之间的箱图

7.3　梯度提升算法

7.3.1　GBM 模型

梯度提升（Gradient Boosting）是指一类可用于分类或回归预测建模问题的集成机器学习算法。梯度提升也称为梯度树提升、随机梯度提升、梯度提升机或简称 GBM。

梯度提升模型中的学习集合由决策树模型构造，每次添加一棵树到集合中并进行拟合，以修正先前模型的预测误差，这种集成机器学习模型称为 Boosting。

模型拟合采用任意可微损失函数和梯度下降优化算法，所以该项技术命名为“梯度提升”，因为损失函数的梯度会随着梯度提升分为两种接口，这两种接口的参数基本一致，直接影响决策树和模型的创建。

1. GBM 模型接口

Scikit-Learn 机器学习库提供了一个梯度提升模型的实现接口，接口包含 Gradient Boosting Regressor 类和 Gradient Boosting Classifier 类，这两个类以相同的方式运行，并采用相同的参数，这些参数直接影响决策树的创建和将其添加到集成学习模型的方式。

由于模型的构建具有随机性，这意味着算法每次在相同的数据上运行时，都会产生一个略有不同的模型。因此，一般情况下，当使用具有随机学习算法的机器学习算法时，通常需要多次运行或重复交叉验证，以便使用平均性能来评估模型的预测能力。

总的来说 GBM 模型的参数可以归为以下三类。

- 树参数：调节模型中每个决策树的性质。
- Boosting 参数：调节模型中 Boosting 的操作。
- 其他模型参数：调节模型总体的各项运作。

2. GBM 模型的实现

在本小节中，我们将学习如何使用梯度提升模型来解决分类问题。

首先，可以使用 make_classification()函数创建一个综合二分类问题的数据集，该数据集具有 10000 个案例和 50 个输入特性，代码如下所示。

```
# 导入相关库
from sklearn.datasets import make_classification
#定义数据集
X, y = make_classification(n_samples=20000,
                           n_features=30,
                           n_informative=15,
                           n_redundant=5,
                           random_state=7)
# 打印数据集结构
print(X.shape, y.shape)
```

运行上述程序，结果如下所示。生成的数据集为 20000 个样本，30 个变量。

```
(20000, 30) (20000,)
```

接下来，我们就可以在这个数据集上开发一个梯度提升模型。这里使用 K-fold 交叉验证算法进行模型开发和评估，并输出模型在所有折叠数据集上的性能评价指标。

```
# 调用模型接口
from numpy import mean
from numpy import std
from sklearn.datasets import make_classification
from sklearn.model_selection import cross_val_score
from sklearn.model_selection import RepeatedStratifiedKFold
from sklearn.ensemble import GradientBoostingClassifier
#生成建模数据集
X, y = make_classification(n_samples=20000,
                           n_features=30,
                           n_informative=15,
                           n_redundant=5,
                           random_state=7)
# 调用模型接口
model = GradientBoostingClassifier()
# 定义评估模型
cv = RepeatedStratifiedKFold(n_splits=10,
                             n_repeats=3,
```

```
                                 random_state=1)
# 评估模型
n_scores = cross_val_score(model,
                           X,
                           y,
                           scoring='accuracy',
                           cv=cv,
                           n_jobs=-1)
# 打印报告
print('Mean Accuracy: %.3f (%.3f)' % (mean(n_scores), std(n_scores)))
```

运行上述程序，结果如下所示，模型的评级准确率为 0.938。

```
Mean Accuracy: 0.938 (0.005)
```

当然，如果有 5 个需要进行预测，则直接调用 predict()函数即可。

3. 超参数调优

在本小节中，我们将进一步研究模型超参数的调优，以及超参数对模型性能的影响。有 5 个关键超参数对模型性能的影响最大，即

- 决策树数量。
- 特征数量。
- 样本数量。
- 决策树深度。
- 学习速率。

在本小节中，我们将单独详细研究这些超参数对模型性能的影响，因为它们都是相互作用的，所以应该一起或成对调整，如学习速率与决策树数量，样本数量/特征数量与决策树深度。

（1）决策树数量。梯度提升算法的一个重要超参数是模型中使用的决策树数量，因为决策树是按照先后顺序添加到模型中的，目的是纠正和改进先前树作出的预测，因此，决策树越多往往越好，决策树的数量也必须与学习速率相平衡。例如，决策树越多，学习速率就越小；决策树越少，学习速率就越大。

决策树的数量可以通过 n_estimators 参数设置，默认值为 100。

我们可以探讨决策树的数量对模型结果的影响，代码如下所示。

```
#探讨考决策树的数量对模型结果的影响
# 导入模型接口
from numpy import mean
from numpy import std
from sklearn.datasets import make_classification
from sklearn.model_selection import cross_val_score
from sklearn.model_selection import RepeatedStratifiedKFold
from sklearn.ensemble import GradientBoostingClassifier
from matplotlib import pyplot
```

```
# 生成建模数据集
def get_dataset():
    X, y = make_classification(n_samples=10000,
                               n_features=20,
                               n_informative=10,
                               n_redundant=5,
                               random_state=7)
    return X, y
#设置决策树的数量
def get_models():
    models = dict()
    # define number of trees to consider
    n_trees = [10, 50, 100, 500, 1000, 5000]
    for n in n_trees:
        models[str(n)] = \
        GradientBoostingClassifier(n_estimators=n)
    return models
#用交叉验证算法评估已给定模型
def evaluate_model(model, X, y):
    #定义评估流程
    cv = RepeatedStratifiedKFold(n_splits=10,
                                 n_repeats=3,
                                 random_state=1)
    #评估模型并收集结果
    scores = cross_val_score(model,
                             X,
                             y,
                             scoring='accuracy',
                             cv=cv,
                             n_jobs=-1)
    return scores
#定义数据集
X, y = get_dataset()
#获取要评估的模型
models = get_models()
#评估模型并保存结果
results, names = list(), list()
for name, model in models.items():
    #评估模型
    scores = evaluate_model(model, X, y)
    #保存结果
    results.append(scores)
    names.append(name)
    #一直汇总评估效果
    print('>%s %.3f (%.3f)' % (name, mean(scores), std(scores)))
#绘图，进行模型性能比较
pyplot.boxplot(results, labels=names, showmeans=True)
```

```
pyplot.show()
```

运行上述程序，结果如图 7-7 所示。从结果可知，模型在数据集的性能一直在提高，直到约 500 棵树后，性能趋于平稳。从图 7-7 中看，趋势在 500 棵树之后趋于平稳，所以在进行模型训练时，需要考虑的并不是决策树越多越好，而是需要设置一个合适的决策树数量。

```
>10 0.861 (0.009)
>50 0.936 (0.008)
>100 0.954 (0.006)
>500 0.964 (0.006)
>1000 0.968 (0.006)
>5000 0.969 (0.006)
```

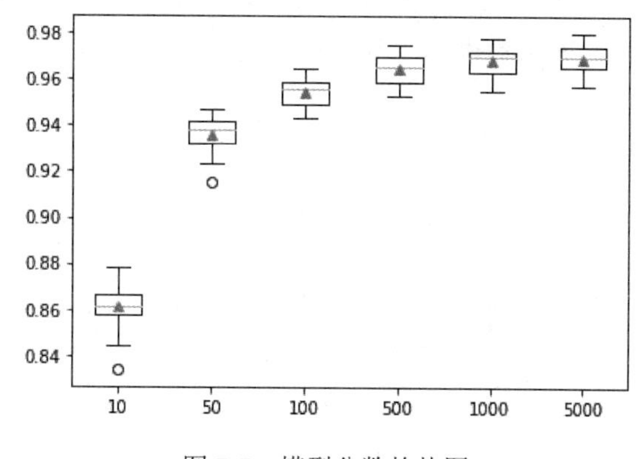

图 7-7　模型分数趋势图

（2）特征数量。用于适应每棵决策树的特征数量可以变化，改变特征数量会给模型带来额外的方差，这可以提高模型的性能，尽管需要增加决策树的数量。

每棵决策树使用的特征数量作为一个随机样本由 max_features 参数指定，默认情况下为训练数据集中的所有特征。

下面的例子探讨了特征数量对测试数据集 1~30 之间模型性能的影响。

```
# 探讨特征数量对模型性能的影响
from numpy import mean
from numpy import std
from sklearn.datasets import make_classification
from sklearn.model_selection import cross_val_score
from sklearn.model_selection import RepeatedStratifiedKFold
from sklearn.ensemble import GradientBoostingClassifier
from matplotlib import pyplot
# 获取数据集
def get_dataset():
    X, y = make_classification(n_samples=10000,
                               n_features=30,
                               n_informative=10,
```

```
                                          n_redundant=5,
                                          random_state=7)
    return X, y
# 获取要评估的模型列表
def get_models():
    models = dict()
    # 探讨特征数量为1~20的影响
    for i in range(1,31):
        models[str(i)] = \
      GradientBoostingClassifier(max_features=i)
    return models
# 使用交叉验证算法评估给定模型
def evaluate_model(model, X, y):
    # 定义评估流程
    cv = RepeatedStratifiedKFold(n_splits=10,
                                 n_repeats=3,
                                 random_state=1)
    # 评估模型并收集结果
    scores = cross_val_score(model,
                             X,
                             y,
                             scoring='accuracy',
                             cv=cv,
                             n_jobs=-1)
    return scores
# 定义数据集
X, y = get_dataset()
# 获取要评估的模型
models = get_models()
# 评估模型并保存结果
results, names = list(), list()
for name, model in models.items():
    # 评估模型
    scores = evaluate_model(model, X, y)
    # 保存结果
    results.append(scores)
    names.append(name)
    # 一直汇总评估效果
    print('>%s %.3f (%.3f)' % (name, mean(scores),
                               std(scores)))
# 绘图，进行模型性能比较
pyplot.boxplot(results,
               labels=names,
               showmeans=True)
pyplot.show()
```

运行上述程序，结果如图 7-8 所示。可以看到模型性能的总体趋势，当达到 8 个或 9 个特征时，模型的性能达到顶峰，并保持不变。

```
>1 0.888 (0.011)
>2 0.914 (0.010)
>3 0.926 (0.008)
>4 0.934 (0.009)
>5 0.938 (0.008)
>6 0.942 (0.008)
>7 0.944 (0.008)
>8 0.947 (0.008)
>9 0.947 (0.006)
>10 0.949 (0.006)
>11 0.950 (0.007)
>12 0.949 (0.008)
>13 0.951 (0.007)
>14 0.951 (0.007)
>15 0.952 (0.008)
>16 0.952 (0.008)
>17 0.952 (0.007)
>18 0.952 (0.007)
>19 0.953 (0.009)
>20 0.954 (0.006)
>21 0.952 (0.007)
>22 0.953 (0.007)
>23 0.953 (0.006)
>24 0.953 (0.007)
>25 0.953 (0.007)
>26 0.953 (0.007)
>27 0.953 (0.007)
>28 0.953 (0.007)
>29 0.954 (0.006)
>30 0.953 (0.007)
```

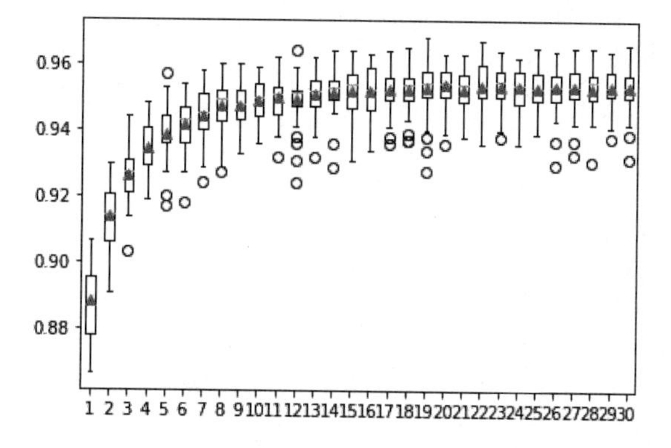

图 7-8　模型特征个数与准确率之间的箱图

（3）样本数量。用于适应每棵决策树的样本数量可以是不同的，这意味着每棵决策树都适合于随机选择的训练数据集子集，用于适应每棵决策树的样本数量由 subsample 参数指定，可以设置为训练数据集的一部分。默认情况下，它被设置为 1.0，表示使用整个训练数据集。

下面的例子探讨了样本数量对模型性能的影响。

```
# 导入基础库即模型接口
# 探讨样本数量对模型性能的影响
from numpy import mean
from numpy import std
from numpy import arange
from sklearn.datasets import make_classification
from sklearn.model_selection import cross_val_score
from sklearn.model_selection import RepeatedStratifiedKFold
from sklearn.ensemble import GradientBoostingClassifier
from matplotlib import pyplot
#获取数据集
def get_dataset():
    X, y = make_classification(n_samples=1000, n_features=30, n_informative=15,
n_redundant=5, random_state=7)
    return X, y
# 获取模型，不同模型的参数不一样
def get_models():
    models = dict()
    # 以 10%为增量，探索 10%~100%的抽样率
    for i in arange(0.1, 1.1, 0.1):
        key = '%.1f' % i
        models[key] = GradientBoostingClassifier(subsample=i)
    return models
# 使用交叉验证算法评估模型
def evaluate_model(model, X, y):
    # 定义评估流程
    cv = RepeatedStratifiedKFold(n_splits=10, n_repeats=3, random_state=1)
    # 评估模型并收集结果
    scores = cross_val_score(model, X, y, scoring='accuracy', cv=cv, n_jobs=-1)
    return scores
# 定义数据集
X, y = get_dataset()
# 获取要评估的模型
models = get_models()
# 评估模型并保存结果
results, names = list(), list()
for name, model in models.items():
    #评估模型
    scores = evaluate_model(model, X, y)
    # 保存结果
    results.append(scores)
```

```
    names.append(name)
    # 一直汇总评估效果
    print('>%s %.3f (%.3f)' % (name, mean(scores), std(scores)))
# 绘制图形
pyplot.boxplot(results, labels=names, showmeans=True)
pyplot.show()
```

运行上述程序，结果如图 7-9 所示。我们可以看到，当样本容量约为训练数据集 50%时，模型平均性能可能是最好的。从图 7-9 也可以看出模型性能的总体趋势，它可能在 0.4 左右达到顶峰，并在一定程度上保持不变。

```
>0.1 0.854 (0.034)
>0.2 0.884 (0.036)
>0.3 0.892 (0.032)
>0.4 0.892 (0.036)
>0.5 0.893 (0.034)
>0.6 0.903 (0.034)
>0.7 0.898 (0.032)
>0.8 0.898 (0.029)
>0.9 0.893 (0.032)
>1.0 0.897 (0.033)
```

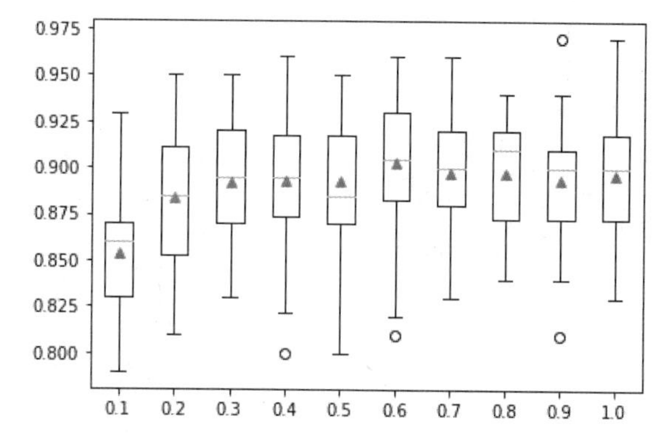

图 7-9　样本数量与模型准确率之间的箱图

（4）决策树深度。就像决策树的样本数量和特征数量一样，决策树深度也是梯度提升算法的另一个重要超参数。决策树深度不应太浅或太深，在梯度提升算法模型中，深度合适的决策树表现得最好。

决策树深度是通过 max_depth 参数控制的，默认值为 3。下面的例子探讨了 1~10 之间决策树深度对模型性能的影响。

```
# 探讨决策树深度对模型性能的影响
from numpy import mean
from numpy import std
```

```
from sklearn.datasets import make_classification
from sklearn.model_selection import cross_val_score
from sklearn.model_selection import RepeatedStratifiedKFold
from sklearn.ensemble import GradientBoostingClassifier
from matplotlib import pyplot
# 获取数据集
def get_dataset():
    X, y = make_classification(n_samples=10000,
                               n_features=30,
                               n_informative=10,
                               n_redundant=5,
                               random_state=7)
    return X, y
# 获取要评估的模型列表
def get_models():
    models = dict()
    # 定义最大树深度，探索范围为 1~10
    for i in range(1,11):
        models[str(i)] = \
      GradientBoostingClassifier(max_depth=i)
    return models
# 使用交叉验证算法评估给定模型
def evaluate_model(model, X, y):
    # 定义评估流程
    cv = RepeatedStratifiedKFold(n_splits=10,
                                 n_repeats=3,
                                 random_state=1)
    # 评估模型并收集结果
    scores = cross_val_score(model,
                             X,
                             y,
                             scoring='accuracy',
                             cv=cv,
                             n_jobs=-1)
    return scores
# 定义数据集
X, y = get_dataset()
# 获取要评估的模型
models = get_models()
# 评估模型并保存结果
results, names = list(), list()
for name, model in models.items():
    # 评估模型
    scores = evaluate_model(model,
                            X,
                            y)
```

```
        # 保存结果
        results.append(scores)
        names.append(name)
        # 一直汇总评估效果
        print('>%s %.3f (%.3f)' % (name,
                                   mean(scores),
                                   std(scores)))
# 绘图，进行模型性能比较
pyplot.boxplot(results,
               labels=names,
               showmeans=True)
pyplot.show()
```

运行上述程序，结果如图 7-10 所示。可以看到，模型平均性能随着决策树深度的提高而提高。从图 7-10 中也可以看出模型性能的总体趋势，它可能在学习决策树深度为 3~6 时达到顶峰，并在一定程度上保持不变。

```
>1 0.869 (0.011)
>2 0.923 (0.009)
>3 0.953 (0.007)
>4 0.963 (0.008)
>5 0.967 (0.006)
>6 0.968 (0.005)
>7 0.970 (0.006)
>8 0.970 (0.007)
>9 0.969 (0.006)
>10 0.967 (0.006)
```

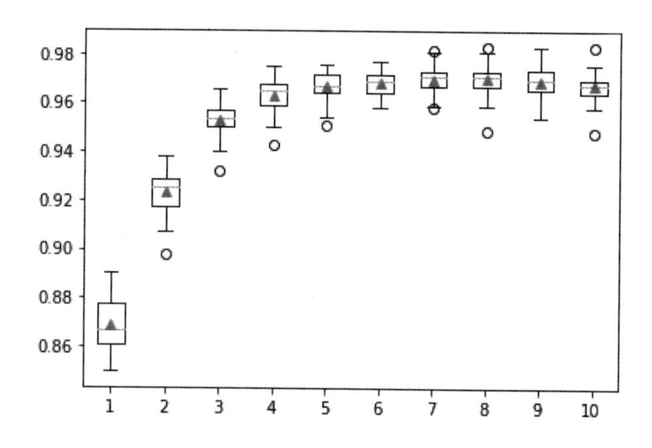

图 7-10　决策树深度与模型准确率之间的箱图

（5）学习速率。在集成学习模型中，较小的学习速率可能需要较多的决策树，较大的学习速率可能需要较少的决策树。学习速率通过 learning_rate 参数控制，默认值为 0.1。

下面的示例探讨了学习率，并比较了 0.001 和 1.0 之间值对模型性能的影响。

```
# 探讨学习速率对模型性能的影响
from numpy import mean
from numpy import std
from sklearn.datasets import make_classification
from sklearn.model_selection import cross_val_score
from sklearn.model_selection import RepeatedStratifiedKFold
from sklearn.ensemble import GradientBoostingClassifier
from matplotlib import pyplot
# 获取数据集
def get_dataset():
       X, y = make_classification(n_samples=10000,
                          n_features=30,
                          n_informative=10,
                          n_redundant=5,
                          random_state=7)
       return X, y
# 获取要评估的模型列表
def get_models():
    models = dict()
        # 定义要探索的学习速率
    for i in [0.001,0.005,0.01,0.05,
         0.1, 0.2,0.4,0.6,0.8,1.0]:
       key = '%.4f' % i
       models[key] =\
       GradientBoostingClassifier(learning_rate=i)
    return models
# 使用交叉验证算法评估模型
def evaluate_model(model, X, y):
    # 定义评估流程
    cv = RepeatedStratifiedKFold(n_splits=10,
                         n_repeats=3,
                         random_state=1)
    # 评估模型并收集结果
    scores = cross_val_score(model,
                       X,
                       y,
                       scoring='accuracy',
                       cv=cv,
                       n_jobs=-1)
    return scores
# 定义数据集
X, y = get_dataset()
# 获取要评估的模型
```

```
models = get_models()
# 评估并保存结果
results, names = list(), list()
for name, model in models.items():
    # 评估模型
    scores = evaluate_model(model, X, y)
    # 保存结果
    results.append(scores)
    names.append(name)
    # 一直汇总评估效果
    print('>%s %.3f (%.3f)' % (name, mean(scores),
                               std(scores)))
# 绘图，进行模型性能比较
pyplot.boxplot(results,
               labels=names,
               showmeans=True)
pyplot.show()
```

运行上述程序，结果如图 7-11 所示，我们可以看到，模型平均性能对于更大的学习速率可能是最好的。从图中也可看出模型性能的总体趋势，可能学习速率在 0.1 左右达到顶峰，并在一定程度上保持在水平。

```
>0.001 0.826 (0.014)
>0.005 0.848 (0.011)
>0.010 0.865 (0.010)
>0.050 0.936 (0.009)
>0.100 0.953 (0.007)
>0.200 0.959 (0.007)
>0.400 0.958 (0.006)
>0.600 0.956 (0.006)
>0.800 0.951 (0.006)
>1.000 0.946 (0.006)
```

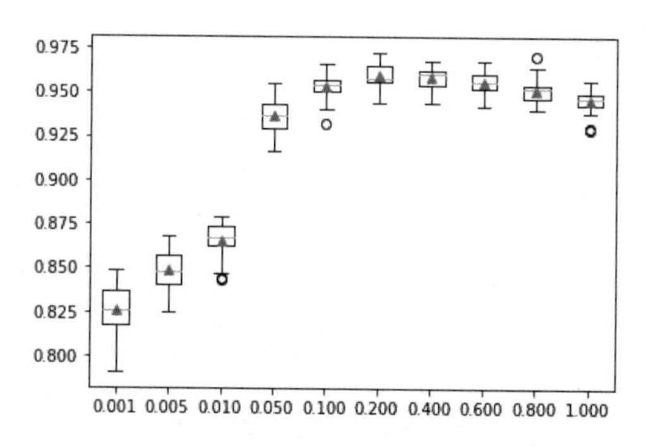

图 7-11　学习速率与模型准确率之间的箱图

7.3.2 XGBoost 模型

1. XGBoost 模型简介

XGBoost 是 eXtreme Gradient Boosting（极端梯度提升）的简称，它是一个库，是梯度增强算法的有效实现。

XGBoost 模型源于梯度提升框架，但是更加高效，其秘诀是算法能并行计算、近似建树、对稀疏数据的有效处理以及对内存使用的优化，使 XGBoost 模型比现有梯度提升算法至少快 10 倍。

2. XGBoost 模型的实现

下面通过案例说明 XGBoost 模型的用法，使用的数据集 Pima_Indians_diabetes.csv 来自美国国家糖尿病/消化/肾脏疾病研究所。案例目标是基于数据集中包含的某些测量数据预测患者是否患有糖尿病。

首先，导入数据集，具体代码如下所示。

```
# 导入相关库
import numpy as np
import pandas as pd
from xgboost import XGBClassifier
from sklearn.model_selection import train_test_split
from sklearn.metrics import accuracy_score
#导入数据
dataset=\
pd.read_csv('D:/ReSystem/Data/chapter07/Pima_Indians_diabetes.csv',
sep=',')
dataset.info()
```

运行上述程序，结果如下，共计 768 个样本，9 个变量，其中目标变量为 Outcome。

```
<class 'pandas.core.frame.DataFrame'>
RangeIndex: 768 entries, 0 to 767
Data columns (total 9 columns):
Pregnancies                 768 non-null int64
Glucose                     768 non-null int64
BloodPressure               768 non-null int64
SkinThickness               768 non-null int64
Insulin                     768 non-null int64
BMI                         768 non-null float64
DiabetesPedigreeFunction    768 non-null float64
Age                         768 non-null int64
Outcome                     768 non-null int64
dtypes: float64(2), int64(7)
```

```
memory usage: 54.1 KB
```

接着，对数据集进行分割，分割为训练数据集和测试数据集，代码如下所示。

```
# 将数据集分为 X 和 Y
X = dataset.drop(['Outcome'],axis=1)
Y = dataset.Outcome
# 分割为训练数据集和测试数据集
X_train, X_test, y_train, y_test = \
train_test_split(X,
                 Y,
                 test_size=0.3,
                 random_state=123)
print(X_train.shape)
print(X_test.shape)
print(y_train.shape)
print(y_test.shape)
```

运行上述程序，结果如下所示，其中训练数据集有 537 个样本，测试数据集有 231 个样本。

```
(537, 8)
(231, 8)
(537,)
(231,)
```

进一步，可测试模型训练集，代码如下所示。

```
# 训练数据拟合模型
model = XGBClassifier()
model.fit(X_train, y_train)
# 预测测试数据集
y_pred = model.predict(X_test)
predictions = [round(value) for value in y_pred]
# 评估测试结果
accuracy = accuracy_score(y_test, predictions)
print("Accuracy: %.2f%%" % (accuracy * 100.0))
```

运行上述程序，结果如下，模型准确率为 77.92%。

```
Accuracy: 77.92%
```

XGBoost 模型可以在训练期间评估和报告模型测试集的性能。例如，在训练 XGBoost 模型时，可以报告测试集上的模型分类错误率，代码如下所示。

```
#查看每个步骤的模型分类错误率
eval_set = [(X_test, y_test)]
model.fit(X_train,
          y_train,
          eval_metric="error",
```

```
              eval_set=eval_set,
              verbose=True)
```

运行上述程序，即可查看模型训练每个步骤的分类错误率，一旦模型没有进一步地改进，可以使用这个评估结果并停止该模型训练。

```
[0]  validation_0-error:0.272727
[1]  validation_0-error:0.264069
[2]  validation_0-error:0.242424
[3]  validation_0-error:0.246753
[4]  validation_0-error:0.246753
[5]  validation_0-error:0.238095
[6]  validation_0-error:0.207792
[7]  validation_0-error:0.21645
[8]  validation_0-error:0.21645
[9]  validation_0-error:0.233766
[10] validation_0-error:0.229437
[11] validation_0-error:0.229437
[12] validation_0-error:0.238095
[13] validation_0-error:0.251082
......................................................
[94] validation_0-error:0.233766
[95] validation_0-error:0.229437
[96] validation_0-error:0.229437
[97] validation_0-error:0.229437
[98] validation_0-error:0.225108
[99] validation_0-error:0.220779
```

在调用 model.fit()时，将 early_stopping_rounds 参数设置为迭代次数可以实现提前停止，具体代码如下所示。

```
# 提前停止示例
model = XGBClassifier()
eval_set = [(X_test, y_test)]
model.fit(X_train,
              y_train,
              early_stopping_rounds=10,
              eval_metric="error",
              eval_set=eval_set,
              verbose=True)
# 预测测试数据集
y_pred = model.predict(X_test)
predictions = [round(value) for value in y_pred]
# 评估预测结果
accuracy = accuracy_score(y_test, predictions)
print("Accuracy: %.2f%%" % (accuracy * 100.0))
```

运行上述程序，结果如下所示，在第 7 次迭代时模型性能达到最优。

```
[0]  validation_0-error:0.272727
Will train until validation_0-error hasn't improved in 10 rounds.
[1]  validation_0-error:0.264069
[2]  validation_0-error:0.242424
[3]  validation_0-error:0.246753
[4]  validation_0-error:0.246753
[5]  validation_0-error:0.238095
[6]  validation_0-error:0.207792
[7]  validation_0-error:0.21645
[8]  validation_0-error:0.21645
[9]  validation_0-error:0.233766
[10] validation_0-error:0.229437
[11] validation_0-error:0.229437
[12] validation_0-error:0.238095
[13] validation_0-error:0.251082
[14] validation_0-error:0.246753
[15] validation_0-error:0.242424
[16] validation_0-error:0.242424
Stopping. Best iteration:
[6]  validation_0-error:0.207792
Accuracy: 79.22%
```

同时，可以绘制变量的重要性分布图，代码如下所示。

```
import matplotlib.pyplot as plt
from xgboost import plot_importance
plot_importance(model)
plt.show()
```

运行上述程序，结果如图 7-12 所示。其中 Glucose（葡萄糖）为最重要的变量。

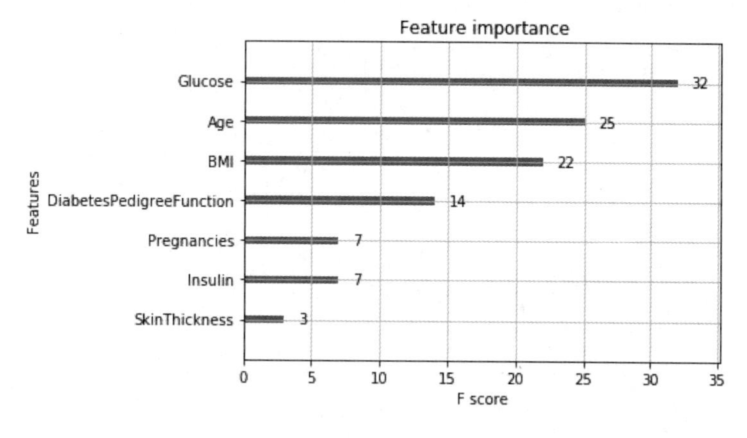

图 7-12　变量的重要性分布图

7.3.3 LightGBM 模型

1. LightGBM 模型简介

LightGBM（Light Gradient Boosting Machine）是一款基于决策树算法的分布式梯度提升框架，其为微软旗下 Distributed Machine Learning Toolkit（DMKT）的一个项目，于 2017 年开源。

为了满足工业界缩短模型计算时间的需求，LightGBM 的设计思路主要有两点，相比 XGBoost 模型，LightGBM 有更快的速度。

- 减小数据对内存的使用，保证单个机器在不牺牲速度的情况下，尽可能地用上更多的数据。
- 减小通信的代价，提升多机并行时的效率，实现在计算上的线性加速。

2. LightGBM 模型的实现

与 XGBoost 模型基本一致，可以直接调用接口实现 LightGBM 模型，使用的数据集同上，具体代码如下。

```
# 导入相关库
import pandas as pd
import lightgbm as lgbm
# 创建模型对象，并将其拟合到训练数据集上
train_data=lgb.Dataset(X_train,label=y_train)
validation_data=lgb.Dataset(X_test,label=y_test)
params = { 'objective':'multiclass',
           'num_class':3,
           'max_depth': 5,
           'boosting_type': 'gbdt',
           'force_row_wise': 'true'
         }
model = lgbm.train(params,train_data,valid_sets=[validation_data])
# 预测目标变量
from sklearn.metrics import roc_auc_score,accuracy_score
y_pred=model.predict(X_test)
y_pred=[list(x).index(max(x)) for x in y_pred]
print(accuracy_score(y_test,y_pred))
```

运行上述程序，结果如下所示，模型的准确率为 0.91。

```
0.9111111111111111
```

7.4 案例：电信套餐个性化推荐

7.4.1 项目背景

电信产业作为国家基础产业之一，具有覆盖广、用户多的特点，在支撑国家建设和发展方面尤为重要。随着互联网技术的快速发展和普及，用户消耗的流量也呈井喷态势，近年来，电信运营商推出大量的电信套餐用以满足用户的差异化需求。面对种类繁多的套餐，如何选择最合适的一款对于运营商和用户来说都至关重要，尤其是在电信市场增速放缓，存量用户争夺越发激烈的大背景下。针对电信套餐的个性化推荐问题，需要通过数据挖掘技术构建基于用户消费行为的电信套餐个性化推荐模型，并根据用户业务行为画像结果，分析出用户消费习惯及偏好，给匹配用户最合适的套餐，提升用户感知，带动用户需求，从而达到用户价值提升的目标。

个性化推荐能够在信息过载的环境中帮助用户发现合适的套餐，也能将合适的套餐信息推送给用户。在此过程中要解决的问题有两个：信息过载问题和用户无目的搜索问题。各种套餐满足了用户有明确目的时的主动查找需求，而个性化推荐能够在用户没有明确目的时帮助他们发现感兴趣的新内容。

7.4.2 项目目标

利用已有的用户属性（如个人基本信息、用户画像信息等）、终端属性（如终端品牌等）、业务属性、消费习惯及偏好匹配用户最合适的套餐，对用户进行推送，完成套餐的个性化推荐服务。

7.4.3 数据说明

本案例使用的数据集来自某竞赛平台的数据，共包括 27 个变量，1118645 个样本。数据集中每个变量的说明如表 7-3 所示。

表 7-3 数据集中每个变量的说明

变 量	中 文 名	数 据 类 型	说 明
USERID	用户 ID	VARCHAR2(50)	用户编码，标识用户的唯一变量
current_service	套餐	VARCHAR2(500)	
service_type	套餐类型	VARCHAR2(10)	0 表示 2G 与 3G 融合，1 表示 2I2C，2 表示 2G，3 表示 3G，4 表示 4G
is_mix_service	是否固移融合套餐	VARCHAR2(10)	1—是，0—否
online_time	在网时长	VARCHAR2(50)	单位：月

续表

变　量	中 文 名	数 据 类 型	说　明
total_fee_1	当月总出账金额_月	NUMBER	单位：元
total_fee_2	当月前 1 月总出账金额_月	NUMBER	单位：元
total_fee_3	当月前 2 月总出账金额_月	NUMBER	单位：元
total_fee_4	当月前 3 月总出账金额_月	NUMBER	单位：元
month_traffic	当月累计—流量	NUMBER	单位：MB
many_over_bill	连续超套	VARCHAR2(500)	1—是，0—否
contract_type	合约类型	VARCHAR2(500)	
contract_time	合约到期剩余时长	VARCHAR2(500)	
is_promise_low_consume	是否承诺低消用户	VARCHAR2(500)	1—是，0—否
net_service	网络口径用户	VARCHAR2(500)	20AAAAAA—2G
pay_times	交费次数	NUMBER	单位：次
pay_num	交费金额	NUMBER	单位：元
last_month_traffic	上月结转流量	NUMBER	单位：MB
local_trafffic_month	月累计—本地数据流量	NUMBER	单位：MB
local_caller_time	本地语音主叫通话时长	NUMBER	单位：分钟
service1_caller_time	上一月超套餐时长	NUMBER	单位：分钟
service2_caller_time	上两个月超套餐时长	NUMBER	单位：分钟
gender	性别	varchar2(100)	01—男，02—女，0—未知
age	年龄	varchar2(100)	
complaint_level	投诉等级	VARCHAR2(1000)	1—普通，2—重要，3—重大
former_complaint_num	交费金历史投诉总量	NUMBER	单位：次
former_complaint_fee	历史执行补救费用交费金额	NUMBER	单位：分

首先导入数据集，具体代码如下所示。

```
import pandas as pd
import numpy as np
import time
data=\
pd.read_csv('D:/ReSystem/Data/chapter07/train_all.csv', sep=',')
data.info()
```

运行上述程序，结果如下所示。

```
<class 'pandas.core.frame.DataFrame'>
RangeIndex: 1118645 entries, 0 to 1118644
Data columns (total 27 columns):
```

```
service_type              1118645 non-null int64
is_mix_service            1118645 non-null int64
online_time               1118645 non-null int64
total_fee_1               1118645 non-null float64
total_fee_2               1118645 non-null object
total_fee_3               1118645 non-null object
total_fee_4               1118645 non-null float64
month_traffic             1118645 non-null float64
many_over_bill            1118645 non-null int64
contract_type             1118645 non-null int64
contract_time             1118645 non-null int64
is_promise_low_consume    1118645 non-null int64
net_service               1118645 non-null int64
pay_times                 1118645 non-null int64
pay_num                   1118645 non-null float64
last_month_traffic        1118645 non-null float64
local_trafffic_month      1118645 non-null float64
local_caller_time         1118645 non-null float64
service1_caller_time      1118645 non-null float64
service2_caller_time      1118645 non-null float64
gender                    1118645 non-null object
age                       1118645 non-null object
complaint_level           1118645 non-null int64
former_complaint_num      1118645 non-null int64
former_complaint_fee      1118645 non-null float64
current_service           1118645 non-null int64
user_id                   1118645 non-null object
dtypes: float64(10), int64(12), object(5)
memory usage: 230.4+ MB
```

查看数据集的前 5 个样本，代码如下所示。

```
data.head()
```

运行上述程序，结果如图 7-13 所示。

	service_type	is_mix_service	online_time	total_fee_1	total_fee_2	total_fee_3	total_fee_4	month_traffic	many_over_bill	contract_type	...	local_caller_time
0	4	0	85	295.96	296.2	296	296.80	3813.614698	0	1	...	108.100000
1	1	0	10	265.20	261.2	208.5	174.50	0.000000	1	0	...	240.100000
2	1	0	12	44.50	70.2	69	61.40	2598.397406	0	0	...	27.666667
3	4	0	134	87.95	81.4	76	88.30	988.440563	0	0	...	89.900000
4	4	0	84	317.04	314.08	435.51	413.05	5885.800642	0	1	...	0.000000

5 rows × 27 columns

图 7-13　数据集的前 5 个样本

7.4.4 数据探索

导入数据之后，可以开始对原始数据进行探索分析，根据项目背景及目标的说明，可知变量 current_service 为目标变量，其他变量分为字符型变量和数值型变量。

首先，查看目标变量的分布情况，代码如下所示。

```
#查看目标变量的分布
data.current_service.value_counts()
```

运行上述程序，结果如下所示。可知总计有 11 个套餐，值为 999999 的为异常情况，在进行模型开发之前，需要删除。

```
90063345    504732
89950166    159644
89950167    113149
99999828     70103
90109916     56395
99999827     41057
89950168     40836
99999826     38333
90155946     35184
99999830     32782
99999825     26428
999999           2
Name: current_service, dtype: int64
```

查看变量 service_type 的分布，代码如下所示。

```
data.service_type.value_counts()
```

运行上述程序，结果如下所示。总计有 3 个套餐类型，考虑取值为 3 的类型较少，可以直接删除，这里不删除，在后续进行特征工程时，可以对其进行 0-1 编码，即哑变量处理。

```
1    596311
4    522297
3        37
Name: service_type, dtype: int64
```

查看变量 contract_time 的分布，代码如下。

```
data.contract_time.value_counts()
```

运行上述程序，结果如下所示，其中 contract_time 取值为-1 时为异常情况，建议直接删除这些样本。

```
0     701857
 12   197755
 24   149105
 36    34423
 13     5135
 30     4935
 23     4480
 26     3653
 35     2198
 18     1967
 11     1954
-1      1472
 15     1456
 8      1414
 7      1051
 34      910
 16      848
 20      708
 14      490
 19      482
 10      481
 25      438
 17      377
 27      170
 33      154
 21      150
 6       148
 29      130
 22       72
 31       61
 9        45
 28       38
 39       24
 32       21
 45       16
 52        8
 37        5
 48        3
 40        3
 50        2
 51        2
 43        2
 5         2
Name: contract_time, dtype: int64
```

根据各个变量的业务含义及数据类型，对变量 gender、age、online_time、total_fee_2、total_fee_3

进行数据类型变更，由字符型变量转换为数值型变量，具体代码如下所示。

```
#复制一个数据集
model_data = data.copy()
#将字符型转换为数值型
model_data[['gender']] = pd.to_numeric(model_data.gender, errors='coerce')
model_data[['age']] = pd.to_numeric(model_data.age, errors='coerce')
model_data[['online_time']] = pd.to_numeric(model_data.online_time, errors='coerce')
model_data['total_fee_2']=model_data['total_fee_2'].replace("\\N",-1)
model_data['total_fee_3']=model_data['total_fee_3'].replace("\\N",-1)
model_data['total_fee_2']=model_data['total_fee_2'].astype(np.float64)
model_data['total_fee_3']=model_data['total_fee_3'].astype(np.float64)
```

其他变量基本都是分类变量，在后续的特征工程阶段进行 0-1 编码即可，在此不再赘述。

7.4.5 特征工程

对各个变量进行基本的数据探索之后，我们大致了解了数据分布情况，这时即可进行特征工程。

首先，对各个费用进行处理。例如，可以衍生出相邻月度费用之差，形成新的变量，具体代码如下所示。

```
# 相邻月度费用之差
model_data['diff_total_fee_1'] = \
model_data['total_fee_1'] - model_data['total_fee_2']
model_data['diff_total_fee_2'] = \
model_data['total_fee_2'] - model_data['total_fee_3']
model_data['diff_total_fee_3'] = \
model_data['total_fee_3'] - model_data['total_fee_4']
# 缴费金额减去当月金额
model_data['pay_num_1_total_fee'] = \
model_data['pay_num'] - data['total_fee_1']
model_data['last_month_traffic_rest'] = \
model_data['month_traffic'] - data['last_month_traffic']
model_data['last_month_traffic_rest'][model_data['last_month_traffic_rest'] < 0] = 0
# 4 部分费用的均值、最大值和最小值
total_fee = []
for i in range(1, 5):
    total_fee.append( 'total_fee_' + str(i))
model_data['total_fee_mean'] = model_data[total_fee].mean(1)
model_data['total_fee_max'] = model_data[total_fee].max(1)
model_data['total_fee_min'] = model_data[total_fee].min(1)
```

接着，对分类变量进行 0-1 编码，即哑变量处理，并删除对应的原始变量，具体代码如下所示。

```
# 对以下变量进行哑变量处理
# service_type 套餐类型
```

```
# is_mix_service 是否固移融合套餐
# 连续超套 many_over_bill
# 合约类型 contract_type
# 是否承诺低消用户 is_promise_low_consume
# 网络口径用户 net_service
# gender 性别
# complaint_level 投诉等级
service_type_rank = \
pd.get_dummies(model_data['service_type'],
               prefix='service_type')
is_mix_service_rank = \
pd.get_dummies(model_data['is_mix_service'],
               prefix='is_mix_service')
many_over_bill_rank = \
pd.get_dummies(model_data['many_over_bill'],
               prefix='many_over_bill')
contract_type_rank = \
pd.get_dummies(model_data['contract_type'],
               prefix='contract_type')
is_promise_low_consume_rank =\
pd.get_dummies(model_data.is_promise_low_consume,
               prefix = 'promise_low_consume')
net_service_rank = \
pd.get_dummies(model_data.net_service,
               prefix='net_service')
gender_rank = \
pd.get_dummies(model_data.gender,
               prefix='gender')
complaint_level_rank =\
pd.get_dummies(model_data.complaint_level,
               prefix='complaint_level')

#生成新的数据集
new_model_data = pd.concat([model_data,
                            service_type_rank,
                            is_mix_service_rank,
                            many_over_bill_rank,
                            contract_type_rank,
                            is_promise_low_consume_rank,
                            net_service_rank,
                            gender_rank,
                            complaint_level_rank],
                            axis = 1)
#删除衍生前的原始变量
new_model_data.drop(['is_mix_service',
                     'many_over_bill',
```

```
                         'contract_type',
                         'service_type'],
                        axis=1,
                        inplace=True)
new_model_data.drop(['is_promise_low_consume',
                         'net_service',
                         'gender',
                         'complaint_level'],
                        axis=1,
                        inplace=True)
```

运行上述程序，即对原始变量进行了衍生，接着，查看衍生出的新变量，代码如下所示。

```
new_model_data.info()
```

运行上述程序，结果如下所示，总计有 56 个变量。

```
<class 'pandas.core.frame.DataFrame'>
RangeIndex: 1118645 entries, 0 to 1118644
Data columns (total 56 columns):
online_time                  1118645 non-null int64
total_fee_1                  1118645 non-null float64
total_fee_2                  1118645 non-null float64
total_fee_3                  1118645 non-null float64
total_fee_4                  1118645 non-null float64
month_traffic                1118645 non-null float64
contract_time                1118645 non-null int64
pay_times                    1118645 non-null int64
pay_num                      1118645 non-null float64
last_month_traffic           1118645 non-null float64
local_trafffic_month         1118645 non-null float64
local_caller_time            1118645 non-null float64
service1_caller_time         1118645 non-null float64
service2_caller_time         1118645 non-null float64
age                          1118643 non-null float64
former_complaint_num         1118645 non-null int64
former_complaint_fee         1118645 non-null float64
current_service              1118645 non-null int64
user_id                      1118645 non-null object
diff_total_fee_1             1118645 non-null float64
diff_total_fee_2             1118645 non-null float64
diff_total_fee_3             1118645 non-null float64
pay_num_1_total_fee          1118645 non-null float64
last_month_traffic_rest      1118645 non-null float64
total_fee_mean               1118645 non-null float64
total_fee_max                1118645 non-null float64
total_fee_min                1118645 non-null float64
```

```
service_type_1          1118645 non-null uint8
service_type_3          1118645 non-null uint8
service_type_4          1118645 non-null uint8
is_mix_service_0        1118645 non-null uint8
is_mix_service_1        1118645 non-null uint8
many_over_bill_0        1118645 non-null uint8
many_over_bill_1        1118645 non-null uint8
contract_type_0         1118645 non-null uint8
contract_type_1         1118645 non-null uint8
contract_type_2         1118645 non-null uint8
contract_type_3         1118645 non-null uint8
contract_type_6         1118645 non-null uint8
contract_type_7         1118645 non-null uint8
contract_type_8         1118645 non-null uint8
contract_type_9         1118645 non-null uint8
contract_type_12        1118645 non-null uint8
promise_low_consume_0   1118645 non-null uint8
promise_low_consume_1   1118645 non-null uint8
net_service_2           1118645 non-null uint8
net_service_3           1118645 non-null uint8
net_service_4           1118645 non-null uint8
net_service_9           1118645 non-null uint8
gender_0.0              1118645 non-null uint8
gender_1.0              1118645 non-null uint8
gender_2.0              1118645 non-null uint8
complaint_level_0       1118645 non-null uint8
complaint_level_1       1118645 non-null uint8
complaint_level_2       1118645 non-null uint8
complaint_level_3       1118645 non-null uint8
dtypes: float64(21), int64(5), object(1), uint8(29)
memory usage: 261.4+ MB
```

当然，也可以根据具体业务情况对其他变量进行特征工程处理。例如，计算各种比例指标，计算各个变量的计数变量。感兴趣的读者可以自主进行分析，在此不再赘述。

7.4.6 模型开发与评估

特征工程之后，即可进行推荐模型的开发与评估。由于是多分类问题，所以本案例使用 XGBoost 和 LightGBM 两个模型框架进行开发。

首先，由于目标变量 current_service 的取值为各个套餐的代码，且存在异常值，所以需要删除异常值并转换为标签数据，具体代码如下所示。

```
#删除目标变量的异常值
new_model_data_2=\
```

```
new_model_data[new_model_data['current_service']!=999999]
new_model_data_2.current_service.value_counts()
```

运行上述程序，结果如下所示，异常值已被删除，目标变量总计有 11 个分类。

```
90063345      504732
89950166      159644
89950167      113149
99999828      70103
90109916      56395
99999827      41057
89950168      40836
99999826      38333
90155946      35184
99999830      32782
99999825      26428
Name: current_service, dtype: int64
```

接着，对目标变量进行转换，代码如下所示。

```
#对目标变量 current_service 进行映射
label2current_service = \
dict(zip(range(0, len(set(new_model_data_3['current_service']))),
          sorted(list(set(new_model_data_3['current_service'])))))
current_service2label = \
dict(zip(sorted(list(set(new_model_data_3['current_service']))),
          range(0, len(set(new_model_data_3['current_service'])))))
```

运行上述程序后，分割处理后的数据集为训练数据集和测试数据集，代码如下所示。

```
import pandas as pd
import numpy as np
from sklearn.model_selection import train_test_split

#drop()函数默认删除行，要删除列需要加 axis = 1
new_model_data_userid = new_model_data_3.user_id
new_model_data_y = new_model_data_3.current_service.map(current_service2label)
new_model_data_X = new_model_data_3.drop(['user_id', 'current_service'], axis=1)
X_train, X_test, y_train, y_test = \
train_test_split(new_model_data_X,
                 new_model_data_y,
                 test_size = 0.4,
                 random_state = 50)
print(X_train.shape)
print(X_test.shape)
print(y_train.shape)
print(y_test.shape)
```

运行上述程序，结果如下所示。其中，训练数据集有670302个样本、54个变量，测试数据集有446869个样本、54个变量。

```
(670302, 54)
(446869, 54)
(670302,)
(446869,)
```

分割完数据集之后，即可调用模型接口进行训练与评估。首先，调用LightGBM模型框架进行训练评估，具体代码如下所示。

```
#导入相关库
import pandas as pd
import lightgbm as lgbm
import time
now=time.time()
#创建模型对象，并将其拟合到训练数据集上
train_data=lgbm.Dataset(X_train,label=y_train)
validation_data=lgbm.Dataset(X_test,label=y_test)
params = { 'objective':'multiclass',
           'num_class':11,
           'max_depth': 5,
           'boosting_type': 'gbdt',
           'force_row_wise': 'true'
         }
model = lgbm.train(params,train_data,valid_sets=[validation_data])
# 预测目标变量
from sklearn.metrics import roc_auc_score,accuracy_score
y_pred=model.predict(X_test)
y_pred=[list(x).index(max(x)) for x in y_pred]
print(accuracy_score(y_test,y_pred))
#总花费时间
end=time.time()
print("total cost {} second ".format(str(round(end-now,2))))
```

运行上述程序，结果如下所示，模型的准确率为92.98%，模型训练花费的时间为93.64秒。

```
0.9297624135932454
total cost 93.64 second
```

进一步，调用XGBoost模型进行训练，具体代码如下所示。

```
# 利用XGBoost模型进行训练
# 导入相关库
import numpy as np
import pandas as pd
from xgboost import XGBClassifier
```

```
from sklearn.model_selection import train_test_split
from sklearn.metrics import accuracy_score
import time
now=time.time()
# 将模型拟合到训练数据集上
model = XGBClassifier(silent=1,
          colsample_btree=0.8,
          eval_metric= 'mlogloss',
          eta=0.05,
          learning_rate= 0.1,
          subsample= 0.5,
          max_depth=6,
          objective= 'multi:softmax',
          booster= 'gbtree',
          num_class=11,
          n_jobs= -1)
model.fit(X_train, y_train)
# 预测测试数据集结果
y_pred = model.predict(X_test)
predictions = [round(value) for value in y_pred]
# 评估预测结果
accuracy = accuracy_score(y_test, predictions)
print("Accuracy: %.2f%%" % (accuracy * 100.0))
#总花费时长
end=time.time()
print("total cost {} second ".format(str(round(end-now,2))))
```

运行上述程序，结果如下所示，XGBoost 模型的准确率为 92.87%，模型训练花费的时间为 3013.48 秒，为 LightGBM 模型训练时间的 32 倍，其效率远远低于 LightGBM 模型。

```
Accuracy: 92.87%
total cost 3013.48 second
```

通过对比 LightGBM 模型和 XGBoost 模型后发现，在准确率相差不大的情况下，LightGBM 模型的训练效率要远远高于 XGBoost 模型，所以本案例最终选择使用 LightGBM 模型。

模型开发完成后，可以通过 Python 自带的模块 pickle 来保存模型，并随时进行调用，在此不再赘述。

第 8 章

基于因子分解机的推荐

因子分解机（Factorization Machine，FM）是由 Steffen Rendle 在 2010 年首次提出的一种基于矩阵分解的机器学习算法，它综合了矩阵分解和支持向量机（Support Vector Machine，SVM）模型的优势，其最大特点是对于稀疏的数据具有很好的学习能力。利用因子分解对变量之间的交互进行建模，尤其适合于数据稀疏的场景，其学习方法与线性回归模型、SVM 模型类似，内部使用了变量之间的分解交互，在数据稀疏的情况（如在线广告的 CTR 预测）下展现出非常高的预测性能。FM 模型被提出后，迅速成为学术界和工业界研究和应用的热点，尤其是近年来深度学习方法和应用的普及，进一步促进了 FM 模型的发展。

本章将详细介绍因子分解机算法提出的原因，以及如何利用 xLearn 库进行 FM 模型的开发。

8.1 因子分解机算法简介

FM 模型源于多项式回归模型，通过特征工程，FM 模型也可以转化为这些模型。本节首先介绍辛普森悖论和多项式回归模型，分析其特点和不足，阐述因子分解模型的优势，并详细说明因子分解的多项式回归模型在参数学习中的优势，引出本章研究的核心——FM 模型。

8.1.1 辛普森悖论

在引出因子分解机算法之前，我们首先介绍辛普森悖论。辛普森悖论是英国统计学家 E.H.Simpson 于 1951 年提出的，即在某个条件下的两组数据，分别讨论时都会满足某种性质，可是一旦合并考虑，却可能得出相反的结论。我们可以用一个简单的例子来说明辛普森悖论，以及解释为什么特征交叉非常重要。

假设某个 APP 在广告位 A 和广告位 B 进行广告推广。广告效果数据如表 8-1 所示，包含男性用户和女性用户点击广告的数据。

表 8-1 广告效果数据

广告位置	女 性			男 性			合 计		
	曝光次数	点击次数	点击率	曝光次数	点击次数	点击率	曝光次数	点击次数	点击率
广告位 A	100	40	40.0%	30	20	66.7%	130	60	46.2%
广告位 B	20	1	5.0%	100	10	10.0%	120	11	9.2%
总 计	120	41	34.2%	130	30	23.1%	250	71	28.4%

从表 8-1 的数据来看，广告位 A 的男性用户点击率高于女性用户的点击率；广告位 B 的男性用户点击率同样高于女性用户的点击率。但是从总计数据来看，女性用户的点击率远高于男性用户的点击率。

为什么两个广告位都是男性用户的点击率高于女性用户的点击率，但是男性用户的总点击率却不如女性用户的总点击率呢？主要是因为这两个广告位的男性用户与女性用户的比例不一样，所以，联系到广告推荐，如果所构建的模型的表达能力不够，则很可能被数据“欺骗”。

从数学不等式的角度来看上述案例，其实就是如下两边的不等式是不等价的。

$$\left.\begin{array}{l}\dfrac{a_1}{b_1}>\dfrac{a_2}{b_2}\\[2ex]\dfrac{c_1}{d_1}>\dfrac{c_2}{d_2}\end{array}\neq\dfrac{a_1+c_1}{b_1+d_1}>\dfrac{a_2+c_2}{b_2+d_2}\right\}$$

这个诡异的现象在现实生活中经常被忽略，毕竟只是一个统计学现象，一般情况下不会影响我们的行动。但是对于使用 A、B 测试进行实验的企业决策者来说，如果不了解辛普森悖论，就可能会错误地设计实验，盲目地解读实验结论，会对决策产生不利影响。

8.1.2 多项式回归模型

由于辛普森悖论的存在，像线性回归、Logistic 回归等线性模型，只对单一的特征进行了分析，虽然模型简单、直观，模型求出的系数易于理解、便于解释，但是不足之处是模型的输入特征通常依赖于人工方式进行设计，而且无法对特征之间的非线性关系进行捕捉和自动建模。

为了充分利用特征之间的非线性关系，让模型能够学习到 2 阶或高阶交互特征，可以采用多项式回归（Poly 2）模型。Poly 2 模型的提出充分考虑了多项式回归模型的可行性和实用性，此模型只对 2 阶特征组合进行建模，模型描述为

$$\hat{y}(x)=\omega_0+\sum_{i=1}^{n}\omega_i x_i+\sum_{i=1}^{n}\sum_{j=1}^{n}\hat{w}_{i,j}x_i x_j$$

式中：$\omega_0\in \mathrm{R}$；$W=(w_1,w_2,L,w_n)\in \mathrm{R}^n$；$\hat{W}\begin{bmatrix} I & w_{12} & L & w_{1n} \\ w_{21} & I & L & w_{2n} \\ M & M & O & M \\ w_{n1} & w_{n2} & L & I \end{bmatrix}\in \mathrm{R}^{n\times n}$。

Poly 2 模型中只有 2 阶的交互特征，所以模型的预测和训练复杂度不会太高。但是由于实际应用场景下的数据稀疏性问题，使得 Poly 2 模型的二次项权重系数的训练学习变得非常困难，大部分交叉特征的权重缺乏有效的数据进行训练，无法收敛，从而严重影响模型性能。另外，当每个特征取值较多时，仍然存在计算复杂度过高的问题。

8.1.3 FM 模型

为了解决 Poly 2 模型遇到的问题，2010 年 Steffen Rendle 首次提出了一种基于矩阵分解的机器学习算法，即因子分解机算法，FM 的具体模型如下：

$$\hat{y}(x)=\omega_0+\sum_{i=1}^{n}\omega_i x_i+\sum_{i=1}^{n}\sum_{j=i+1}^{n}\langle v_i,v_j\rangle x_i x_j$$

式中：$\omega_0\in \mathrm{R}$；$W=(w_1,w_2,L,w_n)\in \mathrm{R}^n$；$v_i\in V\in \mathrm{R}^{n\times k}$，$k<<n$ 为因子分解的维度；ω_0 为全局偏量；ω_i 为第 i 个变量的权重；$\langle v_i,v_j\rangle$ 为向量积。

对比 Poly 2 多项式回归模型可知，FM 模型将自相关项去掉，并将自变量的相互作用因子分解。FM 模型所需要的参数个数远小于 Poly 2 模型。

8.1.4 FFM 模型

在 FM 的基础上，进一步提出了 field 的概念，即 FFM（Field-aware Factorization Machine）模型把相同性质的特征归为同一个 field。例如，用户的年龄为 21、32、47，这三个特征都代表年龄 age，

则可以将其放到同一个 field 中。简单来说，同一个 categorical（分类）特征经过 0-1 编码生成的数值特征都可以放到同一个 field 中，包括用户的性别、职业、品类偏好等。在 FFM 模型中，每一维特征 x_i，针对其他特征的每一种 field f_j，都会学习一个隐向量 v_{j,f_j}，因此隐向量不仅与特征相关，也与 field 相关。

假设样本的 n 个特征属于 f 个 field，在 M 模型的二次项有 nf 个隐向量，而在 FM 模型中，每个一维特征的隐向量只有一个，FM 可以看作 FFM 的特例，是把所有特征都归属到一个 field 的 FFM 模型，FFM 模型方程如下：

$$\hat{y}(x)=\omega_0+\sum_{i=1}^{n}\omega_i x_i+\sum_{i=1}^{n}\sum_{j=i+1}^{n}\langle v_{i,f_j},v_{j,f_j}\rangle x_i x_j$$

式中：f_j 是第 j 个特征所属的 field，如果隐向量的长度为 k，那么 FFM 模型的二次参数有 nfk 个。

为了便于理解 FFM 模型，下面通过一个简单的案例来说明 FFM 的计算。表 8-2 是广告点击的两条记录。其中，Clicked 为目标变量，表示是否点击广告；User 表示用户名称；Advertizer 表示广告主；Gender 表示用户性别。

表 8-2　广告点击数据

Clicked	User	Advertizer	Gender
0	Tom	Company01	Male
1	Tom	Company02	Male

进一步，对上述数据进行 0-1 编码转换，其中，等于其他情况的列都是 0，结果如表 8-3 所示。

表 8-3　经过 0-1 编码后的广告点击数据

Clicked	User=Tom	Advertizer= Company01	Advertizer= Company02	Gender= Male
0	1	1	0	1
1	1	0	1	1

更进一步，将特征和对应的 field 映射成整数编号，此时会更加直观，结果如表 8-4 所示。

表 8-4　将特征和对应的 field 映射成整数后的广告点击数据

Field name	Field index	Feature name	Feature index
User	1	User=Tom	1
Advertizer	2	Advertizer= Company01	2
		Advertizer= Company02	3
Gender	3	Gender=Male	4

另外，由于 FFM 模型的输入需要 libsvm 格式的数据，即如下格式数据：

```
label   field1:feature1:value1   field2:feature2:value2
```

其中，numeric 特征的 value 用原值；ID 类特征的 value 用 1 代替。为了理解如何转换为 libsvm 格式，下面以表 8-5 的数据为例进行说明。

表 8-5　原始广告点击数据（包含数值型特征）

Clicked	User	Advertizer	Price
0	Tom	Company01	0.05
1	Tom	Company02	0.05

根据规则，表 8-5 的数据应该处理成如下格式。

```
0  1:User=Tom:1  2:Advertizer=Company01:1  3:Price:0.05
1  1:User=Tom:1  2:Advertizer=Company02:1  3:Price:0.05
```

然后我们对 feature 进行编码，结果如表 8-6 所示。

表 8-6　编码后的广告点击数据

Field name	Field index	Feature name	Feature index
User	1	User=Tom	1
Advertizer	2	Advertizer= Company01	2
		Advertizer= Company02	3
Price	3	Price	4

根据以上编码结果将数据转换为以下格式。

```
0  1:1:1  2:2:1  3:4:0.05
1  1:1:1  2:3:1  3:4:0.05
```

8.2　xLearn 库简介

为了便于实践操作，本文直接调用 xLearn 库的 FM 模型接口，有兴趣的读者可以尝试自行实现 FM 算法。实现 FM 和 FFM 模型的最流行的 Python 库有 LibFM、LibFFM、pyFM、xLearn 和 tffm，由于大部分 Python 库只能针对特定的算法，并且可扩展性、灵活性、易用性都不够友好，所以本节专门介绍 xLearn 库。

xLearn 是一款高性能的、易用的并且可扩展的机器学习算法库，可以用它解决大规模机器学习问题，尤其是大规模稀疏数据机器学习问题，包括 FM 和 FFM 模型，xLearn 比 LibFM 和 LibFFM 库的模型运算效率快很多，并为模型测试和调优提供了更好的功能，这里利用 xLearn 库实现 FM 和 FFM 算法。

需要注意的是，xLearn 可以通过直接处理 csv 文件数据及 libsvm 格式数据来实现 FM 模型，但对于 FFM 模型必须是 libsvm 格式数据。

8.2.1 模型选择

目前，xLearn 可以支持三种不同的机器学习算法，包括线性模型（LR）、FM 及 FFM，不同模型的调用方式如下所示。

```
import xlearn as xl
ffm_model = xl.create_ffm()
fm_model = xl.create_fm()
lr_model = xl.create_linear()
```

对于 LR 和 FM 算法而言，输入数据的格式必须是 csv 或 libsvm；对于 FFM 算法而言，输入数据的格式必须是 libffm，代码如下所示。

```
libsvm format:

   y index_1:value_1 index_2:value_2 ... index_n:value_n

   0   0:0.1   1:0.5   3:0.2   ...
   0   0:0.2   2:0.3   5:0.1   ...
   1   0:0.2   2:0.3   5:0.1   ...

csv format:

   y value_1 value_2 ... value_n

   0      0.1     0.2     0.2   ...
   1      0.2     0.3     0.1   ...
   0      0.1     0.2     0.4   ...

libffm format:

   y field_1:index_1:value_1 field_2:index_2:value_2   ...

   0   0:0:0.1   1:1:0.5   2:3:0.2   ...
   0   0:0:0.2   1:2:0.3   2:5:0.1   ...
   1   0:0:0.2   1:2:0.3   2:5:0.1   ...
```

xLearn 还可以使用逗号作为数据的分隔符，对于 LR 和 FM 模型，如果输入的是 csv 文件，则必须含有目标变量 y；否则 xLearn 会默认第一个变量为 y。

8.2.2 模型参数设置

首先，在 xLearn 中我们可以使用 setTrain 和 setValidate 来指定训练和测试数据集，如下程序指定了训练集 data_train.txt 和测试集 data_test.txt。

```
import xlearn as xl
ffm_model = xl.create_ffm()
ffm_model.setTrain("./data_train.txt")
ffm_model.setValidate("./data_test.txt")
```

1. 模型评价指标设置

在默认情况下，xLearn 会在每一轮训练结束后计算 validation loss 的数值，而用户可以使用 metric 参数来制定不同的评价指标。

对于分类任务而言，评价指标有 acc（accuracy）、prec（precision）、f1 及 auc，代码如下所示。

```
param = {'task':'binary', 'lr':0.2, 'lambda':0.002, 'metric': 'acc'}
param = {'task':'binary', 'lr':0.2, 'lambda':0.002, 'metric': 'prec'}
param = {'task':'binary', 'lr':0.2, 'lambda':0.002, 'metric': 'f1'}
param = {'task':'binary', 'lr':0.2, 'lambda':0.002, 'metric': 'auc'}
```

对于回归任务而言，评价指标包括 mae、mape 及 rmsd（或 rmse），代码如下所示。

```
param = {'task':'reg', 'lr':0.2, 'lambda':0.002, 'metric': 'mae'}
param = {'task':'reg', 'lr':0.2, 'lambda':0.002, 'metric': 'mape'}
param = {'task':'reg', 'lr':0.2, 'lambda':0.002, 'metric': 'rmse'}
```

2. 交叉验证参数设置

在机器学习中，Cross-Validation（交叉验证）是一种被广泛使用的模型超参数调优技术。在 xLearn 中，用户可以使用 cv()方法实现交叉验证功能。例如：

```
import xlearn as xl
ffm_model = xl.create_ffm()
ffm_model.setTrain("./data_train.txt")
param = {'task':'binary', 'lr':0.2, 'lambda':0.002}
ffm_model.cv(param)
```

在默认的情况下，xLearn 使用 3-folds 交叉验证，用户也可以通过 fold 参数来指定数据划分的份数。

```
import xlearn as xl
ffm_model = xl.create_ffm()
ffm_model.setTrain("./data_train.txt")
param = {'task':'binary', 'lr':0.2, 'lambda':0.002, 'fold':5}
ffm_model.cv(param)
```

3. 优化算法设置

在 xLearn 中，用户可以通过 opt 参数来选择使用不同的优化算法。目前 xLearn 支持 SGD、AdaGrad 及 FTRL 这三种优化算法。在默认的情况下，xLearn 使用 AdaGrad 优化算法。当然，也可以通过如下代码进行指定。

```
param = {'task':'binary', 'lr':0.2, 'lambda':0.002, 'opt':'sgd'}
param = {'task':'binary', 'lr':0.2, 'lambda':0.002, 'opt':'adagrad'}
param = {'task':'binary', 'lr':0.2, 'lambda':0.002, 'opt':'ftrl'}
```

4. 超参数设置

在机器学习中，hyper-parameter（超参数）是指在训练之前设置的参数，而模型参数是指在训练过程中更新的参数，超参数调优通常是机器学习训练过程中不可避免的一个环节。

首先，learning rate （学习速率）是机器学习中一个非常重要的超参数，用来控制每次模型迭代时更新的步长。在默认的情况下，这个值在 xLearn 中被设置为 0.2，用户可以通过 lr 参数来改变这个值，代码如下所示。

```
param = {'task':'binary', 'lr':0.2}
param = {'task':'binary', 'lr':0.5}
param = {'task':'binary', 'lr':0.01}
```

用户还可以控制 regularization（正则项）参数，xLearn 使用 L2 正则项，这个值被默认设置为 0.00002。

```
param = {'task':'binary', 'lr':0.2, 'lambda':0.01}
param = {'task':'binary', 'lr':0.2, 'lambda':0.02}
param = {'task':'binary', 'lr':0.2, 'lambda':0.002}
```

对于 FM 和 FFM 模型，用户需要通过 k 选项来设置 latent vector（隐向量）的长度。在默认的情况下，xLearn 将其设置为 4。

```
param = {'task':'binary', 'lr':0.2, 'lambda':0.01, 'k':2}
param = {'task':'binary', 'lr':0.2, 'lambda':0.01, 'k':4}
param = {'task':'binary', 'lr':0.2, 'lambda':0.01, 'k':5}
param = {'task':'binary', 'lr':0.2, 'lambda':0.01, 'k':8}
```

在模型的训练过程中，每一个 epoch 都会遍历整个训练数据。在 xLearn 中，用户可以通过 epoch 参数来设置需要的 epoch 数量。

```
param = {'task':'binary', 'lr':0.2, 'lambda':0.01, 'epoch':10}
param = {'task':'binary', 'lr':0.2, 'lambda':0.01, 'epoch':20}
param = {'task':'binary', 'lr':0.2, 'lambda':0.01, 'epoch':100}
```

stop_window=2 表示如果在后两轮的时间窗口之内都没有比当前更好的验证结果，则停止训练，并保存之前最好的模型。

```
param = {'task':'binary', 'lr':0.2,
        'lambda':0.002, 'epoch':10,
        'stop_window':3}
ffm_model.fit(param, "./model.out")
```

用户可以通过 disableEarlyStop()来禁止 early-stop。

```
import xlearn as xl
ffm_model = xl.create_ffm()
ffm_model.setTrain("./data_train.txt")
ffm_model.setValidate("./data_test.txt")
ffm_model.disableEarlyStop();
param = {'task':'binary', 'lr':0.2, 'lambda':0.002, 'epoch':10}
ffm_model.fit(param, "./model.out")
```

用户可以通过 nthread 参数来设置使用 CPU 核心的数量。

```
import xlearn as xl
ffm_model = xl.create_ffm()
ffm_model.setTrain("./data_train.txt")
param = {'task':'binary', 'lr':0.2, 'lambda':0.002, 'nthread':10}
ffm_model.fit(param, "./model.out")
```

上述代码指定使用 10 个 CPU 进行模型训练，如果用户不设置该选项，则 xLearn 在默认情况下会使用全部的 CPU 核心进行计算。

8.2.3 模型训练与输出

在 xLearn 中指定训练数据集后，可以直接调用 fit 方法进行模型训练，代码如下所示。

```
import xlearn as xl
ffm_model = xl.create_ffm()
ffm_model.setTrain("./data_train.txt")
param = {'task':'binary', 'lr':0.2, 'lambda':0.002}
# 训练模型
ffm_model.fit(param, "./model.out")
```

xLearn 训练之后在当前文件夹下产生了一个新文件 model.out，这个文件用来存储训练后的模型，我们可以用这个模型进行预测，如对数据集 data_test 进行预测，代码如下所示。

```
ffm_model.setTest("./data_test.txt")
ffm_model.predict("./model.out", "./output.txt")
```

在当前文件夹下得到了一个新的文件 output.txt，这就是预测任务的输出。在 xLearn 中，用户可以将分数通过 setSigmoid() 方法转换到 0~1 之间。

```
ffm_model.setSigmoid()
ffm_model.setTest("./data_test.txt")
ffm_model.predict("./model.out", "./output.txt")
```

用户还可以使用 setSign() 方法将预测结果转换成 0 或 1，代码如下所示。

```
ffm_model.setSign()
ffm_model.setTest("./data_test.txt")
ffm_model.predict("./model.out", "./output.txt")
```

用户还可以通过 setTXTModel() 方法将模型输出为可读的 txt 格式。例如：

```
ffm_model.setTXTModel("./model.txt")
ffm_model.fit(param, "./model.out")
```

运行上述命令后，我们发现在当前文件夹下生成了一个新的文件 model.txt，这个文件存储着 txt 格式的输出模型。

对于线性模型来说，txt 格式的模型输出将每一个模型参数存储在一行，对于 FM 和 FFM，模型将每一个 latent vector 存储在一行。

8.3 案例：广告点击率的预测

8.3.1 项目背景及目标

CriteoLabs 于 2014 年 7 月在 kaggle 上发起了一次关于展示广告点击率的预估比赛，在这个比赛中，CriteoLabs 将分享一周的数据，让参加者开发预测广告点击率（CTR）的模型，通过该模型，给定任意一个用户和他正在访问的页面，均可以计算出点击给定广告的概率。

此项目是经典的点击率预估问题，即判断一条广告被用户点击的概率，并对每次广告的点击做出预测，把用户最有可能点击的广告找出来。

8.3.2 数据说明

CriteoLabs 提供了一周的广告数据，考虑到其巨大的数据量，本案例中使用小样本数据集进行演示。

数据集包括训练数据集 small_train 和测试数据集 small_test，考虑到我们将使用 FFM 模型进行模型训练，所以已经将数据转换为 libsvm 格式。

首先，导入数据，代码如下所示，即可指定训练数据集 small_train。

```
import xlearn as xl
ffm_model = xl.create_ffm()
ffm_model.setTrain("D:/ReSystem/Data/demo/classification/criteo_ctr/small_train.txt")
```

8.3.3 模型训练

接着进行模型训练，开始训练之前，需要设置一系列的模型参数，由于是预测广告是否被点击，是一个二分类问题，所以是分类任务，将 task 设置为 binary，学习速率设置为 0.2，L2 正则项参数设置为 0.002，交叉验证参数设置为 5，参数设置代码如下所示。

```
param = {'task':'binary', 'lr':0.2, 'lambda':0.002,'fold':5}
```

设置完模型参数之后，直接调用 fit()方法即可进行模型训练，代码如下所示。

```
# 模型训练
ffm_model.fit(param, "D:/ReSystem/Data/demo/classification/criteo_ctr/model.out")
```

运行上述程序后，结果如下所示，从结果看，数据集经过了 10 次训练，最终的模型 log_loss 为 0.448952，且模型花费时间为 0.12 秒。

```
[ ACTION     ] Initialize model ...
[------------] Model size: 5.56 MB
[------------] Time cost for model initial: 0.04 (sec)
[ ACTION     ] Start to train ...
[------------] Epoch     Train log_loss    Time cost (sec)
[   10%      ]    1          0.598160           0.00
[   20%      ]    2          0.540153           0.00
[   30%      ]    3          0.514468           0.00
[   40%      ]    4          0.507772           0.00
[   50%      ]    5          0.493518           0.00
[   60%      ]    6          0.483054           0.00
[   70%      ]    7          0.472746           0.00
[   80%      ]    8          0.465320           0.00
[   90%      ]    9          0.456809           0.00
[  100%      ]   10          0.448952           0.00
[ ACTION     ] Start to save model ...
[------------] Model file: D:/ReSystem/Data/demo/classification/criteo_ctr/model.out
[------------] Time cost for saving model: 0.00 (sec)
[ ACTION     ] Finish training
[ ACTION     ] Clear the xLearn environment ...
[------------] Total time cost: 0.12 (sec)
```

接着，将训练得到的模型被保存在 model.out 文件中，如果想使用该模型进行预测，则直接调用即可。例如，利用模型来预测测试数据，代码如下所示。

```
ffm_model.setTest("D:/ReSystem/Data/demo/classification/criteo_ctr/small_test.txt")
ffm_model.predict("D:/ReSystem/Data/demo/classification/criteo_ctr/
model.out", "D:/ReSystem/Data/demo/classification/criteo_ctr/output.txt")
```

首先，利用 setTest()方法指定测试数据集，然后调用 predict()方法直接进行预测，将预测结果保存在 output.txt 文件中，其前 5 个结果如下所示。

```
-1.54137
-0.374163
-0.608685
-0.353552
-1.08093
```

这里每一行的分数都对应了测试数据中的一行预测样本。负数代表预测的样本为负样本，正数代表正样本。

在 xLearn 中，用户可以将分数通过 setSigmoid()方法转换到 0~1 之间，代码如下所示。

```
ffm_model.setSigmoid()
ffm_model.setTest("D:/ReSystem/Data/demo/classification/criteo_ctr/small_test.txt")
ffm_model.predict("D:/ReSystem/Data/demo/classification/criteo_ctr/model.out",
"D:/ReSystem/Data/demo/classification/criteo_ctr/output.txt")
```

运行上述程序，output.txt 中的结果如下所示。

```
0.176336
0.407536
0.352359
0.412521
0.253331
```

进一步，可以使用 setSign()方法将预测结果转换成 0 或 1，代码如下所示。

```
ffm_model.setSign()
ffm_model.setTest("D:/ReSystem/Data/demo/classification/criteo_ctr/
small_test.txt")
ffm_model.predict("D:/ReSystem/Data/demo/classification/criteo_ctr/
model.out", "D:/ReSystem/Data/demo/classification/criteo_ctr/output.txt")
```

运行上述程序，output.txt 中的结果如下所示。

```
0
0
0
0
0
```

8.3.4 模型输出

为了方便查看模型结果，我们可以通过 setTXTModel()方法将模型输出成可读的 txt 文件格式，代码如下所示。

```
ffm_model.setTXTModel("D:/ReSystem/Data/demo/classification/
criteo_ctr/model.txt")
ffm_model.fit(param, "D:/ReSystem/Data/demo/classification/criteo_ctr/model.out")
```

运行上述程序后，在当前文件夹下生成了一个新的文件 model.txt，这个文件存储着 txt 格式的输出模型，模型结果的前 5 项如下所示。

```
bias: -1.26289
i_0: 0.311235
i_1: 0
i_2: 0
i_3: 0
```

对于线性模型来说，txt 格式的模型输出将每一个模型参数存储在一行；对于 FM 和 FFM 来说，模型将每一个 latent vector 存储在一行。在本案例中我们使用的是 FFM 模型，所以模型的输出结果如下所示。

```
bias: -1.26289
i_0: 0.311235
i_1: 0
i_2: 0
i_3: 0
i_4: 0
……
……
……
i_9986: 0
i_9987: 0
i_9988: 0
i_9989: 0
i_9990: -0.085515
v_0_0: 0.268859 0.0447074 0.298911 0.275553
v_0_1: 0.0419057 0.319726 0.301414 0.0729412
v_0_2: 0.21021 0.109057 0.0527584 0.192889
v_0_3: 0.114491 0.0773747 0.204235 0.343842
v_0_4: 0.340782 0.334411 0.327581 0.341558
v_0_5: 0.0674539 0.252428 0.32953 0.33722
……
……
……
```

第 9 章

基于深度学习的推荐

作为一种非线性的深度神经网络技术，深度学习与传统浅层学习完全不同，它能自动进行特征学习，可以挖掘推荐系统中客户及物品间隐含的、潜在的许多特征。基于深度学习的个性化推荐研究与应用，目前是产业界及学术界的研究热点。如何利用深度学习相关原理及技术去缓解、克服已有个性化物品推荐系统中存在的问题，以提高推荐系统的性能，是一个非常值得研究的课题。本章主要介绍深度学习的基本概念，以及常见的深度学习模型，并通过案例来展示如何利用 TensorFlow 库进行深度学习模型的开发应用。

9.1 深度学习简介

9.1.1 神经网络的发展

在神经网络模型中，感知机是较早被提出的一种人工神经网络（ANN）模型，但它的学习能力非常有限。随后，多隐层神经网络被提出，其具有较强的无监督学习能力，能够挖掘数据中隐藏的复杂模式和规则。但是，多隐层神经网络训练时间较长，而且极易陷入局部最优解，使用传统学习算法训练 MNN 时，存在误差信号逐层衰减等问题。

2006 年，Hinton 等人提出了深度置信网络（DBN）和相应的高效学习算法。这个算法至今仍是深度学习算法的主要框架。在该算法中，一个 DBN 是由多个受限波尔兹曼（RBM）以串联的方式堆叠而形成的一种深层网络，训练时通过自低到高逐层训练 RBM，将模型参数初始化为较优值，再使用少量传统学习算法对网络微调，使模型收敛到接近最优值的局部最优点。由于 RBM 可以通过对比散度等算法快速训练，这一框架避开了直接训练 DBN 的高计算量，将模型化简为对多个 RBM 的训练问题。这个学习算法解决了模型训练速度慢的问题，能够产生较优的初始参数，有效地提升了模型的建模、推广能力。自此，深层神经网络难以有效训练的僵局被成功打破，机器学习界掀起了深度学习的研究热潮。自 2006 年至今，深度学习研究对机器学习领域产生了非常大的影响，很多顶级会议和专题报告如 NIPS、ICML 等都对深度学习及其在不同领域的应用给予了很大关注。

9.1.2 什么是深度学习

深度学习是机器学习的一个分支领域，它是从数据中学习的一种新方法，强调从连续的层（layer）中进行学习，这些层对应于越来越有意义的表示。“深度学习”中的“深度”指的并不是利用这种方法所获取的更深层次的理解，而是指一系列连续的表示层。数据模型中包含多少层，这被称为模型的深度。这一领域的其他名称包括分层表示学习（Layered Representations Learning）和层级表示学习（Hierarchical Representations Learning）。现代深度学习通常包含数十个甚至上百个连续的表示层，这些表示层全都是从训练数据中自动学习的。与此相反，其他机器学习方法的重点往往是仅学习一两层的数据表示，因此有时也被称为浅层学习（Shallow Learning）。

9.1.3 深度学习的工作原理

神经网络中每层对输入数据所做的具体操作保存在该层的权重（weight）中，其本质是一串数字。用术语来说，每层实现的变换由其权重来参数化（parameterize），如图 9-1 所示。权重有时也称为该层的参数（Parameter）。在这种语境下，学习的意思是为神经网络的所有层找到一组权重值，使得该网络能够将每个示例输入与其目标正确地一一对应。一个深度神经网络可能包含数千万个参数，找到所有参数的正确取值可能是一项非常艰巨的任务，特别是考虑到修改某个参数值将会影响其他所有参数的行为。

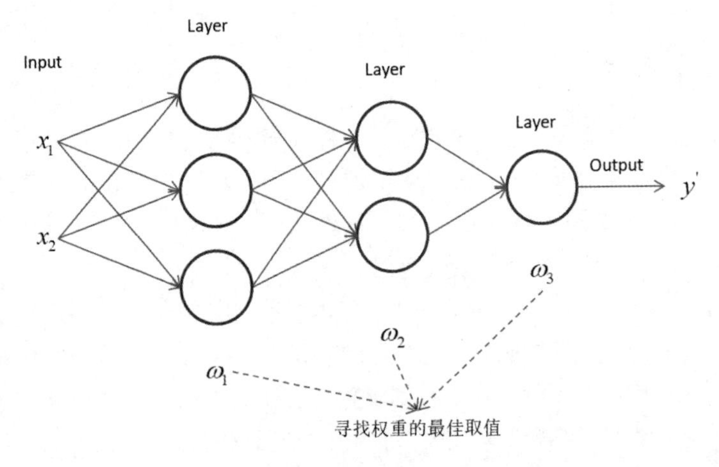

图 9-1　神经网络的权重

想要控制一件事物，首先需要观察它。想要控制神经网络的输出，就需要能够衡量该输出与预期值之间的距离。这是神经网络损失函数（Loss Function）的任务，该函数也叫目标函数（Objective Function）。损失函数的输入是网络预测值与真实目标值（即希望网络输出的结果），然后计算一个距离值，衡量该网络在这个示例上的效果好坏，如图 9-2 所示。

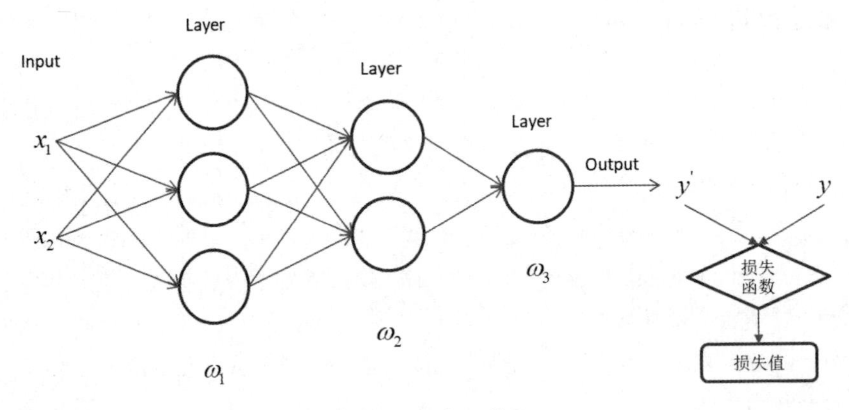

图 9-2　损失函数

深度学习的基本技巧是利用这个距离值作为反馈信号来对权重值进行微调，以降低当前示例对应的损失值，如图 9-3 所示。这种调节由优化器（optimizer）来完成，它实现了所谓的反向传播（backpropagation）算法，这是深度学习的核心算法。第 10 章中会详细地解释反向传播的工作原理。

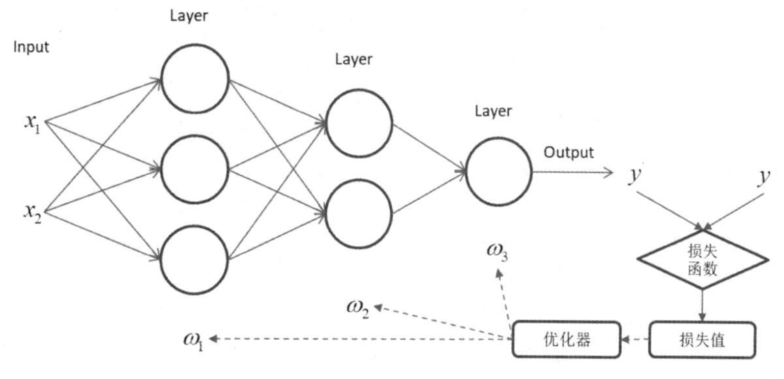

图 9-3　利用损失值优化网络权重

一开始对神经网络的权重随机赋值，因此网络只是实现了一系列随机变换。其输出结果自然也和理想值相去甚远，相应地，损失值也很高。但随着网络处理的示例越来越多，权重值也在向正确的方向逐步微调，损失值也逐渐降低。这就是训练循环（Training Loop），将这种循环重复足够多的次数（通常对数千个示例进行数十次迭代），得到的权重值才可以使损失函数最小。具有最小损失的网络，其输出值与目标值尽可能地接近，这就是训练好的网络。再次强调，这是一个简单的机制，一旦具有足够大的规模，将会产生魔法般的效果。

9.2　从神经元到多层感知器

9.2.1　神经元

人工神经元（Artificial Neuron）简称神经元（neuron），是构成神经网络的基本单元，其主要是模拟生物神经元的结构和特性，接收一组输入信号并产出输出。

1943 年，心理学家 McCulloch 和数学家 Pitts 根据生物神经元的结构，提出了一种非常简单的神经元模型，即 MP 神经元。现代神经网络中的神经元和 MP 神经元的结构并无太多变化，不同的是，MP 神经元中的激活函数 f 为 0-1 阶跃函数，而现代神经元中的激活函数通常要求是连续可导的函数。

神经元是一个多输入、单输出的信息处理单元，而且它对信息的处理是非线性的。根据神经元的特性和功能，可以把神经元抽象为一个简单的数学模型。工程上用的人工神经元结构模型如图 9-4 所示，它是一个多输入、单输出的非线性元件，其输入/输出关系可以描述为

$$I=\sum_{i=1}^{n} w_i x_i + b = \boldsymbol{w}^{\mathrm{T}} x + b$$

$$y = f(I)$$

式中：$x_i(i=1,2,\cdots,n)$ 是输入信号；b 为神经元的偏置；$\boldsymbol{w}$ 表示权重向量；n 为输入信号数目。在

图 9-4 中，y 为神经元输出，$f(\bullet)$ 为传递函数或激发函数，一般采用 0 和 1 二值函数或 S 型函数，S 型函数都是连续和非线性的。

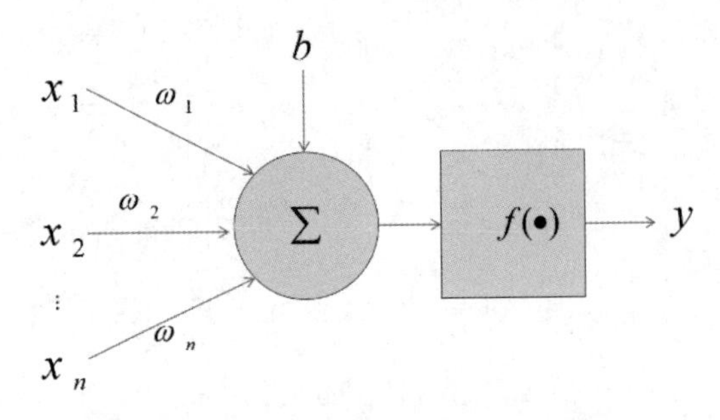

图 9-4　工程上用的人工神经元结构模型

传递函数可以为线性函数，但是通常为像阶跃函数或 S 形曲线那样的非线性函数。比较常用的神经元非线性函数如下。

阈值型函数：$f(x)=\begin{cases}1, & x\geqslant 0\\ 0, & x<0\end{cases}$

S 型函数：$f(x)=\dfrac{1}{1+\mathrm{e}^{-\beta x}}$ 或 $f(x)=\tanh(x)$ 。

有时候在神经网络中还采用下式计算简单的非线性函数：

$$f(x)=\frac{x}{1+|x|}$$

下面通过程序来绘制 S 型激活函数，代码如下所示。

```
#绘制 S 型激活函数图形
#!/usr/bin/python
#encoding:utf-8
import math
import matplotlib.pyplot as plt
import numpy as np
import matplotlib as mpl
mpl.rcParams['axes.unicode_minus']=False
#定义函数
def sigmoid(x):
    return 1.0 / (1.0 + np.exp(-x))
fig = plt.figure(figsize=(6,4))
ax = fig.add_subplot(111)
x = np.linspace(-10, 10)
y = sigmoid(x)
tanh = 2*sigmoid(2*x) - 1
plt.xlim(-11,11)
plt.ylim(-1.1,1.1)
```

```
ax.spines['top'].set_color('none')
ax.spines['right'].set_color('none')
#设置坐标轴
ax.xaxis.set_ticks_position('bottom')
ax.spines['bottom'].set_position(('data',0))
ax.set_xticks([-10,-5,0,5,10])
ax.yaxis.set_ticks_position('left')
ax.spines['left'].set_position(('data',0))
ax.set_yticks([-1,-0.5,0.5,1])
#绘制
plt.plot(x,y,label="Sigmoid",color = "blue")
plt.plot(2*x,tanh,label="Tanh", color = "red",linestyle='--')
plt.legend()
plt.show()
```

运行上述程序，结果如图 9-5 所示。其中，Sigmoid 函数 $f(x)=\dfrac{1}{1+\mathrm{e}^{-x}}$ 的值域为 0~1，Tanh 函数的值域为-1~1。

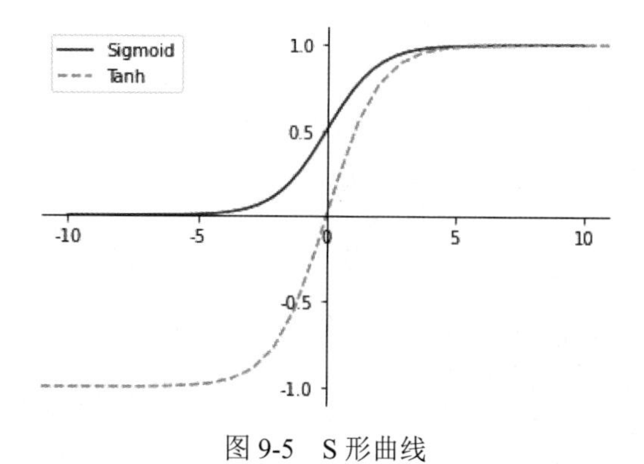

图 9-5　S 形曲线

很显然，如果将激活函数设置为 Sigmoid 函数，则这个神经元就是一个二分类 Logistic 回归模型。

这里需要读者注意的是，为什么要使用激活函数呢？如果不使用激活函数，则每一层输出都是上层输入的线性函数，无论神经网络有多少层，输出都是输入的线性组合。使用激活函数，能够给神经元引入非线性因素，使得神经网络可以任意逼近任何非线性函数，这样神经网络就可以应用到更多的非线性模型中。

9.2.2　多层感知器

感知器（perceptron）由 Frank Roseblatt 于 1957 年提出，是一种被广泛使用的线性分类器。感知器是最简单的人工神经网络，只有一个神经元，所以它的结构与神经元一样，包含输入层和输出层，而输入层和输出层是直接相连的。单层感知器仅能处理线性问题，不能处理非线性问题，所以需要继续探讨多层感知器（Multi-Layer Perceptrons）。

多层感知器由简单的相互连接的神经元或节点组成，如图 9-6 所示。可以认为多层感知器是对神经元的集成。

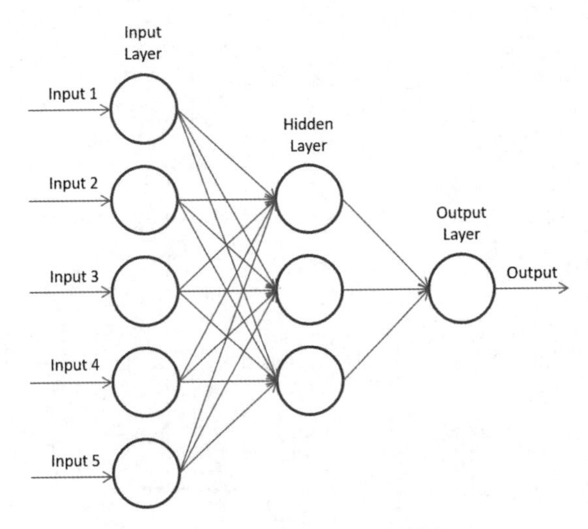

图 9-6　多层感知器结构图

多层感知器是一个表示输入和输出向量之间的非线性映射的模型，节点之间通过权值和输出信号进行连接，可以看作一个有向图，由多个节点层组成，每一层全连接到下一层。除了输入节点，每个节点都是一个带有非线性激活函数的神经元。

多层感知器是感知器的推广，克服了感知器不能对线性不可分数据进行识别的弱点，相对于单层感知器，多层感知器的输出端从一个变成多个，输入端和输出端之间又增加了隐藏层。

多层感知器又叫作前馈神经网络，其特点如下：

- 第 0 层为输入层，最后一层为输出层，中间层为隐藏层。
- 整个网络无反馈，信号从输入层向输出层单向传播，整个网络为有向无环图。
- 激活函数多使用连续非线性函数，如 Logistic 函数。
- 可看成多层 Logistic 回归模型的组合。
- 具有解决复杂模式分类的能力，可以解决线性不可分问题，如手写数字识别。
- 容易受到局部极小值与梯度弥散的困扰。

9.2.3　案例：客户购买产品预测

本案例选取 UCI 机器学习库中的银行产品营销数据集 bank.csv，这些数据与银行机构的产品营销活动有关，因此，与该数据集对应的任务是二分类任务，而分类目标是预测客户是否认购定期存款（变量为 deposit）。下面利用此数据集来展示如何使用 MLP 模型进行预测。

首先导入相关库及数据集，直接调用 Scikit-Learn 库中的 MLPClassifier 接口，即可进行 MLP 多层感知器模型的训练，代码如下所示。

```
import pandas as pd
import numpy as np
import matplotlib.pyplot as plt
from sklearn import datasets
from io import StringIO
import sklearn
from sklearn import preprocessing
from sklearn.model_selection import train_test_split
from sklearn.preprocessing import StandardScaler
from sklearn.neural_network import MLPClassifier
from sklearn.metrics import classification_report, confusion_matrix
bank=pd.read_csv('D:/Pythondata/data/bank.csv')
bank.head()
```

运行上述程序，即导入相关库及数据集。结果如图 9-7 所示。

	0	1	2	3	4
age	59	56	41	55	54
job	admin.	admin.	technician	services	admin.
marital	married	married	married	married	married
education	secondary	secondary	secondary	secondary	tertiary
default	no	no	no	no	no
balance	2343	45	1270	2476	184
housing	yes	no	yes	yes	no
loan	no	no	no	no	no
contact	unknown	unknown	unknown	unknown	unknown
day	5	5	5	5	5
month	may	may	may	may	may
duration	1042	1467	1389	579	673
campaign	1	1	1	1	2
pdays	-1	-1	-1	-1	-1
previous	0	0	0	0	0
poutcome	unknown	unknown	unknown	unknown	unknown
deposit	yes	yes	yes	yes	yes

图 9-7　数据集 bank.csv 的前 5 个样本

为了进行模型训练，需要对数据集中的变量进行清洗转换，代码如下所示。

```
#复制原始数据集
bank_data = bank.copy()
#将 default 变量转换为 0-1 型，并删除原始变量 default
bank_data['default_cat'] = bank_data['default'].map( {'yes':1, 'no':0} )
bank_data.drop('default', axis=1,inplace = True)
```

```
#将 housing 变量转换为 0-1 型，并删除原始变量 housing
bank_data["housing_cat"]=bank_data['housing'].map({'yes':1, 'no':0})
bank_data.drop('housing', axis=1,inplace = True)
#将 loan 变量转换为 0-1 型，并删除原始变量 loan
bank_data["loan_cat"] = bank_data['loan'].map({'yes':1, 'no':0})
bank_data.drop('loan', axis=1, inplace=True)
#将变量 deposit 转换为 0-1 型，并删除原始变量 deposit
bank_data["deposit_cat"] = bank_data['deposit'].map({'yes':1, 'no':0})
bank_data.drop('deposit', axis=1, inplace=True)
#将相似的 job 合并为同一类别
bank['job'] = bank['job'].replace(['management','admin.'],'white-collar')
bank['job'] = bank['job'].replace(['housemaid','services'],'pink-collar')
bank['job'] = bank['job'].replace(['retired','student','unemployed','unknown'],'other')
#将 poutcome 变量中的 other 转换为 unknown
bank_data['poutcome'] = bank_data['poutcome'].replace(['other'] , 'unknown')
#删除 month 和 day 变量
bank_data.drop('month', axis=1, inplace=True)
bank_data.drop('day', axis=1, inplace=True)
#pdays 取值为-1 的样本数，用 10000 替换
bank_data.loc[bank_data['pdays'] == -1, 'pdays'] = 10000
#哑变量处理
bank_with_dummies = pd.get_dummies(data=bank_data,
                                   columns = ['job', 'marital', 'education', 'contact',
                                              'poutcome'],
                                   prefix = ['job', 'marital', 'education','contact',
                                             'poutcome'])
X=bank_with_dummies.drop('deposit_cat', 1)
y = bank_with_dummies.deposit_cat
```

运行上述程序，即完成了每个变量的数据清洗。接着对清洗后的数据集进行分割，其中的 70%为训练数据集，剩下的 30%为评估数据集，并对数据进行标准化处理，代码如下所示。

```
X_train, X_test, y_train, y_test = train_test_split(X, y, test_size = 0.30)
#标准化处理
scaler = StandardScaler()
scaler.fit(X_train)
X_train = scaler.transform(X_train)
X_test = scaler.transform(X_test)
```

接着直接调用 MLP 接口，设置 3 层隐藏层，每层有 10 个神经元，最大迭代次数为 1000 次，具体代码如下所示。

```
#调用 MLP 接口处理
#设置 3 层隐藏层，每层 10 个神经元
#最大迭代次数
```

```
mlp = MLPClassifier(hidden_layer_sizes=(10, 10, 10), max_iter=1000)
mlp.fit(X_train, y_train.values.ravel())
```

运行上述程序后，即可得到训练后的模型。直接调用模型进行预测，并计算模型的评分指标，代码如下所示。

```
predictions = mlp.predict(X_test)
#最后，评估算法的性能
print(confusion_matrix(y_test,predictions))
print(classification_report(y_test,predictions))
```

运行上述程序后，结果如下所示，从结果可知，模型的整体准确率为 80%，0 样本的召回率为 77%，1 样本的召回率为 83%。

```
[[924 278]
 [177 854]]
              precision    recall  f1-score   support
           0       0.84      0.77      0.80      1202
           1       0.75      0.83      0.79      1031
    accuracy                           0.80      2233
   macro avg       0.80      0.80      0.80      2233
weighted avg       0.80      0.80      0.80      2233
```

上述是 MLP 多层感知器模型的应用案例，相比决策树或 Logistic 回归模型来说，模型的预测能力较为强大一些，MLP 模型也是后续 DNN 等模型的基础。

9.3 DNN 模型

神经网络是基于感知机的扩展，而深度神经网络（Deep Neural Networks，DNN）可以理解为具有很多隐藏层的神经网络，多层神经网络和 DNN 其实是指一个东西，DNN 有时也叫作多层感知机。

DNN 按不同层的位置划分，如多层感知器的结构一样，它内部的神经网络层可以分为三类：输入层、隐藏层和输出层，一般来说第一层是输入层，最后一层是输出层，而中间层都是隐藏层。DNN 结构如图 9-8 所示。

DNN 的层与层之间是全连接的，也就是说，第 i 层的任意一个神经元一定与第 $i+1$ 层的任意一个神经元相连。虽然 DNN 看起来很复杂，但是从小的局部模型来说，还是和感知机一样，即一个线性关系 $I=\sum_{i=1}^{n} w_i x_i + b$ 加上激活函数 $f(I)$。

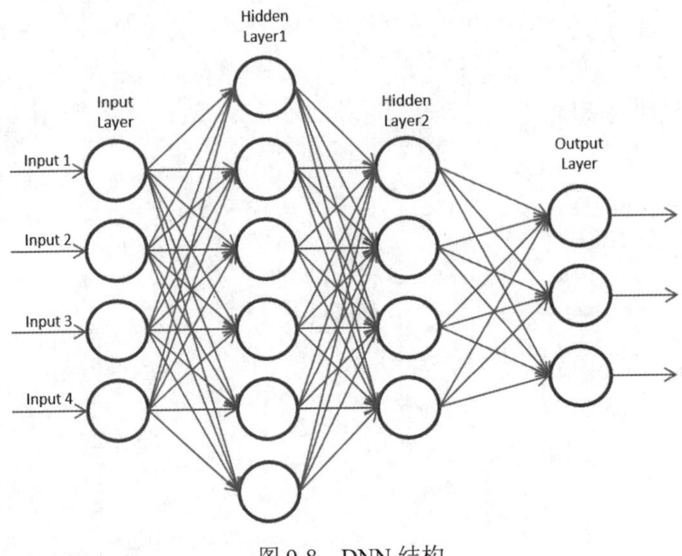

图 9-8 DNN 结构

9.3.1 前向传播计算

本小节介绍信息的前向传播，图 9-8 所示的 DNN 神经网络结构不失一般性，假设网络结构中的各个参数如下。

- L：表示神经网络的层数。
- $m^{(l)}$：表示第l层的神经元的个数。
- $f_l()$：表示第l层的神经元的激活函数。
- $\boldsymbol{W}^{(l)}$：表示第$l-1$层到第l层的权重矩阵。
- $\boldsymbol{b}^{(l)}$：表示第$l-1$层到第l层的偏置。
- $z^{(l)}$：表示第l层的神经元的净输入。
- $a^{(l)}$：表示第l层的神经元的输出。

根据上述网络参数，神经网络通过以下公式进行数据信息传播：

$$z^{(l)} = \boldsymbol{W}^{(l)} \cdot a^{(l-1)} + \boldsymbol{b}^{(l)}$$

$$a^{(l)} = f_l(z^{(l)})$$

合并后公式如下：

$$z^{(l)} = \boldsymbol{W}^{(l)} \cdot f_{l-1}(z^{(l-1)}) + \boldsymbol{b}^{(l)}$$

输入初始信息，经过神经网络的逐层传播，最终得到网络的输出$a^{(l)}$。

9.3.2 反向传播计算

9.3.1 小节中已经了解了数据沿着神经网络前向传播的过程，本小节来介绍更重要的反向传播的计算过程。其实反向传播就是一个参数优化的过程，优化对象就是网络中的所有 $\boldsymbol{W}^{(l)}$ 和 $\boldsymbol{b}^{(l)}$（因为其他参数都是确定的）。在深度学习中，参数的数量有时会有上亿个，不过其优化的原理和最简单的两层神经网络是一样的，本质上没有区别。

一般使用随机梯度下降的方式来学习神经网络的参数，给定输入样本 (x, y)，经过逐层计算，最后得到网络的输出结果 $\hat{y}$，这里设神经网络模型的损失函数为 $L(y, \hat{y})$，下一步就是要求解损失函数取最小值时的参数 $\boldsymbol{W}^{(l)}$ 和 $\boldsymbol{b}^{(l)}$。

计算函数 $L(y, \hat{y})$ 的最小值，方法非常简单，直接对参数 $\boldsymbol{W}^{(l)}$ 和 $\boldsymbol{b}^{(l)}$ 求导即可，因为复合函数求导需要遵循链式法则，且 $z^{(l)}$ 是参数 $\boldsymbol{W}^{(l)}$ 和 $\boldsymbol{b}^{(l)}$ 的函数，则

$$\frac{\partial L(y, \hat{y})}{\partial W_{ij}^{(l)}} = \left(\frac{\partial z^{(l)}}{\partial W_{ij}^{(l)}}\right)^{\mathrm{T}} \frac{\partial L(y, \hat{y})}{\partial z^{(l)}}$$

$$\frac{\partial L(y, \hat{y})}{\partial b^{(l)}} = \left(\frac{\partial z^{(l)}}{\partial b^{(l)}}\right)^{\mathrm{T}} \frac{\partial L(y, \hat{y})}{\partial z^{(l)}}$$

式中：$\frac{\partial L(y, \hat{y})}{\partial z^{(l)}}$ 为目标函数关于第 l 层的神经元 $z^{(l)}$ 的偏导数，称为误差项。

接着，计算上式中的三个偏导数，因为 $z^{(l)} = \boldsymbol{W}^{(l)} \cdot a^{(l-1)} + \boldsymbol{b}^{(l)}$，则

$$\frac{\partial z^{(l)}}{\partial W_{ij}^{(l)}} = \frac{\partial (W^{(l)} a^{(l-1)} + b^{(l)})}{\partial W_{ij}^{(l)}} = \begin{pmatrix} 0 & \cdots & 0 & a_j^{(l-1)} & 0 & \cdots & 0 \end{pmatrix}^{\mathrm{T}}$$

接着计算 $\frac{\partial z^{(l)}}{\partial b^{(l)}}$，因为 $z^{(l)} = \boldsymbol{W}^{(l)} \cdot a^{(l-1)} + \boldsymbol{b}^{(l)}$，则结果为单位矩阵。

最后，计算误差项 $\frac{\partial L(y, \hat{y})}{\partial z^{(l)}}$，因为 $z^{(l+1)} = \boldsymbol{W}^{(l+1)} \cdot a^{(l)} + \boldsymbol{b}^{(l+1)}$，则

$$\frac{\partial z^{(l+1)}}{\partial a^{(l)}} = \left(\boldsymbol{W}^{(l+1)}\right)^{\mathrm{T}}$$

根据

$$z^{(l)} = \boldsymbol{W}^{(l)} \cdot a^{(l-1)} + \boldsymbol{b}^{(l)}$$
$$a^{(l)} = f_l(z^{(l)})$$

则有

$$\frac{\partial a^{(l)}}{\partial z^{(l)}} = \frac{\partial f(z^{(l)})}{\partial z^{(l)}} = \mathrm{diag}\left(f_l'(z^{(l)})\right)$$

根据复合函数求导链式法则，推导如下：

$$\begin{aligned} \frac{\partial L(y, \hat{y})}{\partial z^{(l)}} &= \frac{\partial a^{(l)}}{\partial z^{(l)}} \cdot \frac{\partial z^{(l+1)}}{\partial a^{(l)}} \cdot \frac{\partial L(y, \hat{y})}{\partial z^{(l+1)}} \\ &= \mathrm{diag}\left(f_l'(z^{(l)})\right) \cdot \left(\boldsymbol{W}^{(l+1)}\right)^{\mathrm{T}} \cdot \frac{\partial L(y, \hat{y})}{\partial z^{(l+1)}} \end{aligned}$$

根据上式可得，第 l 层的误差项 $\frac{\partial L(y,\hat{y})}{\partial z^{(l)}}$ 是根据第 l+1 层的 $\frac{\partial L(y,\hat{y})}{\partial z^{(l+1)}}$ 的误差项计算得到的，这就说明误差是反向传播的。

根据上述结果，设误差项 $\frac{\partial L(y,\hat{y})}{\partial z^{(l)}}$ 为 $\delta^{(l)}$，则可以得到：

$$\frac{\partial L(y,\hat{y})}{\partial W_{ij}^{(l)}}=\delta_i^{(l)}a_j^{(l-1)}$$

$$\frac{\partial L(y,\hat{y})}{\partial b^{(l)}}=\delta^{(l)}$$

显然，把每层的误差项计算出来后，即可计算每层参数的梯度，这就是基于误差的反向传播算法。

9.3.3 梯度弥散问题

根据 9.3.2 小节中的反向传播算法，误差传播公式如下：

$$\delta^{(l)}=\text{diag}\left(f_l'(z^{(l)})\right)\cdot\left(W^{(l+1)}\right)^{\text{T}}\cdot\delta^{(l+1)}$$

误差从输出层反向传播时，在每一层都要乘以该层的激活函数的导数 $f_l'(z^{(l)})$，当使用 Sigmoid 型函数，如 Logistic 函数或 Tanh 函数时，其导数的值域均小于 1，如下程序绘制了 Logistic 函数及其导函数的曲线图（见图 9-9）。从图 9-9 中可知，导函数的值域明显小于 1，当 Logistic 函数的输入变大或变小时，其导数的数值无限趋于 0。

```
#激活函数及其导数的曲线图
import math
import numpy as np
import matplotlib.pyplot as plt
x = np.arange(-10,10)
a=np.array(x)
y1=1/(1+math.e**(-x))
y2=math.e**(-x)/((1+math.e**(-x))**2)
plt.xlim(-11,11)
#获得坐标轴对象
ax = plt.gca()
#将右边、上边的两条边颜色设置为空，其实相当于抹掉这两条边
ax.spines['right'].set_color('none')
ax.spines['top'].set_color('none')
#指定下边的边为 x 轴，指定左边的边为 y 轴
ax.xaxis.set_ticks_position('bottom')
ax.yaxis.set_ticks_position('left')
#设定坐标轴的交点为 (0,0)
ax.spines['bottom'].set_position(('data', 0))
ax.spines['left'].set_position(('data', 0))
```

```
plt.plot(x,y1,label='Logistic',linestyle="-",color="blue")
#label 为标签
plt.plot(x,y2,label='Der.Logistic',linestyle="--",color="red")
plt.legend(['Logistic','Der.Logistic'])
#指定分辨率
plt.savefig('plot_test.png', dpi=500)
```

运行上述程序，结果如图 9-9 所示。

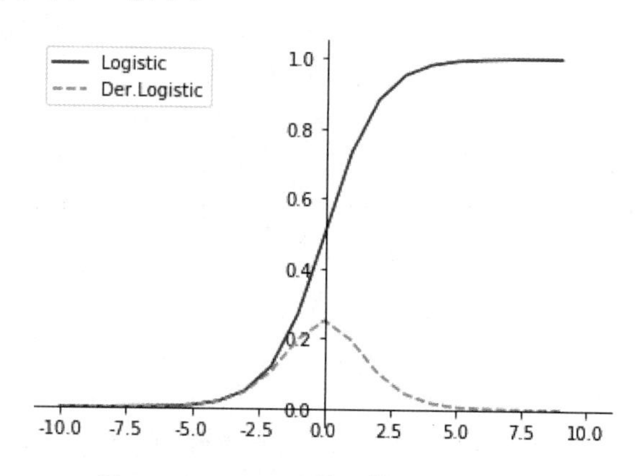

图 9-9　Logistic 函数及其导函数的曲线

同理，Tanh 函数也是一样，代码如下所示，运行程序后的结果如图 9-10 所示。从图 9-10 的曲线可知，导函数的值域为[0,1]，而且当 Tanh 函数的输入变大或变小时，其导数的数值都无限趋近于 0。

```
#激活函数及其导数的曲线图
import math
import numpy as np
import matplotlib.pyplot as plt
x = np.arange(-10,10)
a=np.array(x)
y1=np.tanh(x)
y2=1-y1**2
plt.xlim(-11,11)
#获得坐标轴对象
ax = plt.gca()
#将右边、上边的两条边颜色设置为空，其实相当于抹掉这两条边
ax.spines['right'].set_color('none')
ax.spines['top'].set_color('none')
#指定下边的边为 x 轴，指定左边的边为 y 轴
ax.xaxis.set_ticks_position('bottom')
ax.yaxis.set_ticks_position('left')
#设定坐标轴的交点为（0,0）
ax.spines['bottom'].set_position(('data', 0))
```

```
ax.spines['left'].set_position(('data', 0))
plt.plot(x,y1,label='Tanh',linestyle="-",color="blue")
#label为标签
plt.plot(x,y2,label='Der.Tanh',linestyle="--",color="red")
plt.legend(['Tanh','Der.Tanh'])
#指定分辨率
plt.savefig('plot_test.png', dpi=500)
```

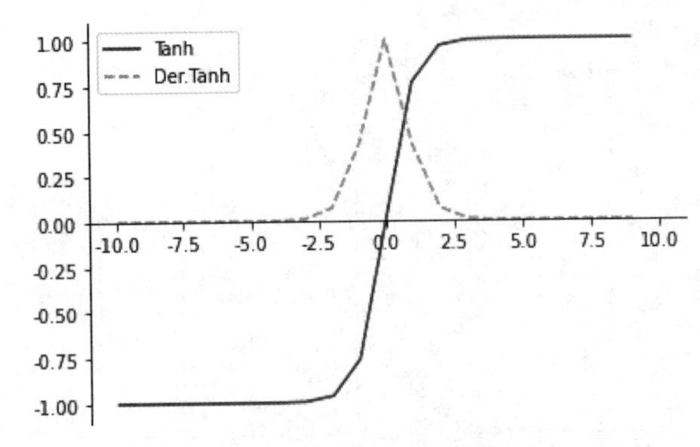

图 9-10　Tanh 函数及其导函数的曲线

这样，如果使用 Logistic 函数或 Tanh 函数，则误差经过每一层传递都会不断衰减，当网络层数很深时，梯度就会不停衰减，甚至消失，使得整个网络很难训练，这就是所谓的梯度消失问题（Vanishing Gradient Problem），也叫梯度弥散问题。

对于仅有几层的浅层网络结构，使用激活函数时，梯度弥散不是很大的问题。然而，当网络层数为数十层或数百层时，可能会因为梯度太小而不能很好地训练网络。

神经网络的梯度是使用反向传播来计算的，简单来说，反向传播通过将网络从输出层逐层移动到初始层来找到网络的导数，当有 n 个隐藏层使用像 Logistic 这样的激活函数时，n 个小的导数相乘，梯度会大幅度下降，而一个小的梯度意味着初始层的权重和偏差不会在训练中得到有效更新，导致整体网络无法有效训练。

在深层神经网络中，减轻梯度消失问题的方法有很多种，一种简单有效的方法是使用导数比较大的激活函数，如 ReLU 函数等。

ReLU 函数及其导函数的曲线如图 9-11 所示。从图 9-11 中可看到，当 ReLU 函数的输入值大于 0 时，其导函数值恒等于 1，从而在进行误差传递时不会出现梯度弥散问题。

```
#ReLU激活函数及其导数的曲线图
import math
import numpy as np
import matplotlib.pyplot as plt
x = np.arange(-10,10,0.01)
a=np.array(x)
y = np.where(x < 0, 0, x)
y_grad = np.where(x < 0, 0, 1)
```

```
plt.xlim(-10,10)
#获得坐标轴对象
ax = plt.gca()
#将右边、上边的两条边颜色设置为空，其实相当于抹掉这两条边
ax.spines['right'].set_color('none')
ax.spines['top'].set_color('none')
#指定下边的边为 x 轴，指定左边的边为 y 轴
ax.xaxis.set_ticks_position('bottom')
ax.yaxis.set_ticks_position('left')
plt.plot(x,y,label='ReLU',linestyle="-",color="blue")
#指定 data 设置的 bottom(也就是指定的 x 轴)绑定到 y 轴的 0 这个点上
ax.spines['bottom'].set_position(('data', 0))
ax.spines['left'].set_position(('data', 0))
plt.plot(x,y,label='ReLU',linestyle="-",color="blue")
#label 为标签
plt.plot(x,y_grad,label='Der.ReLU',linestyle="--",color="red")
plt.legend(['ReLU','Der.ReLU'])
```

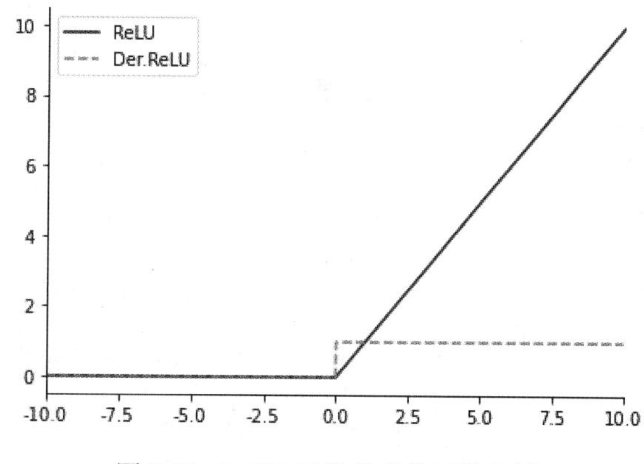

图 9-11 ReLU 函数及其导函数曲线

9.3.4 案例：DNN 模型的构造与训练

本案例依然选取 UCI 机器学习库中的银行产品营销数据集 bank.csv。在 9.2.3 小节中数据集已经清洗完毕，故此处不再进行数据清洗，直接使用清洗后的数据集即可。

```
import keras
from keras.models import Sequential
from keras.layers import Dense, Dropout
import numpy as np
import matplotlib
import matplotlib.pyplot as plt
from mpl_toolkits.mplot3d import Axes3D
```

```
print(X_train.shape)
print(y_train.shape)
print(X_test.shape)
print(y_test.shape)
```

运行上述程序，结果如下，训练数据集共计有7813个样本、34个变量，评估数据集有3349个样本。

```
(7813, 34)
(7813,)
(3349, 34)
(3349,)
```

接着，设计模型框架，代码如下所示，设置模型迭代1000次。

```
#创建模型
model = Sequential()
model.add(Dense(units=100, activation='relu', input_dim=34))
model.add(Dense(units=50, activation='relu'))
model.add(Dense(units=30, activation='relu'))
model.add(Dense(units=1, activation='sigmoid'))
model.compile(loss='binary_crossentropy',
              optimizer=keras.optimizers.Adagrad(lr=0.01),
              metrics=['accuracy'])
#模型训练
history = model.fit(X_train,
                    y_train,
                    validation_data=(X_test,y_test),
                    epochs=1000,
                    batch_size=10)
```

运行上述程序，结果如下，打印出第1~1000次的计算结果。

```
Epoch 1/1000
782/782 [=======] - 1s 1ms/step - loss: 0.2683 - accuracy: 0.8884 - val_loss: 0.5069
- val_accuracy: 0.7964
Epoch 2/1000
782/782 [=======] - 1s 1ms/step - loss: 0.2677 - accuracy: 0.8862 - val_loss: 0.5065
- val_accuracy: 0.7970
Epoch 3/1000
782/782 [=======] - 1s 1ms/step - loss: 0.2673 - accuracy: 0.8866 - val_loss: 0.5088
- val_accuracy: 0.7961
Epoch 4/1000
782/782 [=======] - 1s 1ms/step - loss: 0.2666 - accuracy: 0.8888 - val_loss: 0.5094
- val_accuracy: 0.7981
Epoch 5/1000
```

```
782/782 [=======] - 1s 1ms/step - loss: 0.2661 - accuracy: 0.8897 - val_loss: 0.5079
- val_accuracy: 0.7976
Epoch 6/1000
782/782 [=======] - 1s 1ms/step - loss: 0.2657 - accuracy: 0.8876 - val_loss: 0.5104
- val_accuracy: 0.7990
Epoch 7/1000
782/782 [=======] - 1s 1ms/step - loss: 0.2648 - accuracy: 0.8901 - val_loss: 0.5102
- val_accuracy: 0.7981
Epoch 8/1000
782/782 [=======] - 1s 1ms/step - loss: 0.2644 - accuracy: 0.8890 - val_loss: 0.5116
- val_accuracy: 0.7940
Epoch 9/1000
782/782 [=======] - 1s 1ms/step - loss: 0.2637 - accuracy: 0.8863 - val_loss: 0.5146
- val_accuracy: 0.7967
Epoch 10/1000
782/782 [=======] - 1s 1ms/step - loss: 0.2634 - accuracy: 0.8881 - val_loss: 0.5118
- val_accuracy: 0.7979
……………………………………………
……………………………………………
……………………………………………
Epoch 995/1000
782/782 [=======] - 1s 1ms/step - loss: 0.0997 - accuracy: 0.9635 - val_loss: 1.2458
- val_accuracy: 0.7635
Epoch 996/1000
782/782 [=======] - 1s 1ms/step - loss: 0.0995 - accuracy: 0.9634 - val_loss: 1.2473
- val_accuracy: 0.7572
Epoch 997/1000
782/782 [=======] - 1s 1ms/step - loss: 0.0994 - accuracy: 0.9643 - val_loss: 1.2461
- val_accuracy: 0.7608
Epoch 998/1000
782/782 [=======] - 1s 1ms/step - loss: 0.0992 - accuracy: 0.9638 - val_loss: 1.2469
- val_accuracy: 0.7629
Epoch 999/1000
782/782 [=======] - 1s 1ms/step - loss: 0.0995 - accuracy: 0.9643 - val_loss: 1.2492
- val_accuracy: 0.7587
Epoch 1000/1000
782/782 [=======] - 1s 1ms/step - loss: 0.0990 - accuracy: 0.9654 - val_loss: 1.2486
- val_accuracy: 0.7632
```

进一步，可以绘制出模型每次迭代的准确率、损失的趋势图，代码如下所示。

```
#Plot training & validation accuracy values
plt.plot(history.history['accuracy'],linestyle='--')
plt.plot(history.history['val_accuracy'])
plt.title('Model accuracy')
plt.ylabel('Accuracy')
plt.xlabel('Epoch')
plt.legend(['Train', 'Valid'], loc='lower right')
```

```
plt.show()
#Plot training & validation loss values
plt.plot(history.history['loss'],linestyle='--')
plt.plot(history.history['val_loss'])
plt.title('Model loss')
plt.ylabel('Loss')
plt.xlabel('Epoch')
plt.legend(['Train', 'Valid'], loc='upper right')
plt.show()
```

运行上述程序，结果如图 9-12 和图 9-13 所示。

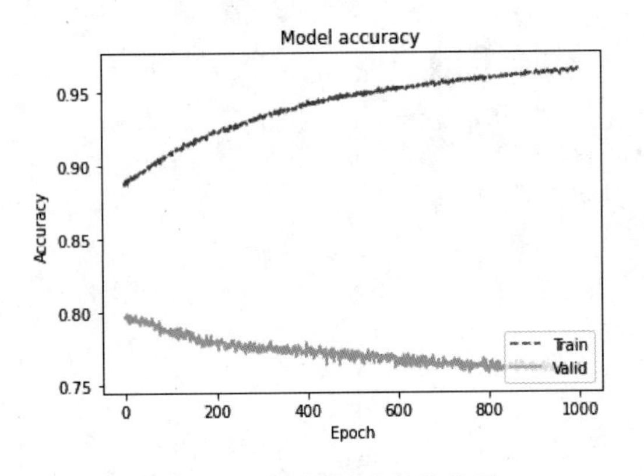

图 9-12　模型准确率的趋势图

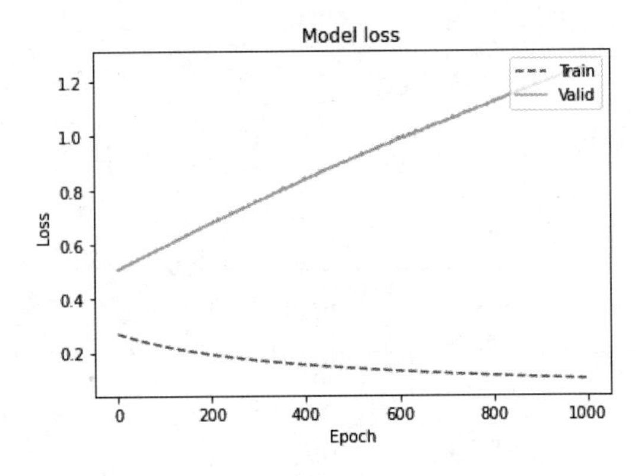

图 9-13　模型损失值的趋势图

最后，打印出模型的评估报告，代码如下所示。

```
#模型预测
y_predictions = model.predict_classes(X_test)
#评估算法性能
print(confusion_matrix(y_test,y_predictions))
print(classification_report(y_test,y_predictions))
```

运行上述程序，结果如下，可知模型的准确率为 76%，0 样本的召回率为 76%，1 样本的召回率为 77%。

```
[[1365  431]
 [ 362 1191]]
              precision    recall  f1-score   support
           0       0.79      0.76      0.77      1796
           1       0.73      0.77      0.75      1553
    accuracy                           0.76      3349
   macro avg       0.76      0.76      0.76      3349
weighted avg       0.76      0.76      0.76      3349
```

9.4 Wide & Deep 模型

Wide & Deep 推荐算法出自 Google 2016 年发布的一篇推荐系统领域的论文 *Wide & Deep Learning for Recommender Systems*，Wide & Deep 模型由两部分组成，分别是 Wide 部分和 Deep 部分，如图 9-14 所示。

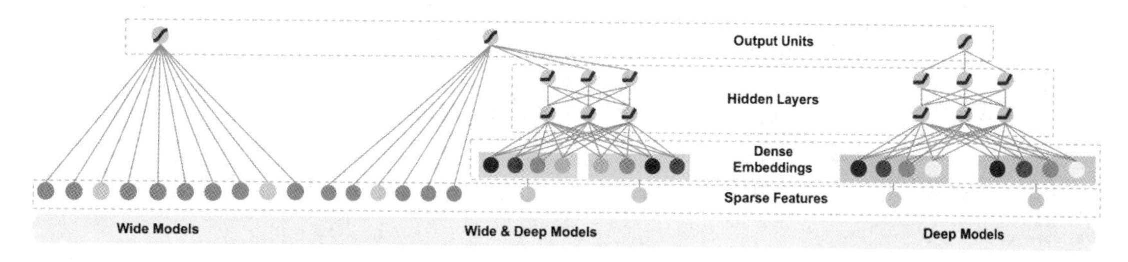

图 9-14 Wide & Deep 模型

具体到模型定义角度来讲，Wide 是指广义线性模型（Wide Linear Model），Deep 是指深度神经网络（Deep Neural Networks）。线性模型主要从历史数据中发现物品或特征之间的相关性，深度神经网络则善于发现在历史数据中很少或没有出现过的新的特征组合，所以 Wide&Deep 模型的核心思想是结合线性模型的记忆能力（memorization）和深度学习模型的泛化能力（generalization）。

9.4.1 Wide 模型

Wide 模型部分对应的是线性模型，输入特征可以是连续特征，也可以是稀疏的离散特征，离散特征之间进行交叉后可以构成更高维的离散特征。以下公式给出了 Wide 模型：

$$y = \sigma(\boldsymbol{\omega}^{\mathrm{T}} x + \boldsymbol{b})$$

$$\varphi(x) = \prod_{i=1}^{d} x_i^{c_{ki}}，\ c_{ki} \in \{0,1\}$$

式中：x 参数为带有 d 维向量的输入；ω 为模型的权重参数；$\boldsymbol{b}$ 为偏置向量；$\varphi(x)$ 为特征工程函数，能捕捉特征间的交互，为模型添加非线性因素；σ 为激活函数；y 为输出；c_{ki} 为布尔变量，取值为 0 或 1。

9.4.2 Deep 模型

Deep 模型部分对应的是 DNN 模型，每个特征对应一个低维的实数向量，我们称之为特征的 embedding。DNN 模型通过反向传播调整隐藏层的权重，并且更新特征的 embedding。

深度学习模型的计算过程如下：

$$a^{l+1} = f(a^l \omega^l + b^l)$$

式中：ω 为权重；b 为偏差；f 为激活函数；a 为输出；l 为神经网络的层数。

Wide & Deep 模型如下：

$$p(Y=1|x)=\sigma(\boldsymbol{\omega}_{\text{Wide}}^{\text{T}}[x,\varphi(x)]+\boldsymbol{\omega}_{\text{Deep}}^{\text{T}}a^{l}+b)$$

式中：x 为输入向量；Y 为二分类标签；$\boldsymbol{\omega}_{\text{Wide}}^{\text{T}}$ 和 $\boldsymbol{\omega}_{\text{Deep}}^{\text{T}}$ 分别为 Wide 模型权重和 Deep 模型权重；b 为偏差。

在 Wide & Deep 模型训练过程中优化两个不同模型的参数，使其模型推荐的精度达到最高。根据前面的描述，Wide 模型侧重于线性结构，Deep 模型则侧重于使用深度神经网络学习特征间潜在的关系，Wide & Deep 模型的输出是线性模型输出与 DNN 模型输出的叠加。

9.4.3 案例：Wide & Deep 模型的构造与训练

这里直接使用 9.3.4 小节中的数据集 bank.csv，首先导入相关库及数据集，并对原始数据集进行初步清洗，代码如下所示。

```
import pandas as pd
import numpy as np
from sklearn.preprocessing import LabelEncoder, MinMaxScaler, PolynomialFeatures
from tensorflow.keras.layers import Input, Embedding, Dense, Flatten
from tensorflow.keras.layers import  Activation, concatenate, BatchNormalization
from tensorflow.keras.models import Model
bank=pd.read_csv('D:/Pythondata/data/bank.csv')
#对原始数据进行初步处理，复制原始数据集
bank_data = bank.copy()
#将 deposit 变量转换为 0-1 型，转换为变量名为 deposit_cat
删除原始变量 deposit
bank_data['deposit_cat'] = bank_data['deposit'].map( {'yes':1, 'no':0} )
bank_data.drop('deposit', axis=1,inplace = True)
#删除 month 和 day 变量
bank_data.drop('month', axis=1, inplace=True)
bank_data.drop('day', axis=1, inplace=True)
#pdays 取值为-1 的样本数，用 10000 替换
bank_data.loc[bank_data['pdays'] == -1, 'pdays'] = 10000
bank_data.info()
```

运行上述程序，结果如下所示。数据集总计有 11162 个样本、15 个变量。

```
<class 'pandas.core.frame.DataFrame'>
RangeIndex: 11162 entries, 0 to 11161
Data columns (total 15 columns):
 #   Column           Non-Null Count    Dtype
---  ------           --------------    -----
 0   age              11162 non-null    int64
 1   job              11162 non-null    object
 2   marital          11162 non-null    object
 3   education        11162 non-null    object
```

```
 4    default          11162 non-null    object
 5    balance          11162 non-null    int64
 6    housing          11162 non-null    object
 7    loan             11162 non-null    object
 8    contact          11162 non-null    object
 9    duration         11162 non-null    int64
 10   campaign         11162 non-null    int64
 11   pdays            11162 non-null    int64
 12   previous         11162 non-null    int64
 13   poutcome         11162 non-null    object
 14   deposit_cat      11162 non-null    int64
dtypes: int64(7), object(8)
memory usage: 1.3+ MB
```

接着，指定分类型变量和连续型变量，代码如下所示。

```
#类别特征列和连续型特征列
categorical_columns = ["job", "marital", "education",
                       "housing", "loan", "contact",
                       "campaign", "poutcome",'default']
continuous_columns = ["age", "balance", "duration",
                      "pdays", "previous"]
```

由 Wide & Deep 模型框架可知，模型的整体结构分为两部分，一个是 Wide 部分；另一个是 Deep 部分。首先，构造 Wide 部分的变量，代码如下所示。

```
#将类别特征做 0_1 处理
wide_data = bank_data.copy()
for col in categorical_columns:
    onehot_feats = pd.get_dummies(wide_data[col], prefix = col, prefix_sep='.')
    wide_data.drop([col], axis = 1, inplace = True)
    wide_data = pd.concat([wide_data, onehot_feats], axis = 1)
wide_data.info()
```

运行上述程序，结果如下，分类变量编码后，总计有 74 个变量。

```
<class 'pandas.core.frame.DataFrame'>
RangeIndex: 11162 entries, 0 to 11161
Data columns (total 74 columns):
 #    Column                 Non-Null Count    Dtype
---   ------                 --------------    -----
 0    age                    11162 non-null    int64
 1    balance                11162 non-null    int64
 2    duration               11162 non-null    int64
 3    pdays                  11162 non-null    int64
 4    previous               11162 non-null    int64
 5    deposit_cat            11162 non-null    int64
 6    job.admin.             11162 non-null    uint8
```

```
7    job.blue-collar       11162 non-null    uint8
8    job.entrepreneur      11162 non-null    uint8
9    job.housemaid         11162 non-null    uint8
10   job.management        11162 non-null    uint8
11   job.retired           11162 non-null    uint8
12   job.self-employed     11162 non-null    uint8
13   job.services          11162 non-null    uint8
14   job.student           11162 non-null    uint8
15   job.technician        11162 non-null    uint8
16   job.unemployed        11162 non-null    uint8
17   job.unknown           11162 non-null    uint8
18   marital.divorced      11162 non-null    uint8
19   marital.married       11162 non-null    uint8
20   marital.single        11162 non-null    uint8
21   education.primary     11162 non-null    uint8
22   education.secondary   11162 non-null    uint8
23   education.tertiary    11162 non-null    uint8
24   education.unknown     11162 non-null    uint8
25   housing.no            11162 non-null    uint8
26   housing.yes           11162 non-null    uint8
27   loan.no               11162 non-null    uint8
28   loan.yes              11162 non-null    uint8
29   contact.cellular      11162 non-null    uint8
30   contact.telephone     11162 non-null    uint8
31   contact.unknown       11162 non-null    uint8
32   campaign.1            11162 non-null    uint8
33   campaign.2            11162 non-null    uint8
34   campaign.3            11162 non-null    uint8
35   campaign.4            11162 non-null    uint8
36   campaign.5            11162 non-null    uint8
37   campaign.6            11162 non-null    uint8
38   campaign.7            11162 non-null    uint8
39   campaign.8            11162 non-null    uint8
40   campaign.9            11162 non-null    uint8
41   campaign.10           11162 non-null    uint8
42   campaign.11           11162 non-null    uint8
43   campaign.12           11162 non-null    uint8
44   campaign.13           11162 non-null    uint8
45   campaign.14           11162 non-null    uint8
46   campaign.15           11162 non-null    uint8
47   campaign.16           11162 non-null    uint8
48   campaign.17           11162 non-null    uint8
49   campaign.18           11162 non-null    uint8
50   campaign.19           11162 non-null    uint8
51   campaign.20           11162 non-null    uint8
52   campaign.21           11162 non-null    uint8
```

```
 53   campaign.22          11162 non-null      uint8
 54   campaign.23          11162 non-null      uint8
 55   campaign.24          11162 non-null      uint8
 56   campaign.25          11162 non-null      uint8
 57   campaign.26          11162 non-null      uint8
 58   campaign.27          11162 non-null      uint8
 59   campaign.28          11162 non-null      uint8
 60   campaign.29          11162 non-null      uint8
 61   campaign.30          11162 non-null      uint8
 62   campaign.31          11162 non-null      uint8
 63   campaign.32          11162 non-null      uint8
 64   campaign.33          11162 non-null      uint8
 65   campaign.41          11162 non-null      uint8
 66   campaign.43          11162 non-null      uint8
 67   campaign.63          11162 non-null      uint8
 68   poutcome.failure     11162 non-null      uint8
 69   poutcome.other       11162 non-null      uint8
 70   poutcome.success     11162 non-null      uint8
 71   poutcome.unknown     11162 non-null      uint8
 72   default.no           11162 non-null      uint8
 73   default.yes          11162 non-null      uint8
dtypes: int64(6), uint8(68)
memory usage: 1.2 MB
```

对分类变量进行二阶特征交叉，并计算特征交叉后的变量数量，代码如下所示。

```
#得到 0-1 处理后的类别特征
train_cate_features = wide_data.iloc[:,6:]
#对类别特征做简单的 2 阶特征交叉
poly = PolynomialFeatures(degree=2, interaction_only=True)
train_cate_poly = poly.fit_transform(train_cate_features)
#交叉后的变量特征数量
print(train_cate_poly.shape)
wide_input = Input(shape=(train_cate_poly.shape[1],))
```

运行上述程序，结果如下，交叉后的特征数据为 2347 个，并生成 Wide 部分的变量输入 wide_input。

```
(11162, 2347)
```

构造 Deep 部分。首先把数据集分为连续型和分类型数据集，并分割出标签数据，并对连续型特征进行标准化处理，以及为每个分类型特征创建 Input 层和 Embedding 层，代码如下所示。

```
#分割出训练的连续型特征和分类型特征
train_conti_features = bank_data[continuous_columns]
train_cate_features = bank_data[categorical_columns]
#分割出训练和测试标签
```

```
y = bank_data.pop('deposit_cat')
#将连续型特征做归一化处理
scaler = MinMaxScaler()
conti_features = scaler.fit_transform(conti_features)
#为类别数据的每个特征创建 Input 层和 Embedding 层
cate_inputs = []
cate_embeds = []
for i in range(len(categorical_columns)):
      input_i = Input(shape=(1,), dtype='int32')
      dim = bank_data[categorical_columns[i]].nunique()
      embed_dim = 8         #统一设置为 8 维向量
      embed_i = Embedding(dim, embed_dim, input_length=1)(input_i)
      flatten_i = Flatten()(embed_i)
      cate_inputs.append(input_i)
      cate_embeds.append(flatten_i)
#连续型特征数据在全连接层统一输入
conti_input = Input(shape=(len(continuous_columns),))
conti_dense = Dense(256, use_bias=False)(conti_input)
#把全连接层和各 Embedding 的输出合并在一起
concat_embeds = concatenate([conti_dense]+cate_embeds)
concat_embeds = Activation('relu')(concat_embeds)
bn_concat = BatchNormalization()(concat_embeds)
```

最后，设置三个全连接层，并直接生成 Deep 部分的输入。

```
fc1 = Dense(256, activation='relu')(bn_concat)
bn1 = BatchNormalization()(fc1)
fc2 = Dense(128, activation='relu')(bn1)
bn2 = BatchNormalization()(fc2)
fc3 = Dense(64, activation='relu')(bn2)
deep_input = fc3
```

构造完 Wide 和 Deep 部分后，将其拼接在一起，作为最后一层的输入，同时需要定义整体模型的输入和输出，代码如下所示。

```
#将 Wide、Deep 对最后一层的输入做合并
out_layer = concatenate([deep_input, wide_input])
#定义最终的输入/输出
inputs = [conti_input] + cate_inputs + [wide_input]
output = Dense(1, activation='sigmoid')(out_layer)
```

设置好输入/输出后，即可调用模型，这里设置模型迭代 20 次，训练数据集与测试数据集保持一致，代码如下所示。

```
#定义模型
model = Model(inputs=inputs, outputs=output)
model.compile(optimizer='adam',
```

```
loss='binary_crossentropy', metrics=['accuracy'])
input_data = [train_conti_features] +[train_cate_features.values[:, i] for i in
range(train_cate_features.shape[1])] + [train_cate_poly]
history=model.fit(input_data, y.values,
                    validation_data=(input_data, y.values),
                    epochs=20,
                    batch_size=128)
test_loss, test_accuracy = model.evaluate(input_data, y)
print("Test accuracy: {}".format(test_accuracy))
```

运行上述程序后，结果如下所示，经过 20 次的模型迭代之后，模型准确率为 0.83。

```
Epoch 1/20
88/88 [====] - 2s 17ms/step - loss: 0.4580 - accuracy: 0.7819 - val_loss: 0.4797 -
val_accuracy: 0.7709
Epoch 2/20
88/88 [====] - 1s 16ms/step - loss: 0.4239 - accuracy: 0.8092 - val_loss: 0.5401 -
val_accuracy: 0.7538
Epoch 3/20
88/88 [====] - 1s 13ms/step - loss: 0.4191 - accuracy: 0.8094 - val_loss: 0.4634 -
val_accuracy: 0.7785
Epoch 4/20
88/88 [====] - 1s 13ms/step - loss: 0.4125 - accuracy: 0.8136 - val_loss: 0.4284 -
val_accuracy: 0.7992
Epoch 5/20
88/88 [====] - 1s 14ms/step - loss: 0.4079 - accuracy: 0.8147 - val_loss: 0.4139 -
val_accuracy: 0.8142
Epoch 6/20
88/88 [====] - 1s 15ms/step - loss: 0.4028 - accuracy: 0.8231 - val_loss: 0.4354 -
val_accuracy: 0.7994
Epoch 7/20
88/88 [====] - 1s 14ms/step - loss: 0.4030 - accuracy: 0.8163 - val_loss: 0.3964 -
val_accuracy: 0.8224
Epoch 8/20
88/88 [====] - 1s 14ms/step - loss: 0.4009 - accuracy: 0.8177 - val_loss: 0.4010 -
val_accuracy: 0.8183
Epoch 9/20
88/88 [====] - 1s 14ms/step - loss: 0.3995 - accuracy: 0.8181 - val_loss: 0.4182 -
val_accuracy: 0.8138
Epoch 10/20
88/88 [====] - 1s 14ms/step - loss: 0.3980 - accuracy: 0.8205 - val_loss: 0.3838 -
val_accuracy: 0.8269
Epoch 11/20
88/88 [====] - 1s 14ms/step - loss: 0.3993 - accuracy: 0.8223 - val_loss: 0.3892 -
val_accuracy: 0.8249
Epoch 12/20
88/88 [====] - 1s 14ms/step - loss: 0.3912 - accuracy: 0.8217 - val_loss: 0.3829 -
val_accuracy: 0.8287
```

```
Epoch 13/20
88/88 [====] - 1s 14ms/step - loss: 0.3888 - accuracy: 0.8267 - val_loss: 0.3885 -
val_accuracy: 0.8266
Epoch 14/20
88/88 [====] - 1s 15ms/step - loss: 0.3879 - accuracy: 0.8236 - val_loss: 0.3804 -
val_accuracy: 0.8270
Epoch 15/20
88/88 [====] - 1s 14ms/step - loss: 0.3906 - accuracy: 0.8206 - val_loss: 0.4038 -
val_accuracy: 0.8121
Epoch 16/20
88/88 [====] - 1s 13ms/step - loss: 0.3879 - accuracy: 0.8223 - val_loss: 0.3968 -
val_accuracy: 0.8206
Epoch 17/20
88/88 [====] - 1s 14ms/step - loss: 0.3843 - accuracy: 0.8237 - val_loss: 0.3780 -
val_accuracy: 0.8307
Epoch 18/20
88/88 [====] - 1s 14ms/step - loss: 0.3819 - accuracy: 0.8283 - val_loss: 0.3681 -
val_accuracy: 0.8309
Epoch 19/20
88/88 [====] - 1s 14ms/step - loss: 0.3792 - accuracy: 0.8261 - val_loss: 0.3659 -
val_accuracy: 0.8327
Epoch 20/20
88/88 [====] - 1s 13ms/step - loss: 0.3763 - accuracy: 0.8272 - val_loss: 0.3618 -
val_accuracy: 0.8342
349/349 [==============================] - 1s 2ms/step - loss: 0.3618 - accuracy:
0.8342
Test accuracy: 0.8341695070266724
```

9.5 DeepFM 模型

对于点击率预估、个性化推荐问题而言，最重要的是能够学到隐藏在客户点击行为背后的特征组合。在不同的场景中，低阶和高阶的组合特征都会对最终模型的预测准确率产生很大影响。虽然 Wide & Deep 模型可以用于建模低阶和高阶的特征组合，但是 Wide 部分还需要工程师凭借经验，手工设计特征交叉来实现记忆性，而早期研究提出的因子分解机模型采用的是对每一维特征的隐变量之间两两做内积的方式，这对于组合特征的提取非常有效。DeepFM 模型其实可以看作是对 Wide & Deep 模型的 Wide 部分的改进，使用因子分解机模型代替传统的逻辑回归模型，可以直接对模型进行端到端的训练，无须人工设计组合特征，就可以实现模型自动提取二阶组合特征的效果。

9.5.1 DeepFM 模型的结构

首先给出 DeepFM 模型的结构图，如图 9-15 所示。从模型结构图可知，DeepFM 模型包含两部分，即左边的 FM 部分和右边的 DNN 部分，这两部分共享相同的输入。DeepFM 模型最终的输出也由这两部分组成：

$$\hat{y}(x) = \text{sigmoid}(y_{\text{FM}}(x) + y_{\text{Deep}}(x))$$

式中：$\hat{y}(x)$ 为最终的预测值；$y_{\text{FM}}(x)$ 为 FM 部分的结果；$y_{\text{Deep}}(x)$ 为 Deep 部分的结果。

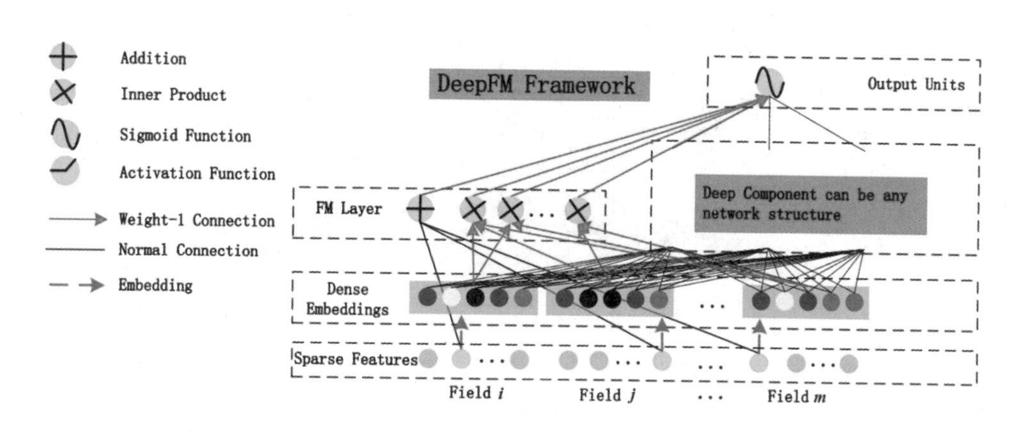

图 9-15　DeepFM 模型的结构图

从图 9-15 可知，模型架构的最底层是输入的稀疏原始特征，将特征按照 Field 进行区分，接着进入 Embedding 层，将特征限定到有限的向量空间，这里 Embedding 层起到压缩的作用，否则推荐场景数据是非常稀疏的。例如，客户 A 到电商平台 B 买东西，客户 A 可能只购买了一件商品，但是电商平台 B 有 10000 件商品，那么购买产品这个特征通过 0-1 处理后就是一个 10000 个维度的向量，而且在 10000 个维度里只有 1 个维度有值，Embedding 层会缓解参数爆炸。

接着进入 FM 层和 DNN 层，两者共用底层的 Embedding 数据，所以效率很高，整个数据的 Embedding 只需要计算一次。

FM 层的主要工作是通过特征间交叉得到低阶特征，以二阶特征为主，对于 FM 部分，其模型结构如图 9-16 所示。

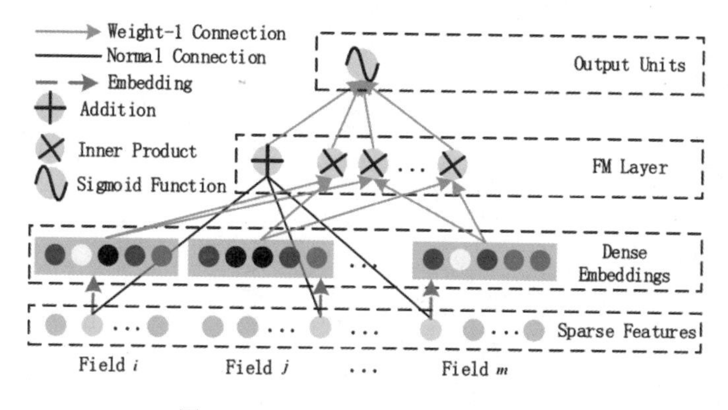

图 9-16　DeepFM 模型中的 FM 部分

对于 Deep 部分，其模型结构如图 9-17 所示。Deep 部分是一个前馈神经网络，可以学习高阶的特征组合。需要注意的是，原始的输入数据是很多个变量的高维稀疏数据，因此引入一个 Embedding 层将输入向量压缩到低维稠密向量。

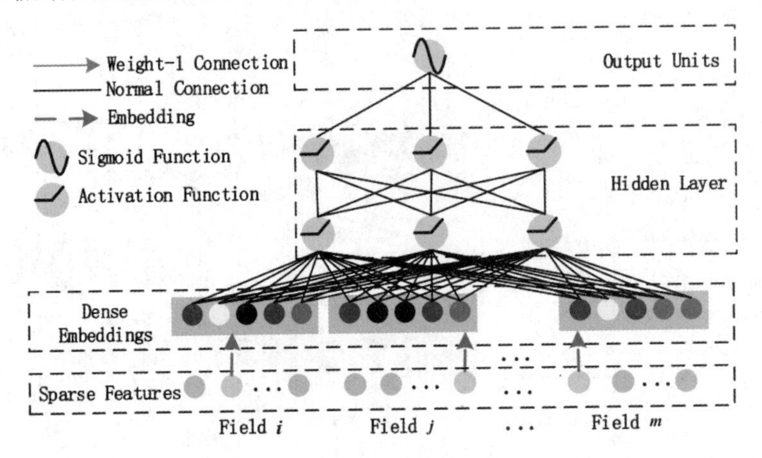

图 9-17　DeepFM 模型中的 Deep 部分

最后，比较一下 DeepFM 模型与其他模型的区别。

- Logistic 回归模型：更多地考虑线性特征，缺少特征交叉性和高阶特征。
- DNN 模型：考虑了高阶特征，缺少对低阶特征的考虑。
- CNN 模型：考虑近邻特征的关系，较单一，适合做图片分类。
- RNN 模型：考虑更多的是数据的时序性，较单一。
- FM 模型：考虑更多的低阶特征，缺少高阶特征。
- Wide & Deep 模型：同时考虑了低阶特征和高阶特征，但是低阶特征需要手动交叉生成，对客户不友好。
- DeepFM 模型：兼顾了低阶和高阶特征，且计算过程中不需要客户干预。

9.5.2　案例：DeepFM 模型的构造与训练

本小节的案例使用 9.4.3 小节中清洗后的 wide_data 数据集，首先导入相关库，代码如下所示。

```
import numpy as np
import pandas as pd
from tensorflow.keras.layers import *
import tensorflow.keras.backend as K
import matplotlib.pyplot as plt
import tensorflow as tf
from tensorflow.keras.models import Model
from tensorflow.keras.utils import plot_model
%matplotlib inline
```

由 DeepFM 模型可知，需要对稀疏变量进行压缩，所以把变量分为稠密型变量和稀疏型变量，并分别进行处理，代码如下所示。

```
data = wide_data.copy()
sparse_feats = ['job.admin.','job.blue-collar','job.entrepreneur','job.housemaid',
'job.management','job.retired','job.self-employed','job.services',
'job.student','job.technician','job.unemployed','job.unknown',
'marital.divorced','marital.married','marital.single',
'education.primary','education.secondary','education.tertiary',
'education.unknown','housing.no','housing.yes','loan.no',
'loan.yes','contact.cellular','contact.telephone','contact.unknown','campaign.1',
'campaign.2','campaign.3','campaign.4','campaign.5',
'campaign.6','campaign.7','campaign.8','campaign.9','campaign.10',
'campaign.11','campaign.12','campaign.13','campaign.14',
'campaign.15','campaign.16','campaign.17','campaign.18',
'campaign.19','campaign.20','campaign.21','campaign.22',
'campaign.23','campaign.24','campaign.25','campaign.26',
'campaign.27','campaign.28','campaign.29','campaign.30',
'campaign.31','campaign.32','campaign.33','campaign.41',
'campaign.43','campaign.63','poutcome.failure','poutcome.other',
'poutcome.success','poutcome.unknown','default.no','default.yes']
dense_feats = ["age", "balance", "duration", "pdays", "previous"]
def process_dense_feats(data, feats):
    d = data.copy()
    d = d[feats].fillna(0.0)
    for f in feats:
        d[f] = d[f].apply(lambda x: np.log(x+1) if x > -1 else -1)
    return d
data_dense = process_dense_feats(data, dense_feats)
from sklearn.preprocessing import LabelEncoder
def process_sparse_feats(data, feats):
    d = data.copy()
    d = d[feats].fillna("-1")
    for f in feats:
        label_encoder = LabelEncoder()
        d[f] = label_encoder.fit_transform(d[f])
    return d
data_sparse = process_sparse_feats(data, sparse_feats)
```

运行上述程序，即可完成对稠密型变量和稀疏型变量的处理。接着，对处理后的数据进行合并，并指定标签数据，代码如下所示。

```
total_data = pd.concat([data_dense, data_sparse], axis=1)
total_data['label'] = data['Label']
```

上述工作完成后，即可进行模型的构造及训练。首先，构造一阶稠密型变量输入及稀疏型变量输入，并进行合并，代码如下所示。

```
#构造 dense 特征的输入
dense_inputs = []
for f in dense_feats:
        _input = Input([1], name=f)
        dense_inputs.append(_input)
#将输入拼接到一起，方便连接 Dense 层
concat_dense_inputs = Concatenate(axis=1)(dense_inputs)
#然后连上输出为1个单元的全连接层，表示对 dense 变量的加权求和
fst_order_dense_layer = Dense(1)(concat_dense_inputs)
#单独对每一个 sparse 特征构造输入，目的是方便后面构造二阶组合特征
sparse_inputs = []
for f in sparse_feats:
        _input = Input([1], name=f)
        sparse_inputs.append(_input)

sparse_1d_embed = []
for i, _input in enumerate(sparse_inputs):
        f = sparse_feats[i]
        voc_size = total_data[f].nunique()
        #使用 l2 正则化防止过拟合
        reg = tf.keras.regularizers.l2(0.5)
        _embed = Embedding(voc_size, 1, embeddings_regularizer=reg)(_input)
        #由于 Embedding 的结果是二维的
        #因此如果需要在 Embedding 之后加入 Dense 层，则需要先连接上 Flatten 层
        _embed = Flatten()(_embed)
        sparse_1d_embed.append(_embed)
#sparse 特征加权求和
fst_order_sparse_layer = Add()(sparse_1d_embed)
#合并 Linear 部分
linear_part = Add()([fst_order_dense_layer, fst_order_sparse_layer])
```

接着，进行二阶特征的构造，代码如下所示。

```
#二阶特征
#embedding size
k = 8
#这里考虑 sparse 的二阶交叉
sparse_kd_embed = []
for i, _input in enumerate(sparse_inputs):
        f = sparse_feats[i]
        voc_size = total_data[f].nunique()
        reg = tf.keras.regularizers.l2(0.7)
        _embed = Embedding(voc_size, k, embeddings_regularizer=reg)(_input)
        sparse_kd_embed.append(_embed)
sparse_kd_embed
```

将所有 sparse 的 embedding 拼接起来，然后按照 FM 的特征组合公式计算，代码如下所示。

```
concat_sparse_kd_embed = Concatenate(axis=1)(sparse_kd_embed)
sum_kd_embed = Lambda(lambda x: K.sum(x, axis=1))(concat_sparse_kd_embed)
square_sum_kd_embed = Multiply()([sum_kd_embed, sum_kd_embed])
square_kd_embed = Multiply()([concat_sparse_kd_embed, concat_sparse_kd_embed])
sum_square_kd_embed = Lambda(lambda x: K.sum(x, axis=1))(square_kd_embed)
sub = Subtract()([square_sum_kd_embed, sum_square_kd_embed])
sub = Lambda(lambda x: x*0.5)(sub)
snd_order_sparse_layer = Lambda(lambda x: K.sum(x, axis=1, keepdims=True))(sub)
```

接下来就是 DNN 部分，这里设置三层隐藏层以及输出结果，并设置完成模型参数，代码如下所示。

```
flatten_sparse_embed = Flatten()(concat_sparse_kd_embed)
fc_layer = Dropout(0.5)(Dense(256, activation='relu')(flatten_sparse_embed))  # 256
fc_layer = Dropout(0.3)(Dense(128, activation='relu')(fc_layer))  # 128
fc_layer = Dropout(0.1)(Dense(64, activation='relu')(fc_layer))  # 64
fc_layer_output = Dense(1)(fc_layer)
#输出结果
output_layer = Add()([linear_part, snd_order_sparse_layer, fc_layer_output])
output_layer = Activation("sigmoid")(output_layer)
model = Model(dense_inputs+sparse_inputs, output_layer)
model.compile(optimizer="adam",
              loss="binary_crossentropy",
              metrics=["binary_crossentropy",
                       tf.keras.metrics.AUC(name='auc')])
```

最后，直接调用设置好的模型进行训练，代码如下，其中迭代次数设置为 100 次，训练数据库和评估数据集保持一致。

```
train_data = total_data
train_dense_x = [train_data[f].values for f in dense_feats]
train_sparse_x = [train_data[f].values for f in sparse_feats]
train_label = [train_data['label'].values]
model.fit(train_dense_x+train_sparse_x,
          train_label, epochs=100,
          batch_size=256,
          validation_data=(train_dense_x+train_sparse_x,
                           train_label),
      )
test_loss, test_val_binary_crossentropy ,test_accuracy = model.evaluate(train_dense_x+
train_sparse_x, train_label)
print("Test accuracy: {}".format(test_accuracy))
```

运行上述程序，结果如下所示，模型的整体准确率为 88.8%，相比 Wide & Deep 模型，预测效果较好。

```
Epoch 1/100
44/44 [=====] - 1s 25ms/step - loss: 1.9017 - binary_crossentropy: 1.4762 - auc: 0.7017
- val_loss: 0.9339 - val_binary_crossentropy: 0.5150 - val_auc: 0.8478
Epoch 2/100
44/44 [=====] - 1s 20ms/step - loss: 0.7972 - binary_crossentropy: 0.4987 - auc: 0.8425
- val_loss: 0.6899 - val_binary_crossentropy: 0.4851 - val_auc: 0.8572
Epoch 3/100
44/44 [=====] - 1s 20ms/step - loss: 0.6462 - binary_crossentropy: 0.4865 - auc: 0.8512
- val_loss: 0.5940 - val_binary_crossentropy: 0.4697 - val_auc: 0.8695
..................
..................
..................
Epoch 97/100
44/44 [=====] - 1s 19ms/step - loss: 0.4379 - binary_crossentropy: 0.4333 - auc: 0.8820
- val_loss: 0.4298 - val_binary_crossentropy: 0.4241 - val_auc: 0.8875
Epoch 98/100
44/44 [=====] - 1s 19ms/step - loss: 0.4375 - binary_crossentropy: 0.4322 - auc: 0.8831
- val_loss: 0.4309 - val_binary_crossentropy: 0.4258 - val_auc: 0.8881
Epoch 99/100
44/44 [=====] - 1s 19ms/step - loss: 0.4376 - binary_crossentropy: 0.4329 - auc: 0.8824
- val_loss: 0.4287 - val_binary_crossentropy: 0.4241 - val_auc: 0.8883
Epoch 100/100
44/44 [=====] - 1s 19ms/step - loss: 0.4351 - binary_crossentropy: 0.4303 - auc: 0.8837
- val_loss: 0.4290 - val_binary_crossentropy: 0.4239 - val_auc: 0.8880
349/349 [===] - 1s 3ms/step - loss: 0.4290 - binary_crossentropy: 0.4239 - auc: 0.8880
Test accuracy: 0.8880428075790405
```

第 3 篇
推荐系统的冷启动及效果评估

第10章

推荐系统的冷启动

推荐系统根据用户的历史行为分析用户的兴趣，再根据兴趣为用户推荐项目。然而，在推荐系统的运行过程中，新用户与新项目会源源不断地出现。由于这部分用户与项目没有历史评分信息，系统无法有效地推断新用户的兴趣与新项目的受欢迎度，这种涉及新用户和新项目推荐的问题成为冷启动推荐问题。

本章首先介绍冷启动的基本概念，并通过冷启动的实际案例来说明如何解决新用户或新项目的冷启动问题。

10.1 什么是冷启动

推荐系统的主要目标是将大量的物品推荐给可能喜欢的用户，这里就涉及物品和用户两类对象，在任何平台上，物品和用户都是不断增长和变化的，所以一定会频繁地出现或消失新的物品和新的用户，推荐系统冷启动问题指的就是对于新注册的用户或新入库的物品，如何给新用户推荐物品让用户满意，以及如何将新物品推荐给喜欢它的用户。

另外，如果是新开发的平台，初期用户很少，用户行为也不多，则常用的协同过滤、深度学习等依赖大量用户行为的算法不能很好地训练出精准的推荐模型。怎样让推荐系统很好地运转起来，让推荐变得越来越准确？这就是系统冷启动问题。

总之，推荐系统冷启动主要分为用户冷启动、物品冷启动和系统冷启动三大类。

- 用户冷启动：主要解决如何给系统的新用户做个性化推荐的问题，当新用户到来时，平台没有新用户的行为数据，所以无法根据新用户的历史行为预测其兴趣爱好，也就无法提供个性化推荐。
- 物品冷启动：当一个系统中出现了新的物品时，平台需要向用户推荐这个物品，然而系统中并没有关于该物品的任何信息，用户无法感知新产品的存在，这就给推荐系统的推荐带来一定的麻烦。
- 系统冷启动：主要解决如何在一个新开发的平台（网站或 APP）上设计个性化推荐，从而在产品刚上线时就让用户体验到个性化推荐服务。

10.2 解决冷启动的方案

针对用户冷启动、物品冷启动和系统冷启动，可以提供以下解决方案。

1. 用户冷启动

处理用户冷启动，主要有以下几种方法。

（1）利用用户注册信息。很多平台在新用户注册时是需要用户填写一些信息的，这些用户注册时填的信息就可以作为为用户提供推荐的指导。典型的如相亲网站，需要填写自己的相关信息，填的信息越完善，代表越真诚，这些完善的信息就是产品为用户推荐相亲对象的素材。

（2）利用社交关系推荐。有些 APP，用户在注册时要求导入社交关系，如手机通信录，这时可以将用户的好友喜欢的标的物推荐给你。利用社交信息来做冷启动，特别是在有社交属性的产品中，这是很常见的一种方法。社交推荐最大的好处是用户基本不会反感推荐的标的物，所谓人以群分，用户的好友喜欢的东西用户也可能会喜欢。

（3）利用用户填写的兴趣点。还有一些 APP，强制用户在注册时提供兴趣点，有了这些兴趣点就可以为用户推荐他喜欢的内容了。通过该方法可以很精准地识别用户的兴趣，对用户的兴趣把握得相对准确。这是一个较好的冷启动方案。但是要注意，不能让用户填写太多内容，用户操作也要非常简单，占用用户太多时间，操作太复杂，可能就会流失用户。

（4）Top-N 产品推荐。解决用户冷启动问题的另一个方法是在新用户第一次访问推荐系统时，不立即给用户展示推荐结果，而是给用户提供一些物品，让用户反馈他们对这些物品的兴趣，然后根据用户反馈结果提供个性化推荐。

在各种不同的业务场景中，经常使用的方案是推荐比较热门的产品，即 Top-N 产品推荐。如何定义“热门”？“热门”可能是最近一段时间产品的访问次数、交易次数、交易规模或电话询问次数等，可以根据具体场景自主选择。

（5）新产品推荐。可以利用新的标的物作为推荐，人都是有喜新厌旧倾向的，推荐新的东西肯定能抓住用户的眼球（如视频行业推荐新上映的大片）。由于热门标的物是热点，由于人的从众效应，所以推荐热门标的物，新用户喜欢的可能性比较大。

2. 物品冷启动

（1）采用快速试探策略。将新标的物曝光给一批随机用户，观察用户对标的物的反馈，找到对该标的物有正向反馈（如观看、购买、收藏、分享等）的用户，后续将该标的物推荐给有正向反馈的用户或与该用户相似的用户。

这种策略特别适合像淘宝这种提供平台的电商公司以及像今日头条、快手、阅文等 UGC 平台公司，它们需要维护第三方生态的繁荣，所以需要将第三方新生产的标的物尽可能地推荐出去，让第三方有利可图。同时，通过该方式也可以快速知道哪些新的标的物是大受用户欢迎的，找到这些标的物，也可以提升自己平台的营收。

（2）利用相似的物品进行推荐。对于新加入的物品，可以利用物品的内容信息计算其与其他物品的相似度，基本思路就是首先将物品转换成关键词向量；其次通过计算向量之间的相似度（如，计算余弦相似度），得到物品的相关程度；然后根据相似度将它们推荐给喜欢过和它们相似物品的用户，这就用到了基于项目的协同过滤算法，具体实现方案可以参考第 3 章的内容。

3. 系统冷启动

很多系统在建立时，既没有用户的行为数据，也没有充足的物品信息来计算物品相似度。在这种情况下，很多系统都利用专家进行标注，代表系统如个性化网络电台 Pandora 和电影推荐网站 Jinni。

以 Pandora 电台为例，Pandora 雇用了一批音乐人对几万名歌手的歌曲进行各个维度的标注，最终选定了 400 多个特征，每首歌都可以标识为一个 400 维的向量，然后通过常见的向量相似度算法计算出歌曲的相似度。

10.3 冷启动实际案例

10.2 节中给出了各种常见的冷启动方案，针对不同的业务场景，选择的方案不尽相同。综合考虑以上方案，其具体技术实现难度均较低，本节将通过两个案例来说明如何解决冷启动问题。

10.3.1 案例：热门产品推荐

当一个用户刚刚注册时，因为没有该用户的历史记录，所以一个最基本的方法是应用基于人气的策略，即推荐最受欢迎的产品。

本案例中我们使用最简单的数据，数据集中有 7 名用户对不同书籍的评分，评分为 1~5 分，首先导入数据，代码如下所示。

```
import pandas as pd
dataset={'Tom': {'Python 数据分析': 5,'人工智能概论': 3,
'SAS 数据挖掘': 3,'TensorFlow 入门': 3,'机器学习导论': 2,
'Python 数据化运营': 3},
        'Abby': {'Python 数据分析': 5,'人工智能概论':
3,'TensorFlow 入门': 5,'SAS 数据挖掘':5,'概率与统计': 3,
'机器学习导论': 3},
        'Coco': {'大数据分析': 2,'SAS 数据挖掘': 5,'TensorFlow 入门': 3,
'概率与统计': 4},
        'Kate': {'SAS 数据挖掘': 5,'大数据分析': 4,'TensorFlow 入门': 4,},
        'Judy': {'Python 数据分析': 4,'人工智能概论': 4,'SAS 数据挖掘': 4,
'概率与统计': 3,'机器学习导论': 2},
        'Lucy': {'Python 数据分析': 3,'SAS 数据挖掘': 4,'概率与统计': 3,
'TensorFlow 入门': 5,'机器学习导论': 3},
        'Wendy': {'SAS 数据挖掘':4,'机器学习导论':1,'TensorFlow 入门':4}}
```

接着，计算书籍清单，代码如下所示。

```
booklist = [book for person,data in dataset.items() for book in data.keys()]
a=set(booklist)
book_unique_lst=list(a)
book_unique_lst.sort()
book_unique_lst
```

运行上述程序，结果如下所示，总计有 8 本书籍。

```
['Python 数据分析',
 'SAS 数据挖掘',
 'TensorFlow 入门',
 'Python 数据化运营',
```

```
'人工智能概论',
'大数据分析',
'机器学习导论',
'概率与统计']
```

进一步计算每本书的评分次数及加权评分数，代码如下所示。

```
#获取所有用户的评分数据
trending_list = [(i,j) for person,
                   data in dataset.items() for i,j in data.items()]
#初始化书籍 book 的评分 list
book_rating = []
#用于存放每本书的评分用户数
watching_list = []
#计算每本书的加权评分
#对每本书进行循环计算
for i in book_unique_lst:
        rating = 0                          #初始化评分
        no_of_users = 0                     #初始化用户数
        for m,r in trending_list:
              if m == i:
                    rating += r             #汇总评分
                    no_of_users +=1         #计算评分的用户数
        #打印每本书的评分用户数
        watching_list.append((no_of_users," users watched:: ",i))
        #计算每本书的加权评分
        books_rating.append(((rating/no_of_users),i))
#根据加权评分进行排序
books_rating.sort(reverse=True)
print(books_rating, '\n')
print(watching_list)
```

运行上述程序，结果如下所示，评分最高的书籍名称为“SAS 数据挖掘”，其评分为 4.2857，评分最低的书籍名称为“机器学习导论”，其评分为 2.2。

```
#每本书的加权评分结果
[(4.285714285714286, 'SAS 数据挖掘'),
 (4.25, 'Python 数据分析'),
 (4.0, 'TensorFlow 入门'),
 (3.3333333333333335, '人工智能概论'),
 (3.25, '概率与统计'),
 (3.0, '大数据分析'),
 (3.0, 'Python 数据化运营'),
 (2.2, '机器学习导论')]
#每本书的评分人数
[(4, ' users watched:: ', 'Python 数据分析'),
 (7, ' users watched:: ', 'SAS 数据挖掘'),
```

```
(6, ' users watched:: ', 'TensorFlow 入门'),
(1, ' users watched:: ', 'Python 数据化运营'),
(3, ' users watched:: ', '人工智能概论'),
(2, ' users watched:: ', '大数据分析'),
(5, ' users watched:: ', '机器学习导论'),
(4, ' users watched:: ', '概率与统计')]
```

由于新用户没有任何历史信息，所以，可以直接用 books_rating 的结果数据进行推荐。例如，如果新进的用户名为 Anna，则可以直接调用加权评分数据进行推荐。具体代码如下所示。

```
print("Enter the username")
string = input()
if string not in dataset.keys():
        message = "New User Recommendation: Popular Books"
        print(message)
        for r,m in books_rating:
             print(m," rating --->",r)
else:
        print("This recommedation is for only new users")
```

运行上述程序，结果如下所示。

```
Enter the username
Anna
New User Recommendation: Popular Books
SAS 数据挖掘  rating ---> 4.285714285714286
Python 数据分析  rating ---> 4.25
TensorFlow 入门  rating ---> 4.0
人工智能概论  rating ---> 3.3333333333333335
概率与统计  rating ---> 3.25
大数据分析  rating ---> 3.0
Python 数据化运营  rating ---> 3.0
机器学习导论  rating ---> 2.2
```

10.3.2 案例：基于初始信息的产品推荐

本案例使用基本的用户注册信息数据对新用户进行产品推荐，首先导入数据集 OldUserInfo.csv 和 NewUserInfo.csv。具体代码如下所示。

```
import pandas as pd
import numpy as np
import matplotlib.pyplot as plt
#获取数据
olduser_train=pd.read_csv("D:/ReSystem/Data/chapter10/
OldUserInfo.csv")
newuser_test=pd.read_csv("D:/ReSystem/Data/chapter10/
```

```
NewUserInfo.csv")
olduser_train.head()
newuser_test.head()
```

运行上述程序，结果如图 10-1 和图 10-2 所示，其中分别展示了两个数据集的前 5 个样本。其中，数据集 OldUserInfo.csv 包含 4 个变量，分别为 userid（用户 id）、age（用户年龄）、LogonCount（截至建模时间 APP 的登录次数）与 y（目标变量），其中 y 变量表示用户是否购买了产品 A。数据集 NewUserInfo.csv 包含 3 个变量，由于此数据集为新用户的信息，尚无购买产品 A 的记录，这里主要是为了说明问题，真实情况下用户的注册信息可能更多。

	userid	age	LogonCount	y
0	554	42	32	1
1	515	36	29	1
2	299	38	24	1
3	455	44	24	1
4	830	35	22	1

图 10-1　数据集 olduser_train 的前 5 个样本

	userid	age	LogonCount
0	1001	34	2
1	1002	31	2
2	1003	39	3
3	1004	34	1
4	1005	24	3

图 10-2　数据集 newuser_test 的前 5 个样本

接着，查看数据集 olduser_train 和 newuser_test 的基本信息，代码如下所示。

```
print('数据集 olduser_train 的基本信息：')
print(olduser_train.info())
print('数据集 newuser_test 的基本信息：')
print(newuser_test.info())
```

运行上述代码，结果如下所示，考虑到两个数据集均没有缺失值等特殊情况，所以无须进一步进行数据清洗。

```
数据集 olduser_train 的基本信息：
<class 'pandas.core.frame.DataFrame'>
RangeIndex: 1000 entries, 0 to 999
Data columns (total 4 columns):
userid        1000 non-null int64
age           1000 non-null int64
LogonCount    1000 non-null int64
y             1000 non-null int64
dtypes: int64(4)
memory usage: 31.4 KB
None
数据集 newuser_test 的基本信息：
<class 'pandas.core.frame.DataFrame'>
RangeIndex: 400 entries, 0 to 399
Data columns (total 3 columns):
userid        400 non-null int64
age           400 non-null int64
```

```
LogonCount    400 non-null int64
dtypes: int64(3)
memory usage: 9.5 KB
None
```

这里，可以利用老用户的基本信息，通过 Logistic 回归模型计算新用户对产品 A 的购买概率，从而可以根据概率分数进行针对性的产品推荐。具体代码如下所示。

```
from sklearn import linear_model
#指定训练和预测数据集
train_x = olduser_train[['age','LogonCount']]
train_y = olduser_train[['y']]
test_x = newuser_test[['age','LogonCount']]
logreg = linear_model.LogisticRegression()
logreg.fit(train_x, train_y)
Y_pred = logreg.predict(test_x)
print(Y_pred)
```

运行上述程序，结果如下所示，数据为新用户对产品 A 的购买偏好概率，可以根据预测结果 Y_pred 进行产品 A 的推荐。

```
[0 0 0 0 0 0 0 0 0 0 0 0 0 0 0 1 0 0 0 0 0 0 0 0 0 0 0 0 0 0 0 0 0 0 0 0 0 0 0 0 0 0
0 0 0 0 0 0 0 0 0 0 0 0 0 0 0 0 0 0 0 0 0 0 0 0 0 1 0 0 0 0 0 0 0 1 0 0 0 0 0 0 0 0
0 0 1 0 0 0 0 0 1 0 0 0 0 0 0 0 0 0 0 0 0 0 0 0 0 0 0 0 0 0 0 0 0 0 0 0 0 0 0 0 1 0
0 0 0 0 0 0 0 0 0 0 1 0 0 0 0 0 0 0 0 1 0 0 0 0 0 0 0 0 0 0 0 0 0 0 0 0 0 0 0 0 0 0
0 0 0 0 0 0 0 0 0 0 0 0 0 0 0 0 0 0 0 0 0 0 0 0 0 0 0 0 0 0 0 1 0 0 0 0 0 1 0 0 0 0
0 0 0 0 1 0 0 0 0 0 0 0 0 0 0 0 1 0 0 0 0 0 0 0 0 0 0 0 0 0 0 0 0 0 0 0 0 0 0 0 0 0
0 0 0 0 0 0 0 0 0 0 0 0 0 0 0 0 0 0 0 1 0 0 0 0 0 0 0 0 0 0 0 0 0 0 0 0 0 0 0 0 0 0
0 1 0 0 0 0 0 0 1 0 0 0 0 0 0 0 0 0 0 0 0 0 0 0 0 0 0 0 0 0 0 0 0 0 0 0 0 0 0 0 0 0
0 0 0 0 0 0 0 0 0 0 0 0 0 0 0 0 0 0 0 0 1 0 0 0 0 0 0 0 0 0 0 0 0 0 0 0 0 0 0 0 0 0
0 0 0 0 0 0 0 0 0 0 0 0 0 0]
```

当然，上述案例仅涉及一个产品，如果考虑更多的产品，则本质上是一样的方法。最终可以利用用户的注册信息计算出用户对所有产品的偏好概率矩阵，在推荐产品时，可以根据概率矩阵筛选针对性的用户群进行推荐。

第11章

推荐系统的效果评估

推荐系统已经流行于各大商业领域与科研领域，目前已有大量的相关研究，对于真实业务场景下的推荐系统，如何评价其性能是一个重要的问题。评估是检验推荐系统性能的手段，对于推荐系统的发展具有重要的引导意义。

本章介绍了推荐系统的评测方法及评估指标，并通过实际案例展示了如何计算推荐系统的性能评价指标。

11.1 推荐系统的评测方法

一般来说，推荐系统由四个核心的模块组成，分别是用户行为数据的获取、建模与预测、产品的排序与推荐及推荐系统的评估，其中最核心的是建模与预测模块，如图 11-1 所示。

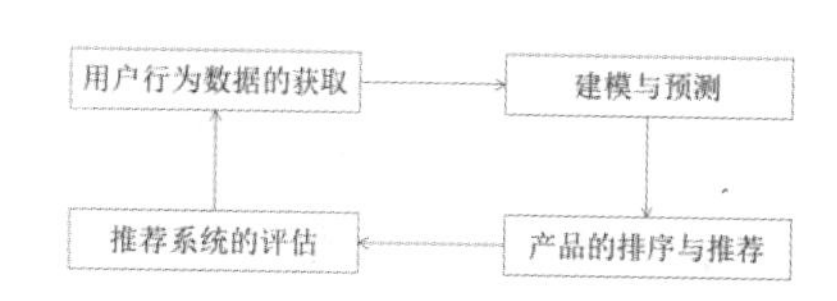

图 11-1 推荐系统的四大模块

个性化推荐系统的核心是推荐算法，如何评价一个推荐算法是好是坏呢？这就需要对算法的效果进行分析评估。一般来说，推荐系统的评估有以下三种方式。

- 用户调查：针对小部分用户，使用推荐系统的体验反馈对推荐系统进行评估。
- 离线分析：利用现有数据来计算推荐模型的评估指标，包括模型准确度、覆盖率、召回率等，快速过滤掉性能不佳的模型。
- 在线评估：通过真实的用户使用情况来评估推荐系统。

在实际的推荐系统评估工作中，通常会先采用离线分析来评估、比较各种推荐算法，在得到最合适的几种候选推荐算法后，调整这些算法的参数以获得最好的推荐性能。其次，在用户调查阶段，通过记录测试人员与推荐系统交互的各种任务，评估测试人员对候选推荐系统的认可程度，从而进一步筛选候选的推荐算法，并完成算法参数的调优。最后，通过在线评估确定最合适的推荐系统。这种渐进的测评流程可以降低在线测评的风险，同时获得满意的推荐效果。

本书将详细介绍采用离线分析评估、比较各种推荐算法的方法。

11.2 推荐系统的评估指标

采用离线分析评估、比较推荐算法的方法分为多种，分别是基于机器学习模型、基于信息论以及基于用户体验的平台方法。

11.2.1 基于机器学习模型的评估指标

推荐系统的性能评估本质上就是对推荐模型预测的准确程度的评估，即模型预测的误差。目前，推荐系统都会采用预测误差来评估推荐模型的质量。

预测模型评分准确度的指标主要有以下几种。

平均绝对误差：$\text{MAE} = \frac{1}{Q}\sum_{(u,i)\in Q}\left|r_{ui} - \hat{r}_{ui}\right|$

均方误差：$\text{MSE} = \frac{1}{Q}\sum_{(u,i)\in Q}\left(r_{ui} - \hat{r}_{ui}\right)^2$

均方根误差：$\text{RMSE}=\sqrt{\frac{1}{Q}\sum_{(u,i)\in Q}\left(r_{ui}-\hat{r}_{ui}\right)^2}$

式中：Q 为测试集；r_{ui} 为用户真实的偏好评分结果；$\hat{r}_{ui}$ 为推荐系统模型预测的偏好评分结果。

surprise.accuracy 模块提供了计算一组预测准确性指标的工具，代码如下所示，在计算模型的均方误差和均方根误差指标时，直接调用即可。

```
from surprise import accuracy
#predictions：测试数据集预测结果
#定义平均绝对误差函数
def MAE(predictions):
    return accuracy.mae(predictions,verbose=False)
#定义均方根误差函数
def RMSE(predictions):
    return accuracy.rmse(predictions,verbose=False)
```

11.2.2 基于信息论的评估指标

除了上述的模型预测准确率，还有基于信息论的一系列评估指标，如准确率（Precision）、召回率（Recall）、F-Score、ROC 曲线等，具体计算公式如下：

准确率（或命中率）：$\text{Precision}=\frac{N_{rs}}{N_s}$

召回率：$\text{Recall}=\frac{N_{rs}}{N_r}$

F-Score：$\text{F-Score}=\frac{2\times\text{Precision}\times\text{Recall}}{\text{Precision}+\text{Recall}}$

式中：N_{rs} 为推荐产品中用户喜欢的个数；N_s 为推荐产品的数量；N_r 为用户喜欢的产品数。准确率描述的是推荐产品中用户喜欢产品的比例，召回率描述的是不遗漏用户喜欢产品的比例，F-Score 表示准确率与召回率的折中。在推荐系统中用户一般更加关注前 n 个产品的准确率。

我们可以通过 Leave-one-out（留一法）方法来计算准确率。顾名思义，Leave-one-out 方法是指推荐系统先通过计算，训练数据中每个用户的 Top-N 推荐，然后从用户的训练数据中删除一项，以便测试推荐算法是否有能力推荐 Top-N 推荐中被遗漏的项目。根据准确率的计算公式给出具体的计算代码。

```
#计算准确率指标
#topNPredicted：预测的 Top-N 推荐产品
#leftOutPredictions 测试数据集 LOOCVTest 的预测结果
def HitRate(topNPredicted,leftOutPredictions):
     hits = 0
total = 0
```

```
    for leftOut in leftOutPredictions:
        userID = leftOut[0]
        leftOutBookId = leftOut[1]
        hit = False
        #检查预测的书是否在该用户的前 10 名中
        for bookID, predictedRating in topNPredicted[int(userID)]:
            if(int(leftOutBookId) == int(bookID)):
                hit = True
                break
        #若预测的书在该用户的 Top-N 中，则加 1
        if (hit):
            hits += 1

        total +=1
    hitRate = hits/total
    return hitRate
```

进一步，介绍较为重要的 ROC 曲线，如图 11-2 所示。ROC 曲线全称是 Receiver Operating Characteristic Curve（受试者工作特征曲线），适用于推荐系统的评估，我们可以通过 ROC 曲线来调整推荐系统的参数。例如，找到推荐系统错误的正例率与正确的正例率之间的折中。此外，通过 AUC 还可以比较不同推荐系统的性能，有利于选择最佳的推荐模型。

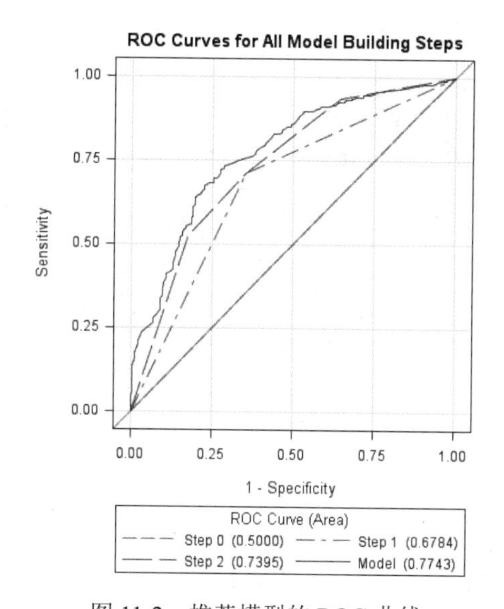

图 11-2　推荐模型的 ROC 曲线

11.2.3　基于用户体验的评估指标

除了上述评估指标，还可以从用户体验角度对推荐系统进行评估，如推荐系统推荐产品的多样性、新颖性、信任度及惊喜度等。

1. 多样性

在某些情况下，为用户推荐相似的物品实际上并没有太大的意义。例如，某用户在某平台上已经购买了一部手机，这时如果继续为该用户推荐相似的、其他品牌的手机，则该用户一般不会再感兴趣了。用户的兴趣是广泛的，为了提高用户的感知质量，推荐结果应该能够覆盖用户的所有兴趣点，甚至用户未发觉的潜在兴趣，从而体现推荐的多样性。因此，在设计推荐系统时，不仅需要关心预测准确度，还需要关心推荐产品的多样性，以满足用户的不同需求。

许多推荐系统从计算项目之间的相似度度量入手，这些相似度分数可以用来衡量多样性。例如，要查看 Top-N 推荐列表中每一对可能配对的相似度得分，可以对这些得分求平均值，以找到列表中推荐项目之间的相似度度量，我们可以称它为推荐的平均相似度 sim，多样性可以被认为是平均相似度的反义词，即 1-sim 是与多样性相关的数字度量。计算多样性的代码如下所示：

```
#topNPredicted：预测的 Top-N 推荐产品
#simsAlgo= KNNBaseline()协同过滤算法
def Diversity(topNPredicted, simsAlgo):
    n = 0
    total = 0
    simsMatrix = simsAlgo.compute_similarities()
    for userId in topNPredicted.keys():
        pairs = itertools.combinations(topNPredicted[userId],2)
        #计算项目之间的相似度，并汇总
        for pair in pairs:
            book1 = pair[0][0]
            book2 = pair[1][0]
            innerId1 = simsAlgo.trainset.to_inner_iid(str(book1))
            innerId2 = simsAlgo.trainset.to_inner_iid(str(book2))
            similarity = simsMatrix[innerId1][innerId2]
            total += similarity
            n += 1
    #平均相似度
    sim = total/n
    #计算 1-sim
    diversity = 1 - sim
    return diversity
```

2. 新颖性

推荐系统的新颖性是指为用户推荐他们不了解的物品。在需要推荐新颖性物品的应用中，显而易见且最容易实现的方法是过滤掉用户已经评分或购买过的物品。然而，在许多情况下，用户不会告诉推荐系统他们已经知道的所有物品，这个简单的方法不能有效地完成新颖性物品的过滤或推荐行为。提高推荐系统新颖性的另一个方法是利用推荐物品的平均流行度，即越流行的物品新颖性越低，而不太热门的物品可能反而让用户感觉新颖。目前主要通过用户调查来统计推荐系统的新颖性，商业化的推荐系统需要平衡预测准确率与推荐的新颖性、多样性等指标之间的关系。

计算推荐系统新颖性指标的代码如下所示。

```
#topNPredicted：预测的 Top-N 推荐产品
#rankings 每本书的热度，即评分次数的排序
def Novelty(topNPredicted, rankings):
    n = 0
    total = 0
    for userId in topNPredicted.keys():
        #计算 Top-N 推荐中每本书的排序
        for rating in topNPredicted[userId]:
            bookId = rating[0]
            rank = rankings[bookId]
            #汇总排序
            total += rank
            n += 1
    #计算平均排序
    novelty = total/n
    return novelty
```

一般而言，设计人员会根据推荐系统的具体任务与目标进行评估指标的选择与综合分析，从而为应用选择最优的推荐算法，而不会选择单一的评估指标进行效果度量。

11.3 评估指标的案例说明

本节通过案例来说明最常见的推荐模型的评估指标，具体模型的开发过程此处不会详细描述。本书主要通过计算模型评价指标，给读者进行直观展示，更加易于理解。

11.3.1 数据说明

本案例使用图书推荐数据，该数据源于 goodreads 网站，包含 1 万本最受欢迎图书的约 600 万条评分数据，由以下数据集组成。

- ratings.csv：评分数据，评分范围为 1~5 分，图书 ID 为 1~10000 的连续整数，用户 ID 为 1~53424 的连续整数。
- to_read.csv：被用户标记为想读的图书，有将近 100 万条按照时间存储的 user_id、book_id 对。
- books.csv：图书详情（作者、年份等数据），从 goodreads 的 XML 文件中抽取出来的每本书的详情（goodreads ID、作者、书名、平均分等），XML 源文件保存在 books_xml 目录下。
- books_tags.csv：图书标签，用户分配给图书的标签，通过 ID 表示，按照 goodreads_book_id 升序、count 降序存储，其中 count 表示有多少用户为该图书标记该标签。
- tags.csv：图书标签名表，标签 ID 对应的标签名。

11.3.2 数据清洗

1. 导入数据

考虑到原始数据集巨大，模型训练时间较长，在本案例中，我们对原始数据集进行抽样，以快速得到模型结果。首先，导入评分数据集，代码如下所示。

```
#导入数据
#-*- coding: utf-8 -*-
import csv
import re
import pandas as pd
from surprise import Reader
from surprise import Dataset
from collections import defaultdict
import os
import sys
#图书的评分数据
rating_file_location = 'D:/ReSystem/Data/chapter11/goodbooks_10k/ratings.csv'
ratingdata = pd.read_csv(rating_file_location)
ratingdata.head()
```

运行上述程序，结果如图 11-3 所示。

接着，对评分数据的变量名称进行变更，代码如下所示。

```
ratingdata.columns=['user','item', 'rating']
ratingdata.head()
```

运行上述程序，结果如图 11-4 所示。

	user_id	book_id	rating
0	1	258	5
1	2	4081	4
2	2	260	5
3	2	9296	5
4	2	2318	3

图 11-3　评分数据的前 5 个样本

	user	item	rating
0	1	258	5
1	2	4081	4
2	2	260	5
3	2	9296	5
4	2	2318	3

图 11-4　变更变量名称后评分数据的前 5 个样本

进一步，查看评分数据的变量信息及样本数量，代码如下所示。

```
ratingdata.info()
```

运行上述程序，结果如下，总计有 5976479 条评分记录。

```
<class 'pandas.core.frame.DataFrame'>
```

```
RangeIndex: 5976479 entries, 0 to 5976478
Data columns (total 3 columns):
user      int64
item      int64
rating    int64
dtypes: int64(3)
memory usage: 136.8 MB
```

下一步，导入 books.csv 数据集，代码如下所示。

```
#导入books.csv数据集
books_file_location = 'D:/ReSystem/Data/chapter11/goodbooks_10k/books.csv'
books_temp = pd.read_csv(books_file_location)
books_temp.info()
```

运行上述程序，结果如下所示，books.csv 数据集总计有 10000 本书籍、23 个变量。

```
<class 'pandas.core.frame.DataFrame'>
RangeIndex: 10000 entries, 0 to 9999
Data columns (total 23 columns):
book_id                      10000 non-null int64
goodreads_book_id            10000 non-null int64
best_book_id                 10000 non-null int64
work_id                      10000 non-null int64
books_count                  10000 non-null int64
isbn                         9300 non-null object
isbn13                       9415 non-null float64
authors                      10000 non-null object
original_publication_year    9979 non-null float64
original_title               9415 non-null object
title                        10000 non-null object
language_code                8916 non-null object
average_rating               10000 non-null float64
ratings_count                10000 non-null int64
work_ratings_count           10000 non-null int64
work_text_reviews_count      10000 non-null int64
ratings_1                    10000 non-null int64
ratings_2                    10000 non-null int64
ratings_3                    10000 non-null int64
ratings_4                    10000 non-null int64
ratings_5                    10000 non-null int64
image_url                    10000 non-null object
small_image_url              10000 non-null object
dtypes: float64(3), int64(13), object(7)
memory usage: 1.8+ MB
```

考虑到后续的模型训练并不需要所有的变量特征，所以，我们选择必须的变量，代码如下所示。

```
books=books_temp[['book_id','title','authors']]
books.head()
```

运行上述程序，结果如图 11-5 所示。

	book_id	title	authors
0	1	The Hunger Games (The Hunger Games, #1)	Suzanne Collins
1	2	Harry Potter and the Sorcerer's Stone (Harry P...	J.K. Rowling, Mary GrandPré
2	3	Twilight (Twilight, #1)	Stephenie Meyer
3	4	To Kill a Mockingbird	Harper Lee
4	5	The Great Gatsby	F. Scott Fitzgerald

图 11-5　变更变量名称后数据集的前 5 个样本

考虑到评分数据量巨大，为了降低模型的计算量，我们对 books.csv 数据集进行抽样，这里直接选取 book_id 的范围为 1~100 的书籍，代码如下所示。

```
books_new=books[books['book_id']<=100]
books_new.head(100)
```

运行上述程序，结果如图 11-6 所示。数据集 books_new.csv 总计有 100 本书籍。

	book_id	title	authors
0	1	The Hunger Games (The Hunger Games, #1)	Suzanne Collins
1	2	Harry Potter and the Sorcerer's Stone (Harry P...	J.K. Rowling, Mary GrandPré
2	3	Twilight (Twilight, #1)	Stephenie Meyer
3	4	To Kill a Mockingbird	Harper Lee
4	5	The Great Gatsby	F. Scott Fitzgerald
...	...	...	...
95	96	Fifty Shades Freed (Fifty Shades, #3)	E.L. James
96	97	Dracula	Bram Stoker, Nina Auerbach, David J. Skal
97	98	The Girl Who Played with Fire (Millennium, #2)	Stieg Larsson, Reg Keeland
98	99	Fifty Shades Darker (Fifty Shades, #2)	E.L. James
99	100	The Poisonwood Bible	Barbara Kingsolver

100 rows × 3 columns

图 11-6　book_id 的范围为 1~100 的书籍列表

然后，将新数据集导出至本地，代码如下所示。

```
#导出至 csv 文件
books_new_3.to_csv( "D:/ReSystem/Data/chapter11/goodbooks_10k/books_new_3.csv",
index=False)
```

接着，根据 item 对评分数据进行筛选，代码如下所示。

```
#根据 item 筛选评分数据
```

```
rating_2=ratingdata[ratingdata['item']<=100]
rating_2.info()
```

运行上述程序，结果如下，总计筛选出 994879 条评分记录，其中没有缺失值。

```
<class 'pandas.core.frame.DataFrame'>
Int64Index: 994879 entries, 5 to 5976309
Data columns (total 3 columns):
user      994879 non-null int64
item      994879 non-null int64
rating    994879 non-null int64
dtypes: int64(3)
memory usage: 30.4 MB
```

最后，把筛选后的数据集导出至本地，代码如下所示。

```
#导出为 csv 文件
rating_2.to_csv("D:/ReSystem/Data/chapter11/goodbooks_10k/rating_2.csv", index=False)
```

为了对新用户进行书籍推荐，我们导入一个新用户对现有部分书籍的评分数据，代码如下所示。

```
#导入新用户的评分数据
books_file_location = 'D:/ReSystem/Data/chapter11/goodbooks_10k/rating_tom.csv'
rating_tom = pd.read_csv(books_file_location)
rating_tom.head()
```

运行上述程序，结果如图 11-7 所示。

	user	item	rating
0	0	13	5
1	0	2	2
2	0	54	1
3	0	25	3
4	0	11	5

图 11-7　新用户的评分数据

2. 数据清洗

导入数据后，接着进行数据清洗。首先指定相关数据的路径，并合并新用户的评分数据至原始评分数据集中，最后载入数据集 ratingsDataset 中。具体代码如下所示。

```
#数据清洗
#-*- coding: utf-8 -*-
import csv
import re
import pandas as pd
from surprise import Reader
from surprise import Dataset
from collections import defaultdict
import os
import sys
os.chdir(os.path.dirname(sys.argv[0]))
rating_file_location = 'D:/ReSystem/Data/chapter11/goodbooks_10k/ratings_2.csv'
```

```
books_file_location = 'D:/ReSystem/Data/chapter11/goodbooks_10k/books_new_3.csv'
my_rating_file_location = 'D:/ReSystem/Data/chapter11/goodbooks_10k/rating_tom.csv'
new_rating_csv = 'D:/ReSystem/Data/chapter11/goodbooks_10k/ratings-Data.csv'
bookId_to_bookName={}
bookName_to_bookId={}
ratingsDataset = 0
#读取评分数据
df1 = pd.read_csv(rating_file_location,skiprows=1)
#对变量统一命名
df1.columns=['user','item', 'rating']
#获取新用户的评分数据
df2 = pd.read_csv(my_rating_file_location,skiprows=1)
#对变量统一命名
df2.columns=['user','item', 'rating']
#将新用户的评分数据与原有评分数据合并
frame =[df1,df2]
ratingsData = pd.concat(frame,ignore_index=True)
print(ratingsData.head())
#将合并后的评分数据导出为 csv 文件
ratingsData.to_csv("D:/ReSystem/Data/chapter11/goodbooks_10k/
ratings-Data.csv", index=False)
#设置变量类型
ratingsData = ratingsData.astype({'user': str, 'item': str,'rating':str})
#ratingsData = ratingsData.astype({'user': str, 'item': str,'rating':str,
'timestamp':str})
#打印出最后 5 个样本
print(ratingsData.tail())
reader = Reader(line_format='user item rating')
#从 dataframe 加载数据
ratingsDataset = Dataset.load_from_df(ratingsData[['user', 'item', 'rating']], reader)
```

运行上述程序后，结果如下所示，输出了数据集的前 5 项与后 5 项的评分数据。

```
   user  item  rating
0     2    33       4
1     4    70       4
2     4    18       5
3     4    27       5
4     4    21       5
        user   item    rating
994892    0     38        5
994893    0     10        4
994894    0     99        3
994895    0     45        3
994896    0     71        3
```

获取 book_id 与 book_name 之间的对应关系，代码如下所示。

```
#获取 book_id 与 book_name 之间的对应关系
with open(books_file_location,
          newline='',
          encoding='ISO-8859-1') as csv_file:
    book_Reader = csv.reader(csv_file)
    next(book_Reader) #Skip the first/header line
    for row in book_Reader:
        bookID = int(row[0])
        bookName = row[1]
        bookId_to_bookName[bookID] = bookName
        bookName_to_bookId[bookName] = bookID
bookId_to_bookName
```

运行上述程序，结果如下所示，数据为 book_id 与 book_name 之间的映射关系。

```
{1: 'The Hunger Games (The Hunger Games, #1)',
 2: "Harry Potter and the Sorcerer's Stone (Harry Potter, #1)",
 3: 'Twilight (Twilight, #1)',
 4: 'To Kill a Mockingbird',
 5: 'The Great Gatsby',
 ⋮
 96: 'Fifty Shades Freed (Fifty Shades, #3)',
 97: 'Dracula',
 98: 'The Girl Who Played with Fire (Millennium, #2)',
 99: 'Fifty Shades Darker (Fifty Shades, #2)',
 100: 'The Poisonwood Bible'}
```

由于后续要计算推荐系统的新颖性等评估指标，需要计算每本书籍的评分次数，代码如下所示。

```
#计算每本书籍的评分次数
ratings = defaultdict(int)
with open(new_rating_csv,newline='') as cvsfile:
    ratingReader = csv.reader(cvsfile)
    next(ratingReader)
    for row in ratingReader:
        bookID = int(row[1])
        ratings[bookID] += 1
#按评分次数排序
rankings = defaultdict(int)
rank = 1
for bookID, _ in sorted(ratings.items(),
                        key=lambda x:x[1],
                        reverse = True):
```

```
    rankings[bookID] = rank
rank += 1
rankings
```

运行上述程序，结果如下所示，结果为每本书的评分次数排序。

```
defaultdict(int,
            {1: 1,
             2: 2,
             4: 3,
             3: 4,
             5: 5,
               ⋮
             74: 96,
             92: 97,
             99: 98,
             88: 99,
             96: 100})
```

考虑到评分数据、书籍数据和新用户数据均没有缺失值，所以本案例无须数据清洗，可以直接进行模型训练。

11.3.3 模型训练与评估

数据清洗完成后，我们得到了评分数据、书籍数据及书籍评分次数的排序，下一步即可进入建模阶段。这里先调用 Surprise 库中的协同过滤模型接口，代码如下所示。

```
#调用模型进行训练
from surprise.model_selection import train_test_split
#导入交叉验证方法、留一法，即每次只使用一个样本作为测试集，剩下的全部作为训练集
from surprise.model_selection import LeaveOneOut
#导入考虑基线评级的协同过滤模型接口
from surprise import KNNBaseline
```

接着，创建训练数据集和测试数据集。如果要运用整个数据集进行建模，则可以直接调用 build_full_ trainset()方法来实现，代码如下所示。

```
#获取按评分次数排序的 rankings 数据表
ranking = rankings
#创建训练数据集与测试数据集
fullTrainingSet = ratingsDataset.build_full_trainset()
#fullAntiTestSet 是 fullTrainingSet 中评分为 0 的数据（user,item,0)
fullAntiTestSet = fullTrainingSet.build_anti_testset()
print('Number of users: ', fullTrainingSet.n_users, '\n')
```

运行上述程序，可知 fullTrainingSet 数据集中的用户数量为 52888 个，包含所有用户。

```
Number of users:  52888
```

当然，也可以直接调用 train_test_split()方法对评分数据集进行分割。例如，我们把原始评分数据集的 70%作为训练数据集，30%作为测试数据集，代码如下所示。

```
#随机抽样，把原始评分数据集的 70%作为训练数据集，30%作为测试数据集
trainset, testset = train_test_split(ratingsDataset,
                                               test_size=0.30,
                                               random_state=1)
```

紧接着，对 Top-N 的推荐者使用留一法进行检查，代码如下所示。

```
LOOCV=LeaveOneOut(n_splits=1, random_state=1)
for train,test in LOOCV.split(ratingsDataset):
     LOOCVTrain = train
     LOOCVTest = test
#为预测构建反测试数据集
#LOOCVAntiTestSet 是 LOOCVTrain 中评分为 0 的数据（user, item, 0）
LOOCVAntiTestSet = LOOCVTrain.build_anti_testset()
```

利用余弦相似度计算参数和数据集 fullTrainingSet 的余弦相似矩阵，代码如下所示。

```
#利用余弦相似度来度量多样性
sim_options = {'name': 'cosine', 'user_based': False}
simsAlgo = KNNBaseline(sim_options=sim_options)
simsAlgo.fit(fullTrainingSet)
```

数据处理及参数设置完成后，可直接调用模型进行训练。由于要计算 MAE 和 RMSE，所以可以直接调用 accuracy 模块进行计算，代码如下所示。

```
from surprise import KNNBasic
from time import time
import random
import numpy as np
from surprise import accuracy
from collections import defaultdict
import itertools
#调用协同过滤算法进行模型训练
#Item-Based KNN
t0=time()
algorithms = []
sim_options_item = {'name':'cosine','user_based':False}
itemKNN = KNNBasic(sim_options = sim_options_item)
algorithm=itemKNN
name="ItemBased"
algorithms.append(algorithm)
```

```
metrics={}
#计算模型的评估分数
print('Evaluating Accuracy...')
algorithm.fit(trainset)
predictions = algorithm.test(testset)
metrics["MAE"] = accuracy.mae(predictions)
metrics["RMSE"] = accuracy.rmse(predictions)
```

运行上述程序，结果如下所示。模型的MAE和RMSE指标分别为0.7590和0.9748。

```
Evaluating Accuracy...
Computing the cosine similarity matrix...
Done computing similarity matrix.
MAE:  0.7590
RMSE: 0.9748
```

模型训练完成后，接着计算每个用户的Top-N推荐书籍清单，这里计算每个用户的前10本预测评分最高的书籍，代码如下所示。

```
#获取每个用户的Top-10推荐书籍，且预测评分最低为4，并根据预测评分排序输出
def GetTopN(predictions, n=10, minimumRating=4.0):
     topN = defaultdict(list)
     for userID, bookID,actualRating,estimatedRating,_ in predictions:
          if (estimatedRating >= mini mumRating):
               topN[int(userID)].append((int(bookID),estimatedRating))
for userID, ratings in topN.items():
     #对评分进行排序，并选择排名前10的书籍
          ratings.sort(key=lambda x:x[1],reverse = True)
          topN[int(userID)] = ratings[:n]
return topN
#在训练数据集LOOCVTrain上进行模型训练
algorithm.fit(LOOCVTrain)
#计算测试数据集LOOCVTest的预测评分
leftOutPredictions = algorithm.test(LOOCVTest)
#计算反测试数据集LOOCVAntiTestSet的预测评分
allPredictions = algorithm.test(LOOCVAntiTestSet)
#调用函数计算每个用户的Top-10推荐
topNPredicted = GetTopN(allPredictions,n=10)
topNPredicted
```

运行上述程序，结果如下所示。

```
defaultdict(list,
               {2: [(70, 4.6911950816795995),
                    (74, 4.691188083140044),
                    (41, 4.690910654048985),
                    (88, 4.690722284988748),
```

```
                    (65, 4.690695666849878),
                    (92, 4.690578888735319),
                    (91, 4.690271461875837),
                    (7, 4.690155854026352),
                    (62, 4.690136782626893),
                    (12, 4.69003982292693)],
                  4: [(12, 4.179819904917493),
                    (69, 4.17950840915415),
                    (51, 4.179276451312689),
                    (1, 4.178944189138225),
                    (17, 4.178819933227029),
                    (40, 4.178723520700061),
                    (41, 4.178655436722866),
                    (20, 4.178446815730284),
                    (9, 4.178330661917544),
                    (91, 4.178196312919569)],
                      ...})
```

最后，我们就可以很容易地计算出推荐系统的准确率、多样性和新颖性指标结果，具体代码如下所示。

```
metrics["HR"] = HitRate(topNPredicted,leftOutPredictions)
metrics["Diversity"] = Diversity(topNPredicted,simsAlgo)
metrics["Novelty"] = Novelty(topNPredicted,rankings)
metrics
```

运行上述程序，结果如下所示，模型的 MAE 为 0.7590，RMSE 为 0.9748，模型准确率为 0.1078，多样性指标为 0.0501，新颖性指标为 53.67。

```
{'MAE': 0.7589899222563207,
 'RMSE': 0.9747977768799335,
 'HR': 0.10779382846770534,
 'Diversity': 0.05009822597752511,
 'Novelty': 53.66881472139825}
```

至此，推荐系统的几个常见的评估指标已计算完成。一般情况下，我们不会单一地根据某个指标的好坏来评价推荐系统的整体性能，而是需要综合考虑推荐系统的准确率、多样性和新颖性，以及系统的稳定性等指标，从而为具体的应用场景选择最优推荐系统。

第 4 篇

项目实战

第12章

广告点击率预估

广告推荐的问题一般可以理解为广告点击率问题，点击率预估是广告系统中的核心模块，在搜索引擎、视频、购物、生活服务类等大型网站中有大量的应用。点击率预估的准确性对于增强广告主的营销效果，增加广告平台的广告收益，提升用户体验有着重要的作用。常见的广告推荐模型包括 Logistic 回归、因子分解机等线性与非线性模型。此外，深度学习也具有强大的数据拟合能力，已经在广告推荐领域取得较大进展。本章基于多种模型方法来处理点击率预估问题，并对比各个模型的优缺点。

12.1 案例背景

在当今世界互联网时代，互联网广告仍然是很多大型互联网公司的主要收入来源。互联网广告连接着广告主与数亿甚至是数十亿的用户，巨大的用户流量蕴藏着巨大的价值。广告在诸如搜索引擎、视频、生活服务类、购物等各类大型网站中的收入占比非常大。与电子商务、游戏等业务一样，互联网广告业务也是上述网站的可持续发展的稳定业务。在搜索领域，会通过用户的检索来展示相应的广告，如 Google 的在线广告系统 AdSense、百度的凤巢系统、Facebook 的 Atlas，每天都可以实现巨大的收益。

对于点击率的预估，国内外已有很多学者提出了相应的计算策略，当前 Google、Facebook、Yahoo 等大型互联网公司对该领域的研究尤为热衷，而且提出不少高效、实用的模型与框架。同时，点击率预估作为一个概率预测问题，很多现有模型都可以使用，新的模型也不断被提出来。

点击率预估是根据对用户历史的点击日志进行分析，结合广告特征、用户特征、环境特征，预测广告平台展示广告时用户点击的概率。本文结合网上公开数据集设计一个基本的模型框架，让读者对模型开发有一个基本的认识，对于较复杂的模型，读者可以参考相关文献获取。

12.2 数据说明

本案例中使用的数据集来自 Kaggle 竞赛平台，是对在线广告点击率进行预估的竞赛数据，该数据集由 Avazu 提供。数据集变量描述如表 12-1 所示，总计有 24 个变量，该数据为某搜索引擎页面呈现的广告点击数据，广告每一次展示或被点击都会在页面日志中存入一条对应的数据以记录该次操作。数据集的变量包含三个部分：第一部分是广告点击率数据变量，包括 id、click（表示是否点击）、hour；第二部分是点击率数据的站点及设备等的域名与类别信息；第三部分是数据的匿名变量部分，包含了从 C1、C14~C21 共 9 个匿名变量，本章使用的数据集为原始数据随机选取的 99999 条数据样本。

表 12-1　数据集变量描述

变　量	描　述
id	序列号
click	是否点击
hour	发生时间
C1	匿名变量

续表

变　量	描　述
banner_pos	Banner 位置
site_id	站点 ID
site_domain	站点域名
site_category	站点类型
app_id	APP ID
app_domain	APP 域名
app_category	APP 类型
device_id	设备 ID
device_ip	设备 IP
device_model	设备模式
device_type	设备类型
device_conn_type	设备通信类型
C14	匿名变量
C15	匿名变量
C16	匿名变量
C17	匿名变量
C18	匿名变量
C19	匿名变量
C20	匿名变量
C21	匿名变量

首先，直接导入数据，代码如下所示。

```
import numpy as np
import pandas as pd
import dask.dataframe as dd
from plotly.offline import download_plotlyjs
from plotly.offline import init_notebook_mode, plot, iplot
import plotly.graph_objs as go
import matplotlib
import matplotlib.pyplot as plt
import matplotlib.dates as mdates
import sklearn
#Matplotlib
%matplotlib inline
#Pyplot
```

```
init_notebook_mode(connected=True)
matplotlib.style.use('ggplot')
date_parser = lambda x: pd.datetime.strptime(x, '%y%m%d%H')
data_types = {
    'id': np.str,
    'click': np.bool_,
    'hour': np.str,
    'C1': np.uint16,
    'banner_pos': np.uint16,
    'site_id': np.object,
    'site_domain': np.object,
    'site_category': np.object,
    'app_id': np.object,
    'app_domain': np.object,
    'app_category': np.object,
    'device_id': np.object,
    'device_ip': np.object,
    'device_model': np.object,
    'device_type': np.uint16,
    'device_conn_type': np.uint16,
    'C14': np.uint16,
    'C15': np.uint16,
    'C16': np.uint16,
    'C17': np.uint16,
    'C18': np.uint16,
    'C19': np.uint16,
    'C20': np.uint16,
    'C21': np.uint16
}
train_df = pd.read_csv('D:/ReSystem/Data/chapter12/train_small.csv',
                       dtype=data_types,
                       parse_dates=['hour'],
                       date_parser=date_parser)
train_df.info()
```

运行上述程序，即导入数据集，以下显示了数据集的基本信息，总计有 24 个变量、99999 个样本，不存在缺失值的情况。

```
<class 'pandas.core.frame.DataFrame'>
RangeIndex: 99999 entries, 0 to 99998
Data columns (total 24 columns):
id                    99999 non-null object
click                 99999 non-null bool
```

```
hour                     99999 non-null datetime64[ns]
C1                       99999 non-null uint16
banner_pos               99999 non-null uint16
site_id                  99999 non-null object
site_domain              99999 non-null object
site_category            99999 non-null object
app_id                   99999 non-null object
app_domain               99999 non-null object
app_category             99999 non-null object
device_id                99999 non-null object
device_ip                99999 non-null object
device_model             99999 non-null object
device_type              99999 non-null uint16
device_conn_type         99999 non-null uint16
C14                      99999 non-null uint16
C15                      99999 non-null uint16
C16                      99999 non-null uint16
C17                      99999 non-null uint16
C18                      99999 non-null uint16
C19                      99999 non-null uint16
C20                      99999 non-null uint16
C21                      99999 non-null uint16
dtypes: bool(1), datetime64[ns](1), object(10), uint16(12)
memory usage: 10.8+ MB
```

12.3 数据探索

如 12.2 节所述，本案例使用的数据集无缺失值，所以直接分析每个变量的分布情况。首先，我们查看目标变量 click 的分布，代码如下所示。

```
#计算目标变量的分布
train_df.groupby('click').size().plot(kind='bar')
train_df['click'].value_counts() / train_df.shape[0]
```

运行上述程序，结果如下所示，click=1 的样本占比为 17.49%。图 12-1 给出了 click 的分布情况，样本分布存在一定的不平衡，但不是很严重，所以这里不需要进行样本分层抽样。

```
False    0.825098
True     0.174902
Name: click, dtype: float64
```

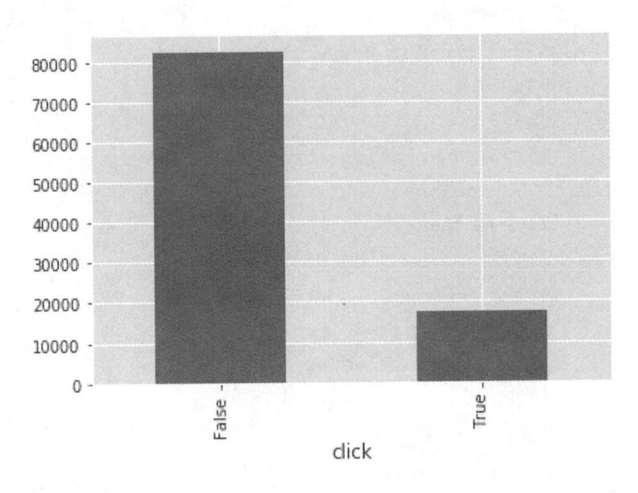

图 12-1　click 的分布情况

12.3.1　无效变量的剔除

接着，查看变量 hour 的分布，代码如下所示。

```
#分析变量 hour，仅有单一值，故需删除
train_df.hour.describe()
```

运行上述程序，结果如下所示。

```
count                     99999
unique                        1
top         2014-10-21 00:00:00
freq                      99999
first       2014-10-21 00:00:00
last        2014-10-21 00:00:00
Name: hour, dtype: object
```

通过观察数据发现：变量 hour 完全相同，考虑到变量的简洁性、重要性与相关性，在进行模型训练时将其剔除，不参与模型建构。删除变量 hour 的代码如下所示。

```
train_df.drop('hour', axis=1, inplace=True)
```

12.3.2　类型变量的处理

首先，查看变量 banner_pos 的分布，代码如下所示。

```
train_df['banner_pos'].unique()
```

运行上述程序，结果如下所示。变量 banner_pos 的值有 5 个选项，由于没有其他信息，其表示

什么并不明显。如果完全从变量名称上解释，很可能每个整数都对应于网页中的一个广义的位置，因此变量需要进行编码处理。

```
array([0, 1, 4, 5, 2], dtype=uint64)
```

进一步，我们来具体看一下每个 banner_pos 取值的 click 分布，代码如下所示。

```
train_banner_pos_group_df / train_df.shape[0]
```

运行上述程序，结果如图 12-2 所示。很明显，当值为 2、4、5 时，click=1 的占比很小。

接着，分析 site_features 变量，包含三个变量，首先查看 site_features 变量的统计分布，代码如下所示。

```
site_features = ['site_id', 'site_domain', 'site_category']
#首先计算一下位置特征的描述性统计分布情况
train_df[site_features].describe()
```

运行上述程序，结果如图 12-3 所示。变量 site_id、site_domain 的取值选择较多，如果强行进行 0-1 编码，则可能对模型性能产生严重影响，所以只对变量 site_category 进行 0-1 编码。

click	False	True
banner_pos		
0	0.666497	0.135991
1	0.158312	0.038830
2	0.000180	0.000030
4	0.000050	0.000010
5	0.000060	0.000040

图 12-2　变量 banner_pos 取值的 click 分布

	site_id	site_domain	site_category
count	99999	99999	99999
unique	893	780	16
top	1fbe01fe	f3845767	28905ebd
freq	35051	35051	37696

图 12-3　site_features 变量的统计分布

进一步，分析 app_features 变量，代码如下所示。

```
app_features = ['app_id', 'app_domain', 'app_category']
train_df[app_features].describe()
```

运行上述程序，结果如图 12-4 所示。app_id 值的选项较多，无法进行 0-1 编码衍生，我们只对变量 app_domain、app_category 进行 0-1 编码。

	app_id	app_domain	app_category
count	99999	99999	99999
unique	704	55	19
top	ecad2386	7801e8d9	07d7df22
freq	78226	82885	78827

图 12-4　app_features 变量的统计分布

同样，继续分析 device_features 变量，代码如下所示。

```
device_features = ['device_id', 'device_ip', 'device_model', 'device_type',
```

```
'device_conn_type']
train_df[device_features].astype('object').describe()
```

运行上述程序，结果如图 12-5 所示。device_id、device_ip、device_model 值的选项较多，无法进行 0-1 编码衍生，我们只对变量 device_type 和 device_conn_tytpe 进行 0-1 编码。

	device_id	device_ip	device_model	device_type	device_conn_type
count	99999	99999	99999	99999	99999
unique	7201	40376	2473	4	4
top	a99f214a	6b9769f2	8a4875bd	1	0
freq	86935	838	6886	92597	90707

图 12-5　device_features 变量的统计分布

最后，分析匿名变量，代码如下所示。

```
annonym_features = ['C1', 'C14', 'C15', 'C16', 'C17', 'C18', 'C19', 'C20', 'C21']
train_df[annonym_features].astype('object').describe()
```

运行上述程序，结果如图 12-6 所示。C14、C17、C20 的类别较多，进行 0-1 编码可能会影响模型的效果，所以这里不直接使用。此处只对变量 C1、C15、C16、C18、C19 和 C21 进行 0-1 编码。

	C1	C14	C15	C16	C17	C18	C19	C20	C21
count	99999	99999	99999	99999	99999	99999	99999	99999	99999
unique	6	420	5	6	128	4	37	137	29
top	1005	20596	320	50	1722	0	35	65535	79
freq	92454	6809	95132	95620	38456	69496	55796	62161	38456

图 12-6　匿名变量的统计分布

根据上述各个变量的探索分析，我们集中对数据集中各个变量进行处理，其中将目标变量 click 处理为 0-1 型，对部分变量进行 0-1 编码处理，删除取值选项较多的变量（请读者注意，这些变量不一定删除，可以根据每个取值的频率进行分组编码。例如，变量取值的频率大于 100 的取值为 1，小于等于 100 的取值为 0，这里不再赘述）。

```
#对 click 变量进行 0-1 编码处理
train_df['click_target'] = np.where(train_df['click']==True, 1, 0)
train_df.drop(['click'], axis = 1, inplace=True)
#对部分变量进行哑变量处理
train_df_dummies = pd.get_dummies(data=train_df, \
columns = ['banner_pos', 'site_category', 'app_category', 'device_type',
'device_conn_type',
         'C1','C15','C16','C18','C19','C21'],
prefix = ['banner_pos', 'site_category', 'app_category', 'device_type',
'device_conn_type',
        'C1','C15','C16','C18','C19','C21'])
#删除不进入此模型训练的变量
```

```
train_df_dummies.drop(['site_id','site_domain','app_id',
              'app_domain','device_id','device_ip',
              'device_model','C14','C17','C20'],
             axis = 1,
             inplace=True)
print(train_df_dummies.shape)
```

运行上述程序，即可完成数据集的处理。结果如下所示，共计有 137 个变量、99999 个样本。

```
(99999, 137)
```

12.4 特征工程

完成数据探索与处理之后，数据集共有 137 个变量特征，变量与变量之间一定会存在不同程度的相关性，太多的变量特征一方面会影响模型训练的速度，另一方面也可能会使得模型过拟合，所以在目前特征太多的情况下，我们可以利用模型对特征进行筛选，选取出想要的部分特征进行模型训练。

这里选择 XGBoost 模型对特征进行筛选，选出最重要的前 30 个变量特征。为了降低模型训练的时间成本，提高效率，我们随机抽样 10000 个样本进行变量筛选。

```
train_df_dummies_sample=train_df_dummies.sample(n=10000)
```

接着，直接调用 XGBoost 模型进行模型训练，代码如下所示。

```
import pandas as pd
import numpy as np
import xgboost as xgb
from xgboost.sklearn import XGBClassifier
from sklearn.metrics import accuracy_score #评估指标
from sklearn.metrics import roc_auc_score
from sklearn.metrics import log_loss
from sklearn.model_selection import cross_val_score
from sklearn.model_selection import GridSearchCV
from sklearn.model_selection import train_test_split
from xgboost import plot_importance
import matplotlib.pyplot as plt
y_train = train_df_dummies_sample.click_target
X_train = train_df_dummies_sample.drop(['click_target','id'], axis = 1)
model = xgb.XGBRegressor(n_estimators=50,
                         max_depth=6,
                         objective='binary:logistic',
                         min_child_weight=5,
                         subsample=0.8,
```

```
                        gamma=0,
                        learning_rate=0.01,
                        colsample_bytree=0.8,
                        seed=0,
                        nthread=-1)
model.fit(X_train, y_train)
features = X_train.columns
feature_importance_values = model.feature_importances_
feature_importances = pd.DataFrame({'feature': list(features), 'importance':
feature_importance_values})
feature_importances.sort_values('importance', inplace=True, ascending=False)
feature_importances.to_csv('D:/ReSystem/Data/chapter12/feature.csv')
```

运行上述程序，会将变量的重要性分数输出到本地文件 feature.csv 中，后续进行模型训练时，直接选择重要性分数排名前 30 的变量即可。

12.5 模型开发与评估

这里使用 Stacking 模型融合的方法进行模型开发，其中，第一层 Level 1 使用 Logistic 回归模型、决策树模型、随机森林模型和梯度提升模型；第二层 Level 2 为 XGBoost 模型，将第一层 Level 1 的 4 个模型的预测结果作为输入特征对最终的结果进行预测。

首先，导入使用的模型接口，并对数据集进行分割。具体代码如下所示。

```
#模型融合 Stacking
import pandas as pd
import numpy as np
from sklearn.model_selection import train_test_split
from sklearn.model_selection import KFold
from sklearn.preprocessing import StandardScaler
#引入用到的分类算法
from sklearn.ensemble import RandomForestClassifier
from sklearn.ensemble import GradientBoostingClassifier
from sklearn.preprocessing import scale
from sklearn.linear_model import LogisticRegression
from sklearn.tree import DecisionTreeClassifier
from sklearn.svm import LinearSVC
from xgboost import XGBClassifier
from lightgbm import LGBMClassifier
import warnings
warnings.filterwarnings('ignore')
#引入要用到的评价函数
from sklearn.metrics import roc_auc_score
from sklearn.metrics import accuracy_score
```

```
from sklearn.metrics import precision_score
from sklearn.metrics import recall_score
from sklearn.metrics import f1_score
features = pd.read_csv('D:/ReSystem/Data/chapter12/feature.csv')
x_columns = features.head(30)['feature'].tolist()
#在特征重要性排序中选择前 30 的特征
y = train_df_dummies.click_target
X = train_df_dummies[x_columns]
X_train, X_test, y_train, y_test = train_test_split(X, y, test_size=0.19999,
random_state=2021)
print(X_train.shape)
print(X_test.shape)
print(y_train.shape)
print(y_test.shape)
```

运行上述程序，结果如下所示。训练数据集共计 80000 个样本、30 个变量，测试数据集共计 19999 个样本、30 个变量。

```
(80000, 30)
(19999, 30)
(80000,)
(19999,)
```

这里使用 5 折交叉验证方法进行模型训练，代码如下所示。

```
_N_CLASS = 2
def get_oof(clf, X_train, y_train, X_test):
    #X_train: 80000 * 30
    #y_train: 1 * 80000
    #X_test : 19999 * 30
oof_train = np.zeros((X_train.shape[0], _N_CLASS))
#80000 * _N_CLASS
oof_test = np.empty((X_test.shape[0], _N_CLASS))
#19999 * _N_CLASS
   for i, (train_index, test_index) in enumerate(kf.split(X_train)):
          #使用交叉验证划分此时的训练数据集和测试数据集
          kf_X_train = X_train.iloc[list(train_index)]
          kf_y_train = y_train.iloc[list(train_index)]
          kf_X_test = X_train.iloc[list(test_index)]      #测试数据集
          clf.fit(kf_X_train, kf_y_train)                 #训练当前模型
          oof_train[test_index] = clf.predict_proba(kf_X_test)
#对当前测试数据集进行概率预测
      oof_test += clf.predict_proba(X_test)
  #对每一则交叉验证的结果取平均
  oof_test /= _N_FOLDS
  #返回当前分类器对训练集和测试集的预测结果
return oof_train, oof_test
```

最后，调用上述函数进行模型融合，并计算融合后 Level 2 模型的准确率。具体代码如下所示。

```
#使每个分类器都调用 get_oof 函数，并合并结果，得到新的训练数据和测试数据 new_train,new_test
new_train, new_test = [], []
_N_FOLDS = 5  #采用 5 折交叉验证
kf = KFold(n_splits=_N_FOLDS, random_state=42)  #sklearn 的交叉验证模块，用于划分数据
#Logistic 回归
lr = LogisticRegression(random_state =2021)
#决策树
dt = DecisionTreeClassifier(random_state=2021)
#SVM
svm = LinearSVC(random_state=2021)
#随机森林
rfc = RandomForestClassifier(n_estimators=100, random_state=2021)
#GBDT
gbc = GradientBoostingClassifier(random_state=2021)
for clf in [lr, dt, rfc,gbc]:
     oof_train, oof_test = get_oof(clf, X_train, y_train, X_test)
     new_train.append(oof_train)
     new_test.append(oof_test)
new_train = np.concatenate(new_train, axis=1)
new_test = np.concatenate(new_test, axis=1)

#用新的训练数据 new_train 作为新的模型的输入，stacking 第二层
clf = XGBClassifier(random_state=2021)
clf.fit(new_train, y_train)
clf.predict(new_test)
pre_proba=clf.predict_proba(new_test)[:,1]
y_predict = clf.predict(new_test)
print("准确率",accuracy_score(y_test,y_predict))
print("精确率",precision_score(y_test,y_predict))
print("召回率",recall_score(y_test,y_predict))
print("F1-score",f1_score(y_test,y_predict))
print("AUC",roc_auc_score(y_test,y_predict))
#计算模型的性能分数
import matplotlib.pyplot as plt
from sklearn import metrics
from sklearn.metrics import classification_report
#计算预测值
y_predict = clf.predict(new_test)
target_names = ['class 0', 'class 1']
print(classification_report(y_test,          #实际结果
                            y_predict,       #预测结果
                            target_names=target_names))
```

运行上述程序，结果如下所示，模型准确率为 0.83，召回率 0.10，F1 分数为 0.17，AUC 为 0.54。

```
准确率 0.8293914695734786
精确率 0.5569620253164557
召回率 0.1010332950631458
F1-score 0.17103984450923224
AUC 0.5420395055394446
              precision    recall  f1-score   support
     class 0       0.84      0.98      0.90     16515
     class 1       0.56      0.10      0.17      3484
    accuracy                           0.83     19999
   macro avg       0.70      0.54      0.54     19999
weighted avg       0.79      0.83      0.78     19999
```

同时，我们也可以绘制融合模型的 ROC 曲线图，代码如下所示。

```
from sklearn.metrics import roc_curve, auc
fpr, tpr, _ = roc_curve(y_test,y_predict)
fig = plt.figure()
#plt.plot(fpr, tpr, color='darkorange', lw=2, label='ROC curve')
plt.plot([0, 1], [0, 1], color='navy', lw=1, linestyle='--')
roc_auc = auc(fpr, tpr)
plt.plot(fpr, tpr, 'b', label = 'AUC = %0.2f' % roc_auc)
plt.xlim([-0.025, 1.025])
plt.ylim([-0.025, 1.025])
plt.xlabel('False Positive Rate')
plt.ylabel('True Positive Rate')
plt.title('ROC Curve')
plt.legend(loc = 'lower right')
plt.show
```

运行上述程序，结果如图 12-7 所示，模型的 ROC 曲线下的面积为 0.54。

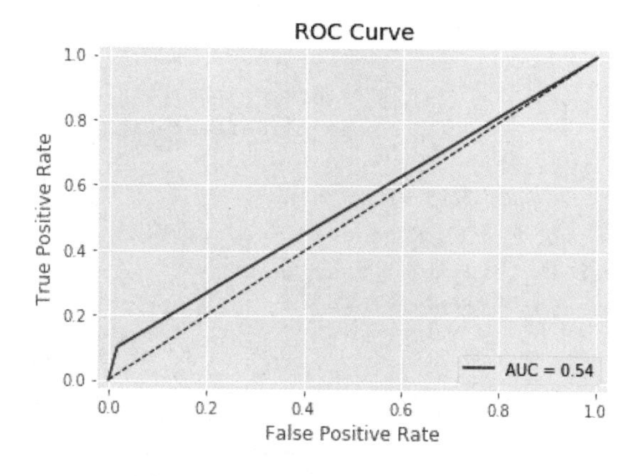

图 12-7　融合模型的 ROC 曲线图

除了上述通过自定义函数进行模型融合开发，还可以直接利用 mlxtend 库进行模型融合。首先安装 mlxtend 库，打开 Anaconda Prompt，输入以下代码安装即可。

```
conda install mlxtend
```

安装完成后，即可使用 mlxtend 库，有多种使用方法，这里使用第一层基本分类器产生的类别概率值作为 meta-classfier 的输入，这种情况下需要将 StackingClassifier 的参数 use_probas 设置为 True。如果将参数 average_probas 设置为 True，那么这些基分类器对每一个类别产生的概率值会被平均，否则会拼接，请读者务必注意。

利用 mlxtend 库进行模型融合的代码如下所示，这里使用梯度提升模型、随机森林模型和贝叶斯模型进行基模型的开发，第二层使用 Logistic 模型进行融合。

```
from sklearn import model_selection
from sklearn.linear_model import LogisticRegression
from sklearn.neighbors import KNeighborsClassifier
from sklearn.naive_bayes import GaussianNB
from sklearn.ensemble import RandomForestClassifier
from mlxtend.classifier import StackingClassifier
from sklearn.metrics import accuracy_score
from sklearn.metrics import confusion_matrix
from sklearn.metrics import classification_report
import numpy as np
import warnings
warnings.filterwarnings('ignore')
y = train_df_dummies.click_target
X = train_df_dummies[x_columns]
def StackingMethod(X, y):
     clf1 = GradientBoostingClassifier(random_state=2021)
     clf2 = RandomForestClassifier(n_estimators=100,random_state=2021)
     clf3 = GaussianNB()
     lr = LogisticRegression()
     sclf = StackingClassifier(classifiers=[clf1, clf2, clf3],
                               use_probas=True,
                               average_probas=False,
                               meta_classifier=lr)
    sclf.fit(X_train, y_train)
    #模型测试
    X_test_predict = sclf.predict(X_test)
    print(accuracy_score(X_test_predict, y_test))
    conf_matrix = confusion_matrix(y_test, X_test_predict)
    print(conf_matrix)
    print(classification_report(y_test, X_test_predict))
    print('5-fold cross validation:n')
    for clf, label in zip([clf1, clf2, clf3, sclf],
                          ['GradientBoosting',
```

```
                                    'Random Forest',
                                    'Naive Bayes',
                                    'StackingClassifier']):
        scores = model_selection.cross_val_score(clf,
                                                  X,
                                                  y,
                                                  cv=5,
                                                  scoring='accuracy')
        print("Accuracy: %0.2f (+/- %0.2f) [%s]" % (scores.mean(), scores.std(), label))
    return sclf
if __name__ == '__main__':
    model = StackingMethod(X, y)
```

运行上述程序后，即可得到第一层每个基模型的性能分数，以及融合模型的评分结果，结果如下所示，基模型的准确率分别为 0.83、0.83 和 0.79，融合模型的准确率为 0.83。

```
0.8290914545727286
[[15993   522]
 [ 2896   588]]
              precision    recall  f1-score   support
           0       0.85      0.97      0.90     16515
           1       0.53      0.17      0.26      3484
    accuracy                           0.83     19999
   macro avg       0.69      0.57      0.58     19999
weighted avg       0.79      0.83      0.79     19999
5-fold cross validation:n
Accuracy: 0.83 (+/- 0.00) [GradientBoosting]
Accuracy: 0.83 (+/- 0.00) [Random Forest]
Accuracy: 0.79 (+/- 0.00) [Naive Bayes]
Accuracy: 0.83 (+/- 0.00) [StackingClassifier]
```

12.6　模型应用

模型应用是指根据模型预测结果进行业务上的应用，在本章的案例中，利用模型计算出用户的 CTR 预测概率分数之后，在广告投放环节，即可对概率高的用户进行针对性的广告投放，并需要做好广告投放之后的效果监控。

第 13 章

金融产品推荐

随着大数据及人工智能技术的发展，推荐系统无论是在电子商务还是在社交网络都有着举足轻重的地位，而传统的以银行为代表的金融机构在个性化推荐方面的应用，相较于互联网行业略有不足，推荐系统能充分利用客户数据并挖掘出客户的行为特征和兴趣偏好，进而向客户精准推送其感兴趣的产品或服务。本章将通过实际案例来说明金融产品推荐中推荐模型的开发过程。

13.1 项目背景

依托互联网技术的不断发展、通信基础设施的不断完善和移动终端硬件条件件的不断提升，金融机构的营销环境和营销场景变得更加丰富，个性化推荐系统对于传统金融机构的产品营销越来越重要。

具体来说，个性化推荐系统对传统金融机构有以下几点改变。

- 改善产品营销形式单一的现状。
- 减轻客户对同质化产品的认知负担。
- 提升数据资产利用效率。

本章将首先讲述适合金融产品推荐的场景，紧接着通过产品推荐场景下的实际案例来介绍如何开发推荐模型。需要读者注意的是，本章仅讲述金融产品推荐中最核心的推荐算法在开发中的应用过程，对于如何把产品展示给客户（如在 APP 或网站的开发），此处不涉及。

13.2 推荐场景说明

金融产品的推荐场景分为很多种，不同的推荐算法可能适合不同对象的应用场景，如表 13-1 示，总结了不同推荐场景及其作用。

需要读者特别注意的是，金融产品是一种虚拟的物品，风险和收益并存。金融产品不是实物，所以推荐算法与传统电商网站的推荐算法可能存在不一致的情况，适合实物推荐的算法不一定适合金融产品推荐，请务必注意。

表 13-1　不同推荐场景及其作用

推荐场景	场景说明	作　用
网站/APP 首页	网站首页的作用是最大限度地减少跳出率，使客户的访问深度增加，并且客户进入网站首页时，我们所获取的客户信息比较少。所以在首页的推荐产品主要有“热销排行榜”及“你可能关注（根据你的浏览记录推荐）”	通过首页推荐热门产品，控制流量入口，最大限度地减少跳出率
产品详情页	产品详情页可以实施的推荐产品如下。 （1）购买过本商品的客户还买了。 （2）浏览了本商品的客户进行了申购。 （3）浏览了本商品的客户还浏览了	可以有效减少跳出率，提高订单的转化率

续表

推荐场景	场景说明	作用
会员主页	会员主页的推荐产品主要是根据会员的属性信息和交易信息进行基金产品的推荐。需要分为两部分：一部分是有交易的会员；另一部分是没有交易的会员，即刚刚开通账户的会员。 针对有交易的会员，可以部署的推荐产品如下。 （1）你可能关注（根据你的交易记录推荐）。 （2）基于客户相似度的推荐。 （3）根据你的浏览记录推荐。 针对刚刚开户、没有产生交易的会员，可以部署的推荐产品如下。 （1）热销排行榜。 （2）根据你的浏览记录推荐。 （3）基于客户相似度的推荐	通过交叉销售、向上销售原理，在帮助客户满足基本需求之后，引导客户购买更多感兴趣的产品，有效提升销售
支付成功页	可以根据客户购买的产品进行推荐； 可以根据客户持有金融产品的组合结构进行推荐	交叉销售、向上销售
查看交易详情页	可以根据客户购买的产品进行推荐； 热销排行榜； 根据产品相识度推荐	交叉销售、向上销售
E-mail 内容页	E-mail 内容页主要是在离线时进行推送，可以实施的推荐产品如下。 （1）你可能关注（根据你的浏览记录推荐）。 （2）根据客户的购买情况进行交叉推荐。 （3）商品热销榜	提高客户的回头率或二次访问比例
资讯文章页面	资讯详情页可以实施的推荐产品如下。 （1）你可能关注（根据你的浏览记录推荐）。 （2）热销排行榜	提高产品的曝光率
侧边页	（1）热门推荐。 （2）你可能需要。 （3）根据浏览历史推荐	提高产品的曝光率
风险测评结果页	一般情况下，根据监管机构要求，金融机构销售产品前都会对客户进行风险测评，所以可以在风险测评结果页根据客户的测评结果对客户进行产品推荐	推荐客户接受度高、符合风险等级的产品

13.3 基于客户—产品信息的推荐

本节通过案例说明最常见的金融产品推荐模型的开发过程，案例目标就是根据客户的属性、交易、访问等行为数据，通过机器学习模型计算客户对各个产品的偏好概率，如图 13-1 所示，客户 1 对产品 6 的偏好概率为 78%，客户 3 对产品 4 的偏好概率为 90%。

从图 13-1 展示的客户—产品二维概率矩阵，可以很容易地观察到，对于任意客户，可以找到该客户接受程度最高的产品列表；对于任意产品，同样也可以找到最容易接受此产品的客户群体，可以这么说，推荐模型的计算结果就是这个“客户—产品”的二维概率矩阵。

	产品1	产品2	产品3	产品4	产品5	产品6	产品7	产品8	产品m
客户1		71	86	41	40	78		90	80
客户2	85	49	70	93	53	38		55	45
客户3		56	83	90		76	90	21	
客户n	…	…	…	…	…	…	…	…	…

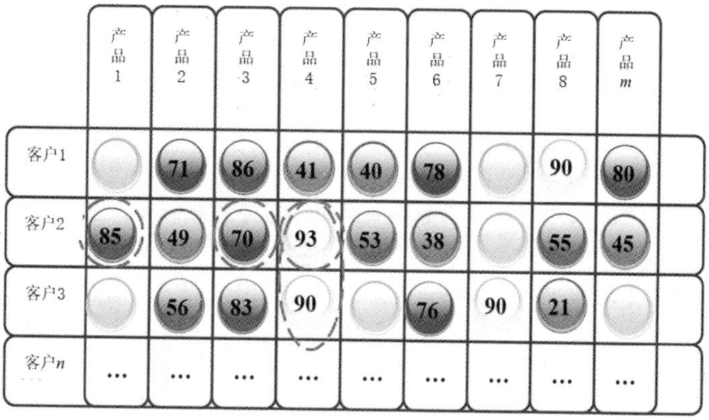

图 13-1 客户—产品的二维概率矩阵

13.3.1 源数据说明

本小节讲述通过客户和产品信息的分类推荐模型的开发，案例选取 UCI（University of California Irvine）机器学习库中的银行产品营销数据集，这些数据与银行机构的直接营销活动有关。本案例的目标就是使银行对其客户基础形成更细致的了解，预测客户对其营销活动的反应，并为未来的营销计划建立目标客户档案。

通过分析客户特征，如人口特征和交易历史，银行将能够预测客户的行为，并识别哪种类型的客户更有可能接受公司的产品。然后，银行可以把营销重点放在这些客户身上，这不仅能使银行更有效地获得客户，还能通过减少某些不良广告来提高客户满意度。

首先导入数据，代码如下所示。

```
import numpy as np
import pandas as pd
import matplotlib.pyplot as plt
import seaborn as sns
```

```
%matplotlib inline
import warnings
warnings.filterwarnings('ignore')
import os
bank_full_data1=pd.read_csv('D:/ReSystem/Data/bank_full.csv',sep = ';')
bank_full_data1.head()
```

运行上述程序，结果如图 13-2 所示。

	age	job	marital	education	default	balance	housing	loan	contact	day	month	duration	campaign	pdays	previous	poutcome	y
0	58	management	married	tertiary	no	2143	yes	no	unknown	5	may	261	1	-1	0	unknown	no
1	44	technician	single	secondary	no	29	yes	no	unknown	5	may	151	1	-1	0	unknown	no
2	33	entrepreneur	married	secondary	no	2	yes	yes	unknown	5	may	76	1	-1	0	unknown	no
3	47	blue-collar	married	unknown	no	1506	yes	no	unknown	5	may	92	1	-1	0	unknown	no
4	33	unknown	single	unknown	no	1	no	no	unknown	5	may	198	1	-1	0	unknown	no

图 13-2　数据集的前 5 个样本

接着，查看数据集的变量情况，代码如下所示。

```
bank_full_data1.info()
```

运行上述程序，结果如下所示。

```
<class 'pandas.core.frame.DataFrame'>
RangeIndex: 45211 entries, 0 to 45210
Data columns (total 17 columns):
age          45211 non-null int64
job          45211 non-null object
marital      45211 non-null object
education    45211 non-null object
default      45211 non-null object
balance      45211 non-null int64
housing      45211 non-null object
loan         45211 non-null object
contact      45211 non-null object
day          45211 non-null int64
month        45211 non-null object
duration     45211 non-null int64
campaign     45211 non-null int64
pdays        45211 non-null int64
previous     45211 non-null int64
poutcome     45211 non-null object
y            45211 non-null object
dtypes: int64(7), object(10)
memory usage: 5.9+ MB
```

从上述结果可知观测样本数为 45211 个，变量有 17 个。变量的解释说明如表 13-2 所示。

表 13-2 变量的解释说明

变 量	类 型	说 明
age	数值	年龄
balance	数值	余额
campaign	数值	本次活动期间联系的客户数量
contact	字符	联系类型（电话、手机、未知）
day	字符	最后联系的日期是周几
default	字符	信用违约（是、否）
duration	数值	最后一次联系持续的时间（秒）
education	字符	教育水平（初等、中等、高等、未知）
housing	字符	住房贷款（是、否）
Job	字符	工作类型（行政人员、管理人员、保姆、企业家等）
loan	字符	个人贷款（是、否）
marital	字符	婚姻状况（已婚、离婚、单身）
month	字符	本年最后联系月（1~12）
pdays	数值	在以前的活动中，客户最后一次被联系到现在的天数
poutcome	字符	以前营销活动的结果（未知、其他、失败、成功）
previous	数值	这次活动之前联系的客户数量
y	字符	客户是否投资定期存款（yes、no）

13.3.2 数据探索

首先，查看数据集的各个变量是否存在缺失值的情况，以及存在取值为 other 的情况，代码如下所示。

```
bank_full_data1 [bank_full_data1.isnull().any(axis=1)].count()
```

运行程序，结果如下所示，从结果可以看出，所有变量均没有缺失值。

```
age          0
job          0
marital      0
education    0
default      0
balance      0
housing      0
loan         0
contact      0
day          0
```

```
month          0
duration       0
campaign       0
pdays          0
previous       0
poutcome       0
deposit        0
dtype: int64
```

数据集中存在部分字符型变量，如job、marital、education、default等，下面需要对其分布进行分析。

首先分析变量poutcome的频数分布情况，代码如下所示。

```
bank_full_data1.poutcome.value_counts()
```

运行程序，结果如下所示。其中unknown和other分别有36959、1840个样本，需要把取值为other的样本和取值为unknown的样本合并。

```
unknown    36959
failure     4901
other       1840
success     1511
Name: poutcome, dtype: int64
```

接着，查看变量job的分布情况，代码如下所示。

```
bank_full_data1.job.value_counts()
```

运行程序，结果如下所示，由于工作类型较多，需要进行合并处理。

```
blue-collar       9732
management        9458
technician        7597
admin.            5171
services          4154
retired           2264
self-employed     1579
entrepreneur      1487
unemployed        1303
housemaid         1240
student            938
unknown            288
Name: job, dtype: int64
```

进一步，查看变量education、marital与contact的频数分布，代码如下所示。

```
bank_full_data1.contact.value_counts()
bank_full_data1.marital.value_counts()
bank_full_data1.education.value_counts()
```

运行上述程序，结果如下所示，其中变量 contact 为 unknown 的有 13020 个样本，变量 education 为 unknown 的有 1857 个样本。

```
#变量 contact 的频数
cellular     29285
unknown      13020
telephone     2906
Name: contact, dtype: int64
#变量 marital 的频数
married     27214
single      12790
divorced     5207
Name: marital, dtype: int64
#变量 education 的频数
secondary    23202
tertiary     13301
primary       6851
unknown       1857
Name: education, dtype: int64
```

接着，我们对其他数值型变量进行分析，其中变量 pdays 表示在以前的活动中客户最后一次被联系到现在的天数。通过观察变量可知，存在取值为-1 的情况，且取值为-1 的样本数为 36954，pdays 取值为-1 表示从没有联系过，所以需要从业务上对-1 进行处理。

```
print("pdays 取值为-1 的样本数", len(bank_full_data1 [bank_full_data1.pdays==-1]))
```

运行上述程序，结果如下所示。

```
pdays 取值为-1 的样本数 36954
```

接着，我们获取变量 pdays 的最大值，代码如下所示。

```
print("padys 的最大值:", bank_data['pdays'].max())
```

运行上述程序，结果如下所示。

```
pdays 的最大值: 871
```

可知变量 pdays 的最大值为 871，所以需要把-1 转换为足够大的数值，表示客户从没有被联系过。

13.3.3 特征工程

数据探索之后，由于部分变量需要处理后才能进入模型进行训练，所以需对原始变量进行特征工程的处理。

变量 default、housing、loan 和 y 需要转换为 0-1 变量，变为数值型变量才能进入模型进行训练。转换的代码如下所示。

```
#将default变量转换为0-1型，并删除原始变量default
bank_cleaned_data['default_flag'] = bank_cleaned_data['default'].map( {'yes':1,
'no':0} )
bank_cleaned_data.drop('default', axis=1,inplace = True)
#将housing变量转换为0-1型，并删除原始变量housing
bank_cleaned_data["housing_flag"]=bank_cleaned_data['housing'].map({'yes':1, 'no':0})
bank_cleaned_data.drop('housing', axis=1,inplace = True)
#将loan变量转换为0-1型，并删除原始变量loan
bank_cleaned_data["loan_flag"] = bank_cleaned_data['loan'].map({'yes':1,'no':0})
bank_cleaned_data.drop('loan', axis=1, inplace=True)
#将变量y转换为0-1型，并删除原始变量y
bank_cleaned_data["y_flag"] = bank_cleaned_data['y'].map({'yes':1, 'no':0})
bank_cleaned_data.drop('y', axis=1, inplace=True)
```

运行上述程序，结果如图 13-3 所示。

	0	1	2	3	4
age	58	44	33	47	33
job	management	technician	entrepreneur	blue-collar	unknown
marital	married	single	married	married	single
education	tertiary	secondary	secondary	unknown	unknown
balance	2143	29	2	1506	1
contact	unknown	unknown	unknown	unknown	unknown
day	5	5	5	5	5
month	may	may	may	may	may
duration	261	151	76	92	198
campaign	1	1	1	1	1
pdays	-1	-1	-1	-1	-1
previous	0	0	0	0	0
poutcome	unknown	unknown	unknown	unknown	unknown
default_flag	0	0	0	0	0
housing_flag	1	1	1	1	0
loan_flag	0	0	1	0	0
y_flag	0	0	0	0	0

图 13-3 部分变量转换为 0-1 型变量后数据集的前 5 个样本

部分变量需要把相似的样本合并，如变量 job 和 poutcome，合并的代码如下所示。

```
#将相似的 job 合并为同一类别
bank_cleaned_data['job'] = bank_cleaned_data['job']
.replace(['management','admin.'],'white-collar')
bank_cleaned_data['job'] = bank_cleaned_data['job']
.replace(['housemaid','services'],'pink-collar')
bank_cleaned_data['job'] = bank_cleaned_data['job']
.replace(['retired','student','unemployed','unknown'],'other')
#将营销结果变量 poutcome 中的 other 转换为 unknown
bank_cleaned_data['poutcome'] =bank_cleaned_data['poutcome'].replace(['other'] ,
'unknown')
bank_cleaned_data.head().T
```

运行程序后的结果如图 13-4 所示。

	0	1	2	3	4
age	58	44	33	47	33
job	white-collar	technician	entrepreneur	blue-collar	other
marital	married	single	married	married	single
education	tertiary	secondary	secondary	unknown	unknown
balance	2143	29	2	1506	1
contact	unknown	unknown	unknown	unknown	unknown
day	5	5	5	5	5
month	may	may	may	may	may
duration	261	151	76	92	198
campaign	1	1	1	1	1
pdays	-1	-1	-1	-1	-1
previous	0	0	0	0	0
poutcome	unknown	unknown	unknown	unknown	unknown
default_flag	0	0	0	0	0
housing_flag	1	1	1	1	0
loan_flag	0	0	1	0	0
y_flag	0	0	0	0	0

图 13-4　数据集的前 5 个样本

将变量 month 和 day 直接删除，代码如下所示。

```
#删除 month 和 day 变量
bank_data.drop('month', axis=1, inplace=True)
bank_data.drop('day', axis=1, inplace=True)
```

运行代码后的结果如图 13-5 所示。

	0	1	2	3	4
age	58	44	33	47	33
job	white-collar	technician	entrepreneur	blue-collar	other
marital	married	single	married	married	single
education	tertiary	secondary	secondary	unknown	unknown
balance	2143	29	2	1506	1
contact	unknown	unknown	unknown	unknown	unknown
duration	261	151	76	92	198
campaign	1	1	1	1	1
pdays	-1	-1	-1	-1	-1
previous	0	0	0	0	0
poutcome	unknown	unknown	unknown	unknown	unknown
default_flag	0	0	0	0	0
housing_flag	1	1	1	1	0
loan_flag	0	0	1	0	0
y_flag	0	0	0	0	0

图 13-5　删除变量后数据集的前 5 个样本

如上所述，变量 pdays 为−1 表示从没有联系过，所以需要从业务上对−1 进行处理，需要把−1 转换为足够大的数值，表示客户从没有被联系过，转换的代码如下所示。

```
bank_cleaned_data.loc[bank_data['pdays'] == -1, 'pdays'] = 99999
bank_cleaned_data.head()
```

运行上述程序，结果如图 13-6 所示。

	0	1	2	3	4
age	58	44	33	47	33
job	white-collar	technician	entrepreneur	blue-collar	other
marital	married	single	married	married	single
education	tertiary	secondary	secondary	unknown	unknown
balance	2143	29	2	1506	1
contact	unknown	unknown	unknown	unknown	unknown
duration	261	151	76	92	198
campaign	1	1	1	1	1
pdays	99999	99999	99999	99999	99999
previous	0	0	0	0	0
poutcome	unknown	unknown	unknown	unknown	unknown
default_flag	0	0	0	0	0
housing_flag	1	1	1	1	0
loan_flag	0	0	1	0	0
y_flag	0	0	0	0	0

图 13-6　变量 pdays 衍生后数据集的前 5 个样本

由于变量 job、marital、education、contact 和 poutcome 是字符型的分类变量，在进入模型之前，需要对其进行哑变量处理，利用关键字 prefix 指定哑变量的前缀。处理的代码如下所示。

```
bank_cleaned_data_dummies = pd.get_dummies(data= bank_cleaned_data,
columns = ['job', 'marital', 'education', 'contact','poutcome'],
prefix = ['job', 'marital', 'education','contact', 'poutcome'])
```

运行上述程序之后，各个分类变量即转换为哑变量。至此，我们针对原始变量的处理基本结束，下一步就可以进行模型训练了。

13.3.4 基于决策树的推荐模型

对变量进行特征工程操作后，就进入模型开发阶段，首先对各个变量进行相关性分析，代码如下所示。

```
#计算变量的相关系数
corr = bank_cleaned_data_dummies.corr()
plt.figure(figsize = (10,10))
cmap = sns.diverging_palette(220, 10, as_cmap=True)
sns.heatmap(corr, xticklabels=corr.columns.values,
yticklabels=corr.columns.values, cmap=cmap, vmax=.3,
center=0, square=True, linewidths=.5, cbar_kws={"shrink": .82})
plt.title('Correlation Matrix')
```

运行上述程序，结果如图 13-7 所示，从相关系数矩阵图中可以看出，目标变量 y_flag 与自变量 duration、poutcome_success、contact_cellular、housing_flag、pdays 有较强的相关性。

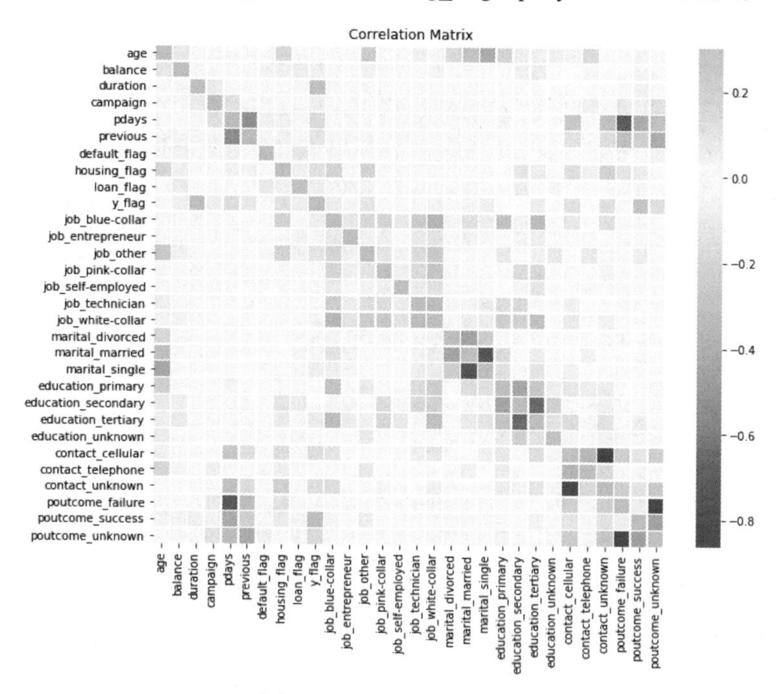

图 13-7 相关系数矩阵图

下一步，对数据集进行分割，代码如下所示，其中，数据集的30%为测试数据集，70%为训练数据集。

```
from sklearn.tree import export_graphviz
from sklearn.model_selection import train_test_split
from sklearn import tree
from sklearn import metrics
#指定数据框
bank_cleaned_data_dummies_x=bank_cleaned_data_dummies.drop('y_flag', 1)
#指定标签
y = bank_cleaned_data_dummies.y_flag
#进行训练数据集和测试数据集的分割
x_train, x_test, y_train, y_test = train_test_split(bank_cleaned_data_dummies_x, y,
test_size = 0.3, random_state = 50)
print(x_train.shape)
print(x_test.shape)
print(y_train.shape)
print(y_test.shape)
```

运行上述程序，结果如下所示，其中，训练数据集的样本数为31637，变量数为29；测试数据集的样本数为13564，变量数为29。

```
(31647, 29)
(13564, 29)
(31647,)
(13564,)
```

分割完数据集之后，就进入模型训练阶段，代码如下。由于我们不清楚决策树的最大深度应该设置为多少，所以要对决策树的深度进行循环，计算出每一个参数的模型准确率，以便根据准确率确定决策树的最大深度。

```
from sklearn.tree import  DecisionTreeClassifier
k_plot=[]
t_plot=[]
#对决策树的最大深度进行循环，并绘制准确率的变化趋势图
for k in range(1,10,1):
      dt=DecisionTreeClassifier(max_depth=k,random_state=101)
      dt.fit(data_train,label_train)
      predict=dt.predict(data_test)
      accuracy_test=round(dt.score(data_test,label_test)*100,2)
      accuracy_train=round(dt.score(data_train,label_train)*100,2)
      #print(k)
      #print('train accuracy of decision tree classifier',accuracy_train)
      #print('test accuracy of decision tree classifier',accuracy_test)
      k_plot.append(accuracy_test)
      t_plot.append(accuracy_train)
```

```
fig,axes=plt.subplots(1,1,figsize=(12,8))
axes.set_xticks(range(1,10,1))
plt.title("accuracy of decision tree classifier")
plt.xlabel("max_depth", color = "purple")
plt.ylabel("accuracy", color = "green")
k=range(1,10,1)
plt.plot(k,k_plot,linewidth = 3.0, linestyle = '--',marker = "o")
plt.plot(k,t_plot,'r',marker = "o",markerfacecolor = 'white')
plt.legend(['accuracy_test','accuracy_train'])
```

运行上述程序，结果如图 13-8 所示。从图中的数据可以看出，当决策树的最大深度为 5 时，训练数据集和测试数据集的准确率及模型稳定性均较好。

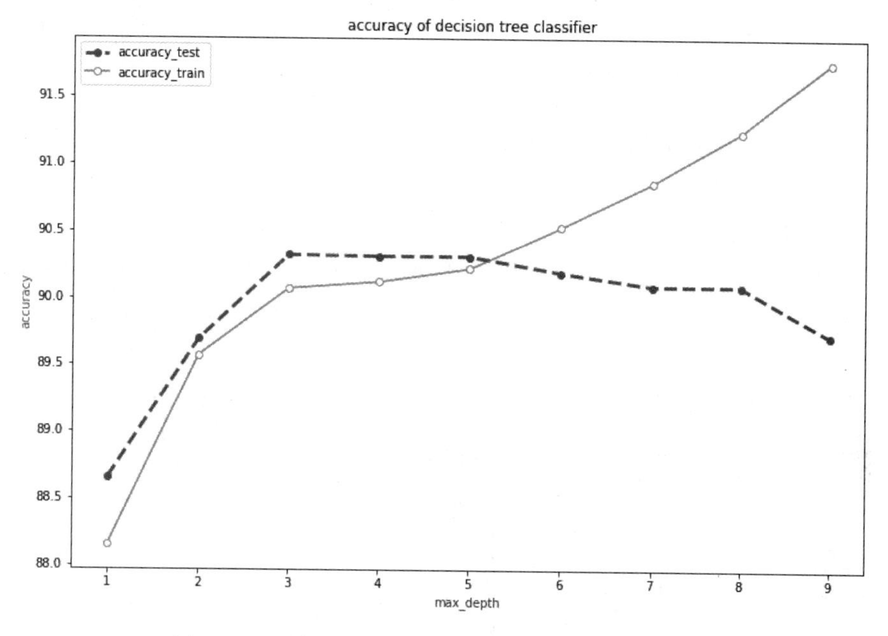

图 13-8　训练数据集和测试数据集的准确率变化趋势

除了模型的准确率，同样可以计算出模型的 AUC。具体代码如下所示。

```
#计算测试数据集的模型性能指标
preds = dt.predict(x_test)
probs = dt.predict_proba(x_test)[:,1]
#计算准确率
print("\nAccuracy score:
\n{}".format(metrics.accuracy_score(y_test, preds)))
#计算 AUC
print("\nArea Under Curve:
\n{}".format(metrics.roc_auc_score(y_test, probs)))
```

运行上述程序，结果如下所示，其中最大深度为 5 的决策树模型的准确率为 89.72%，模型的AUC 为 0.8513。

```
Accuracy score:
0.8971542317900324
Area Under Curve:
0.8513012877925159
```

如果想要查看各个叶子的决策规则，则直接导出至文档中即可，代码如下所示。

```
features = x_train.columns.tolist()
tree.export_graphviz(dt, out_file='D:/ReSystem/tree_model.dot',
feature_names=features)
```

在应用此模型时，只需要根据决策树模型得到的计算规则对客户的产品偏好概率进行计算即可，如果接受概率较大，则进行产品推荐；否则不推荐此产品。

13.3.5 基于 Logistic 回归的推荐模型

相比决策树擅长对数据局部结构的分析，Logistic 回归模型对数据整体结构的分析要更加优秀，而且不容易过拟合，相比决策树严重依赖于根节点变量，Logistic 回归模型的稳定性更强。另外，逻辑回归对极值比较敏感，容易受极端值的影响，而决策树在这方面表现较好。本小节利用 Logistic 回归模型对 13.3.4 小节中的数据进行建模，并对比两个模型的性能。

由于 13.3.4 小节中已经对数据进行了数据清洗及特征工程，所以直接使用清洗后的数据即可。首先调用 Logistic 回归模型接口，代码如下所示。

```
from sklearn.model_selection import train_test_split
from sklearn.model_selection import cross_val_score
from sklearn.model_selection import KFold
from sklearn.metrics import accuracy_score
from sklearn.linear_model import LogisticRegression
from sklearn.tree import DecisionTreeClassifier
models = []
models.append(('LR', LogisticRegression()))
models.append(('CART', DecisionTreeClassifier()))
```

接着，对训练数据集进行模型训练，代码如下所示。

```
results_c = []
names_c = []
for name, model in models:
#define how to split off validation data
#定义要划分的折数 n_splits
    kfold = KFold(n_splits=10, random_state=10)
#指定模型评价指标为 accuracy
```

```
    cv_results = cross_val_score(model, x_train, y_train, cv=kfold,
scoring='accuracy')
    results_c.append(cv_results)
    names_c.append(name)
    msg = "%s: %f (%f)" % (name, cv_results.mean(), cv_results.std())
    print(msg)
```

运行上述程序，结果如下所示。其中，Logistic 回归模型的准确率为 88.6%；决策树模型的准确率为 85.5%，明显 Logistic 回归模型胜出。

```
LR: 0.886340 (0.009597)
CART: 0.854773 (0.007757)
```

上述数据表明，Logistic 回归模型在对所有已定义的客户特征进行分类时具有较高的模型区分度。

继续测试 Logistic 回归模型在测试数据集上的效果，代码如下所示。

```
LR = LogisticRegression()
LR.fit(x_train, y_train)
predictions = LR.predict(x_test)
#Accuracy Score
print(accuracy_score(y_test, predictions))
```

运行上述程序，结果如下所示，模型在测试数据集上的准确率为 88.9%。

```
0.8894868770274256
```

然而，如果数据集的正负样本不平衡，则准确性评分可能会被误导，产生错误的结果，因为不同类别的观测数量有很大的差异，此时就需要考查模型的召回率等指标。客观地评价模型的性能，或者对不平衡的样本进行分层抽样，以便平衡这一结构性弱点。

13.3.6 基于集成学习的推荐模型

如前面章节所述，集成学习是一种优化手段和策略，通常是结合多个简单的弱分类器来集成模型组，集体去做更可靠的决策。一般的弱分类器可以由决策树、SVM、Logistic 回归等构成，其中的模型可以单独来训练，并且这些弱分类器以某种方式结合在一起进行总体预测。相比决策树、Logistic 回归等弱分类器，集成学习模型的预测性能更加强大。本小节将对前述案例中的数据进行分析，采用集成学习中的随机森林模型对数据进行训练，然后根据训练的模型去预测测试数据集，并评估模型效果。

首先，调用随机森林模型的接口及相关模型评估的接口，代码如下所示。

```
import matplotlib.pyplot as plt
import numpy as np
import pandas as pd
```

```
#调用随机森林模型接口RandomForestClassifier
from sklearn.ensemble import RandomForestClassifier
from sklearn.metrics import accuracy_score
#调用模型参数搜索库GridSearchCV
from sklearn.model_selection import GridSearchCV
from sklearn.model_selection import KFold
from sklearn.model_selection import cross_val_score
from sklearn.model_selection import train_test_split
```

由于随机森林模型的参数较多，需要对模型参数进行调整，以得到最佳的模型参数，使模型性能达到最好，此时需要用到 GridSearchCV 库进行参数搜索。

首先，确定最佳子树数参数 n_estimators 和最大特征数参数 max_features，代码如下所示。

```
param_grid = [{'n_estimators':
[20,30,40,60,80,100,120,140,160,180,200],
                'max_features': [2,3,4,5,6]}]
forest_model = RandomForestClassifier(n_jobs=3)
grid_search = GridSearchCV(forest_model,
param_grid,
cv=5,                          #使用5折交叉验证
scoring='roc_auc')             #指定模型评价指标为roc_auc
grid_search.fit(x_train,y_train)
#输出模型最佳参数及其模型评价分数
grid_search.best_params_,grid_search.best_score_
```

运行上述程序，结果如下所示。最优参数 n_estimators 和 max_features 分别为 200 和 6，模型的 AUC 为 0.89。

```
({'max_features': 6, 'n_estimators': 200}, 0.894494712039511)
```

下一步对最大深度参数 max_depth 和最小叶子样本数参数 min_samples_leaf 进行网格搜索，代码如下所示。

```
#固定参数n_estimators和max_features
#指定最大深度分别为3、4、5、6、7，最小叶子样本数量分别为2、3、10、20、30
param_grid2 = [{'n_estimators': [200],
                'max_features': [6],
                'max_depth':[3,4,5,6,7],
                'min_samples_leaf':[2,5,10,20,30]}]
#设置并行数为3
forest_model = RandomForestClassifier(n_jobs=3)
grid_search2 = GridSearchCV(forest_model,
param_grid2,
cv=5,                          #使用5折交叉验证
scoring='roc_auc')             #指定模型评价指标为roc_auc
```

```
grid_search2.fit(x_train,y_train)
#输出模型最佳参数及其模型评价分数
grid_search2.best_params_,grid_search2.best_score_
```

运行上述程序，结果如下所示，其中参数 max_depth 和 min_samples_leaf 分别为 7 和 5，模型的 AUC 为 0.9。

```
({'max_depth': 7,
  'max_features': 6,
  'min_samples_leaf': 5,
  'n_estimators': 200},
 0.9008188250889196)
```

此时，通过参数调优后最后选择的随机森林模型如下所示。考虑到此案例数据量较小，随机森林的模型性能稍优于决策树和 Logistic 回归模型的性能。

```
RandomForestClassifier(bootstrap=True,
class_weight=None,
criterion='gini',
max_depth=7,
max_features=6,
max_leaf_nodes=None,
min_impurity_decrease=0.0,
min_impurity_split=None,
min_samples_leaf=5,
min_samples_split=2,
min_weight_fraction_leaf=0.0,
n_estimators=200,
n_jobs=3,
oob_score=False,
random_state=None,
verbose=0,
warm_start=False)
```

13.4 关于金融产品推荐的进一步说明

本章前几节中的金融产品推荐方法仅仅是常用的数据挖掘技术，模型开发及测试评估完成后，还需要进行生产部署（并不是模型开发完就一劳永逸了），这里需要读者务必关注。技术发展日新月异，关于金融产品推荐，有以下两点思考供读者参考。

1. 加入随机因素以扩充内容丰富度

当前个性化推荐系统的推荐结果往往是客户已知的、可能感兴趣的产品和服务，但是客户拥有体验新产品的需求，这就要求个性化推荐系统向客户推荐未知的、可能吸引客户的产品信息。以基于客户的个性化推荐方法为例，根据目标客户可以找到最近邻客户，并向其推送最近邻客户关注、使用的产品和服务，其中包含一些带有随机性质的推荐内容，但在所有推荐结果中占比相对较低。为了保持个性化推荐系统在长期应用时能够推荐具有新意的产品及服务，使被推荐内容能够达到甚至超出客户的预期，建议在应用推荐系统时，在所有推荐结果中加入随机因素，以便扩展推荐产品的丰富度。

推荐内容的精确性和多样性之间存在着对立关系，需要根据业务情况找到两者之间的平衡点，以达到推荐系统的最佳状态。

2. 寻找跟踪客户长期兴趣偏移的方法

个性化推荐系统在金融机构、金融营销中应用时遇到的瓶颈往往不在于算法，而在于对客户数据时效性的把握。随着时间的推移，客户自身的属性在不断地发生变化，最终体现在属性类别的增减、数据量的增长变化。如何让数据的维度、指标的选取和计算权重之间实现平衡，使得个性化推荐不仅在短期内能够获取客户的兴趣偏好，还能长期预测客户的行为习惯？

传统推荐算法只考虑客户间的相似性或产品间的相似性，而忽略了客户兴趣的动态变化，从而导致推荐精度会随时间推移而下降。为了跟踪客户长期兴趣偏好、保证个性化推荐的时效性，需要寻找一种使客户属性的权重在长、短期中都能保持平衡的机制。

第14章

音乐推荐

随着互联网和数字音乐的迅速发展，各类音乐平台给用户提供了大量歌曲。然而，随着歌曲数量的增加，用户很难从大量歌曲信息中快速找到感兴趣的音乐。为了提升行业竞争力，越来越多的音乐平台使用推荐系统来为用户提供优质的个性化推荐服务，它能帮助用户快速找到自己喜欢的歌曲，给用户提供良好的使用体验，同时增加用户对音乐平台的满意度和忠诚度。因此，音乐的个性化推荐系统已成为业界关注的研究方向。

14.1　项目背景

经济全球化及网络技术的发展脚步逐渐加快，网络使用量急剧增长。据《2020 年第 45 次中国互联网络发展状况统计报告》调查显示，截至 2020 年 3 月，我国网民使用手机上网的比例达 99.3%，每周人均上网时长为 30.8 个小时，网络音乐应用的使用时长占比达 8.9%。

网络技术的生活化使越来越多的用户选择使用网络平台购物、看电影、阅读、听音乐等。例如，网易云音乐、QQ 音乐、虾米音乐等平台很受大众欢迎。由于网络上的音乐数据量快速增长，在线音乐平台如何给用户提供优质的个性化推荐服务成为一个巨大的挑战。

本章将通过 Kaggle 数据科学竞赛网站上的真实音乐推荐场景案例来介绍如何开发对应的推荐模型。

14.2　数据说明

本章案例数据集来自 Kaggle 数据科学竞赛网站，要求数据科学家使用 KKBOX 提供的数据集构建一个更好的音乐推荐系统，该数据集来自亚洲领先的音乐流媒体服务 KKBOX，其拥有全球最全面的亚洲流行音乐库，超过 3000 万首歌曲，并为数百万人提供了无限制的音乐、广告和付费订阅服务。目前，该推荐系统中使用基于协同过滤的算法，包括矩阵分解和词嵌入算法，也相信新技术可以带来更好的用户服务结果。

在本次竞赛中，KKBOX 提供了 6 个 csv 文件，分别存入了用户收听记录、歌曲信息、用户信息及歌曲名称信息等，如表 14-1~表 14-6 所示，分别给出了各个数据集的变量说明。

表 14-1　数据集 train.csv 的变量说明

变量名称	变量说明
msno	用户 ID
song_id	歌曲 ID
source_system_tab	触发收听事件的选项卡的名称。系统选项卡用于对 KKBOX 移动应用程序功能进行分类。例如，选项卡 my library 包含操作本地存储的功能，而选项卡 search 包含与搜索相关的功能
source_screen_name	用户看到的页面名称
source_type	用户首先在移动 APP 上播放音乐的入口点。入口点可以是专辑、在线播放列表、歌曲等
target	目标变量，target=1 表示用户在听完一首歌后的一个月内重复收听，target=0 则表示未收听

表 14-2 数据集 songs.csv 的变量说明

变量名称	变量说明
song_id	歌曲 ID
song_length	歌曲长度
genre_ids	歌曲类型 id。有些歌曲有多种类型，它们被“|”符号分开
artist_name	歌手
composer	作曲家
lyricist	作词家
language	语言 id

表 14-3 数据集 members.csv 的变量说明

变量名称	变量说明
msno	用户 ID
city	城市 ID
bd	年龄
gender	性别
registered_via	注册方式
registration_init_time	注册时间
expiration_date	过期日期

表 14-4 数据集 song_extra_info.csv 的变量说明

变量名称	变量说明
song_id	歌曲 ID
name	歌曲名称
isrc	国际标准录音代码，理论上可以用作歌曲的标识，但是可能有错误

表 14-5 数据集 test.csv 的变量说明

变量名称	变量说明
id	序列号
msno	用户 ID
song_id	歌曲 ID
source_system_tab	触发收听事件的选项卡的名称（表 14-1 中的 source_system_tab）
source_screen_name	用户看到的页面名称
source_type	用户首先在移动 APP 上播放音乐的入口点（同表 14-1 中的 source_type）

表 14-6　数据集 sample_submission.csv 的变量说明

变量名称	变量说明
id	序列号，同数据集 test 中的 id
target	目标变量（同表 14-1 中的 target）

14.3　数据导入

首先，导入数据集 train.csv，具体代码如下所示。

```
from sklearn import model_selection, metrics, ensemble
from sklearn.model_selection import GridSearchCV
from sklearn import tree
import numpy as np
import pandas as pd
import matplotlib.pyplot as plt
import warnings
warnings.filterwarnings('ignore')
#导入数据集 train.csv
train_data = pd.read_csv('D:/ReSystem/Data/chapter14/train.csv')
train_data.info()
```

运行上述程序，结果如下所示，数据集 train_data 总计有 7377418 条记录、6 个变量，变量说明如表 14-1 所示。

```
<class 'pandas.core.frame.DataFrame'>
RangeIndex: 7377418 entries, 0 to 7377417
Data columns (total 6 columns):
msno                  object
song_id               object
source_system_tab     object
source_screen_name     object
source_type            object
target                int64
dtypes: int64(1), object(5)
memory usage: 337.7+ MB
```

接着，导入数据集 songs.csv，并把歌曲信息数据合并至数据集 train_data，代码如下所示。

```
#导入 songs.csv
songs = pd.read_csv('D:/ReSystem/Data/chapter14/songs.csv')
songs.info()
#合并 songs 变量
```

```
train_data = pd.merge(train_data, songs, on='song_id', how='left')
del songs
```

运行上述程序，结果如下所示。数据集 songs.csv 总计有 2296320 条记录、7 个变量，说明如表 14-2 所示。接着直接合并至数据集 train_data，并删除数据集 songs.csv，释放内存。

```
<class 'pandas.core.frame.DataFrame'>
RangeIndex: 2296320 entries, 0 to 2296319
Data columns (total 7 columns):
song_id          object
song_length       int64
genre_ids        object
artist_name      object
composer         object
lyricist         object
language         float64
dtypes: float64(1), int64(1), object(5)
memory usage: 122.6+ MB
```

进一步，导入数据集 members.csv 并合并至数据集 train_data，代码如下所示。

```
#导入 members.csv
members = pd.read_csv('D:/ReSystem/Data/chapter14/members.csv')
members.info()
#合并用户数据
train_data = pd.merge(train_data, members, on='msno', how='left')
del members
```

运行上述程序，结果如下所示。数据集 members.csv 总计有 34403 条记录、7 个变量，说明如表 14-3 所示。接着直接把数据集 members.csv 的信息合并至数据集 train_data，并删除数据集 members.csv，释放内存。

```
<class 'pandas.core.frame.DataFrame'>
RangeIndex: 34403 entries, 0 to 34402
Data columns (total 7 columns):
msno                      34403 non-null object
city                      34403 non-null int64
bd                        34403 non-null int64
gender                    14501 non-null object
registered_via            34403 non-null int64
registration_init_time    34403 non-null int64
expiration_date           34403 non-null int64
dtypes: int64(5), object(2)
memory usage: 1.8+ MB
```

合并用户数据和歌曲数据之后，来查看数据集 train_data 的基本信息，代码如下所示。

```
train_data.info()
```

运行上述程序，结果如下所示，总计有 18 个变量、7377418 条记录。

```
<class 'pandas.core.frame.DataFrame'>
Int64Index: 7377418 entries, 0 to 7377417
Data columns (total 18 columns):
msno                      object
song_id                   object
source_system_tab         object
source_screen_name        object
source_type               object
target                    int64
song_length               float64
genre_ids                 object
artist_name               object
composer                  object
lyricist                  object
language                  float64
city                      int64
bd                        int64
gender                    object
registered_via            int64
registration_init_time    int64
expiration_date           int64
dtypes: float64(2), int64(6), object(10)
memory usage: 1.0+ GB
```

最后，导入其他数据集，包括 song_extra_info.csv 数据集、test.csv 数据集、sample_submission.csv 数据集。其中，测试数据集用来测试开发的模型的性能；结果数据集用来存放测试数据集的预测结果，代码如下所示。

```
#导入 song_extra_info.csv
song_extra_info = pd.read_csv('D:/ReSystem/Data/chapter14/song_extra_info.csv')
#导入 test.csv
test_data=pd.read_csv('D:/ReSystem/Data/chapter14/test.csv')
#导入 sample_submission.csv
sample_submission=pd.read_csv('D:/ReSystem/Data/chapter14/sample_submission.csv')
```

14.4 数据探索

导入数据后，即可进行数据探索。数据探索阶段需要对训练数据集的每个变量进行分析，确保模型的变量满足基本要求。

首先，查看每个变量值的缺失情况，代码如下所示。

```
#值的查看缺失情况
train_data.isnull().sum()/train_data.isnull().count()*100
```

运行上述程序，结果如下所示，其中的大部分变量有缺失值，需要进行处理。

```
msno                        0.000000
song_id                     0.000000
source_system_tab           0.336825
source_screen_name          5.622618
source_type                 0.291959
target                      0.000000
song_length                 0.001545
genre_ids                   1.605643
artist_name                 0.001545
composer                   22.713990
lyricist                   43.088219
language                    0.002033
city                        0.000000
bd                          0.000000
gender                     40.142486
registered_via              0.000000
registration_init_time      0.000000
expiration_date             0.000000
dtype: float64
```

接着，处理缺失值，直接用 0 替换，代码如下所示。

```
#处理缺失值
for i in train_data.select_dtypes(include=['object']).columns:
       train_data[i][train_data[i].isnull()] = 'unknown'
train_data = train_data.fillna(value=0)
```

进一步，把用户注册日期与失效日期的年、月、日提取出来作为单独的变量。具体的代码如下所示。

```
#把注册日期转换为日期格式，并提取出年、月、日
train_data.registration_init_time = pd.to_datetime(train_data.registration_init_time,
format='%Y%m%d', errors='ignore')
train_data['registration_init_time_year'] = train_data['registration_init_time'].
dt.year
train_data['registration_init_time_month'] = train_data['registration_init_time']
.dt.month
train_data['registration_init_time_day'] = train_data['registration_init_time']
.dt.day
#把失效日期转换为日期格式，并提取出年、月、日
train_data.expiration_date = pd.to_datetime(train_data.expiration_date,
format='%Y%m%d', errors='ignore')
```

```
train_data['expiration_date_year'] = train_data['expiration_date'].dt.year
train_data['expiration_date_month'] = train_data['expiration_date'].dt.month
train_data['expiration_date_day'] = train_data['expiration_date'].dt.day
```

接着上一步的操作，把注册日期和失效日期转换为 category 类型变量，并把所有的 object 类型变量全部转换为 category 类型变量，并对所有的 category 类型变量进行编码。具体代码如下所示。

```
train_data['registration_init_time'] = train_data['registration_init_time']
.astype('category')
train_data['expiration_date'] = train_data['expiration_date'].astype('category')
#把 object 类型变量全部转换为 category 类型变量
for col in train_data.select_dtypes(include=['object']).columns:
    train_data[col] = train_data[col].astype('category')
#对 category 类型变量进行编码，并删除变量 expiration_date、lyricist
for col in train_data.select_dtypes(include=['category']).columns:
    train_data[col] = train_data[col].cat.codes
train_data = train_data.drop(['expiration_date', 'lyricist'], 1)
```

经过上述数据处理后，查看训练数据集的情况，代码如下所示。

```
train_data.head().T
```

运行上述程序后，结果如图 14-1 所示。

	0	1	2	3	4
msno	8158.0	17259.0	17259.0	17259.0	8158.0
song_id	74679.0	223479.0	120758.0	23707.0	33308.0
source_system_tab	1.0	3.0	3.0	3.0	1.0
source_screen_name	7.0	8.0	8.0	8.0	7.0
source_type	6.0	4.0	4.0	4.0	6.0
target	1.0	1.0	1.0	1.0	1.0
song_length	206471.0	284584.0	225396.0	255512.0	187802.0
genre_ids	285.0	90.0	90.0	6.0	2.0
artist_name	3277.0	31960.0	21372.0	27439.0	4472.0
composer	14581.0	64996.0	45057.0	36700.0	8485.0
language	52.0	52.0	52.0	-1.0	52.0
city	1.0	13.0	13.0	13.0	1.0
bd	0.0	24.0	24.0	24.0	0.0
gender	2.0	0.0	0.0	0.0	2.0
registered_via	7.0	9.0	9.0	9.0	7.0
registration_init_time	2131.0	1909.0	1909.0	1909.0	2131.0
registration_init_time_year	2012.0	2011.0	2011.0	2011.0	2012.0
registration_init_time_month	1.0	5.0	5.0	5.0	1.0
registration_init_time_day	2.0	25.0	25.0	25.0	2.0
expiration_date_year	2017.0	2017.0	2017.0	2017.0	2017.0
expiration_date_month	10.0	9.0	9.0	9.0	10.0
expiration_date_day	5.0	11.0	11.0	11.0	5.0

图 14-1　数据处理后训练集的前 5 个观测结果

最后，查看训练数据集中 0、1 样本的分布情况，确定是否存在数据不平衡的情况。数据不平衡在实际业务中是经常遇到的情况，数据不平衡会导致训练的模型评估指标异常，代码如下所示。

```
#0、1 样本分布
train_data.target.value_counts()
```

运行上述程序，结果如下所示，0、1 样本的分布占比基本在 50%左右，训练数据集不存在数据不平衡的情况。

```
1    3714656
0    3662762
Name: target, dtype: int64
```

14.5 模型开发

由于本章案例中训练数据集的目标变量为二分类变量，所以本质上此问题是一个分类问题，解决分类问题的模型较多，如决策树、Logistic 回归、随机森林、梯度提升树、支持向量机、深度学习模型等。在本案例中，我们将选择多种模型进行开发，并比较各个模型之间的性能。

14.5.1 决策树模型

考虑到本案例主要根据用户的属性特征建立模型，找到分类规则，进而可以对未知用户进行预测，所以可以使用决策树分类方法。

直接调用 Scikit-Learn 库中的决策树模型接口进行开发。首先调用模型接口计算各个变量的重要性分数，以便筛选重要的变量，具体代码如下所示。（注：变量分割的衡量标准 criterion 选择基尼系数 gini）

```
#创建决策树模型
model = tree.DecisionTreeClassifier(criterion='gini',
                                    splitter='best',
                                    max_depth=None,
                                    min_samples_split=2,
                                    min_samples_leaf=1,
                                    min_weight_fraction_leaf=0.0,
                                    max_features=None,
                                    random_state=None,
                                    max_leaf_nodes=None,
                                    min_impurity_decrease=0.0,
                                    min_impurity_split=None,
                                    class_weight=None,
                                    presort=False)
```

```
model.fit(train_data[train_data.columns[train_data.columns != 'target']],
train_data.target)
train_data_plot = pd.DataFrame({'features':
                        train_data.columns[train_data.columns != 'target'],
                        'importances': model.feature_importances_})
train_data_plot = train_data_plot.sort_values('importances', ascending=False)
train_data_plot
```

运行上述程序，结果如下所示，给出了每个变量的特征重要性系数。

```
                       features    importances
5                   song_length       0.160554
1                       song_id       0.159181
7                   artist_name       0.126817
0                          msno       0.081753
4                   source_type       0.068929
12       registration_init_time       0.065275
13              expiration_date       0.051020
16   registration_init_time_day       0.049428
19          expiration_date_day       0.039950
10                           bd       0.032435
6                     genre_ids       0.031632
15 registration_init_time_month       0.030461
9                          city       0.025168
8                      language       0.016000
3            source_screen_name       0.014766
2             source_system_tab       0.014651
18        expiration_date_month       0.011619
11               registered_via       0.010711
14  registration_init_time_year       0.008710
17         expiration_date_year       0.000941
```

为了降低模型的复杂度，根据变量重要性系数删除一些变量，代码如下所示。（注：重要性系数低于 0.02 的变量直接删除）

```
#删除重要性系数较小的变量
train_data_Decision = train_data.drop(train_data_plot.features[
train_data_plot.importances < 0.02].tolist(),1)
train_data_Decision.info()
```

运行上述程序，删除部分变量后的训练数据集如下所示。

```
<class 'pandas.core.frame.DataFrame'>
Int64Index: 7377418 entries, 0 to 7377417
Data columns (total 14 columns):
msno                          int16
song_id                       int32
```

```
source_type                          int8
target                               int64
song_length                          float64
genre_ids                            int16
artist_name                          int32
city                                 int64
bd                                   int64
registration_init_time               int16
expiration_date                      int16
registration_init_time_month         int64
registration_init_time_day           int64
expiration_date_day                  int64
dtypes: float64(1), int16(4), int32(2), int64(6), int8(1)
memory usage: 569.9 MB
```

进一步对训练数据集 train_data_Decision 进行分割，其中的 70%用来训练模型，剩下的 30%作为模型的评估使用。具体代码如下所示。

```
#样本数
length=train_data_Decision['target'].count()
#分割数据集，提取 70%作为模型训练数据集
split = 0.30
train_data_Decision_T=train_data_Decision[0:int(length*(1-split))]
#剩下的 30%作为测试数据集
train_data_Decision_V=train_data_Decision[int(length*(1-split)):length]
```

分割完数据集之后，我们即可在得到的训练数据集上进行模型训练，这里采用 5 折交叉验证方法进行模型训练。具体代码如下所示。

```
#训练决策树模型
from sklearn.model_selection import KFold
from sklearn.model_selection import learning_curve
kf = KFold(n_splits=5)
#y = train_data['target'].values
model = tree.DecisionTreeClassifier(criterion='gini',
                                    splitter='best',
                                    max_depth=None,
                                    min_samples_split=2,
                                    min_samples_leaf=1,
                                    min_weight_fraction_leaf=0.0,
                                    max_features=None,
                                    random_state=None,
                                    max_leaf_nodes=None,
                                    min_impurity_decrease=0.0,
                                    min_impurity_split=None,
                                    class_weight=None,
                                    presort=False)
```

```
for train_indices,val_indices in kf.split(train_data_Decision_T) :
    model.fit(train_data_Decision_T.drop(['target','msno','song_id'],axis=1)
.loc[train_indices,:], train_data_Decision_T.loc[train_indices,'target'])
```

运行上述程序，即可得到最佳的决策树模型。下一步将要在测试数据集上计算预测结果，并计算模型的性能评分。首先对测试数据集的变量进行数据处理，使变量符合模型的输入条件，具体代码如下所示。

```
#对测试数据集进行数据处理
test_data=pd.read_csv('D:/ReSystem/Data/chapter14/test.csv')
songs = pd.read_csv('D:/ReSystem/Data/chapter14/songs.csv')
test_data = pd.merge(test_data, songs, on='song_id', how='left')
del songs
members = pd.read_csv('D:/ReSystem/Data/chapter14/members.csv')
test_data = pd.merge(test_data, members, on='msno', how='left')
del members
test_data.isnull().sum()/test_data.isnull().count()*100
for i in test_data.select_dtypes(include=['object']).columns:
      test_data[i][test_data[i].isnull()] = 'unknown'
test_data = test_data.fillna(value=0)
test_data.registration_init_time = pd.to_datetime(test_data.registration_init_time,
format='%Y%m%d', errors='ignore')
test_data['registration_init_time_year'] = test_data['registration_init_time']
.dt.year
test_data['registration_init_time_month'] = test_data['registration_init_time']
.dt.month
test_data['registration_init_time_day'] = test_data['registration_init_time'].dt.day
test_data.expiration_date = pd.to_datetime(test_data.expiration_date,
format='%Y%m%d', errors='ignore')
test_data['expiration_date_year'] = test_data['expiration_date'].dt.year
test_data['expiration_date_month'] = test_data['expiration_date'].dt.month
test_data['expiration_date_day'] = test_data['expiration_date'].dt.day
test_data['registration_init_time'] = test_data['registration_init_time']
.astype('category')
test_data['expiration_date'] = test_data['expiration_date'].astype('category')
for col in test_data.select_dtypes(include=['object']).columns:
     test_data[col] = test_data[col].astype('category')
for col in test_data.select_dtypes(include=['category']).columns:
     test_data[col] = test_data[col].cat.codes
test_data.info()
```

运行上述程序，则完成了对测试数据集的处理，包括的变量清单如下所示，总计有 24 个变量、2556790 个样本。

```
<class 'pandas.core.frame.DataFrame'>
Int64Index: 2556790 entries, 0 to 2556789
```

```
Data columns (total 24 columns):
id                              int64
msno                            int16
song_id                         int32
source_system_tab               int8
source_screen_name              int8
source_type                     int8
song_length                     float64
genre_ids                       int16
artist_name                     int16
composer                        int32
lyricist                        int16
language                        float64
city                            int64
bd                              int64
gender                          int8
registered_via                  int64
registration_init_time          int16
expiration_date                 int16
registration_init_time_year     int64
registration_init_time_month    int64
registration_init_time_day      int64
expiration_date_year            int64
expiration_date_month           int64
expiration_date_day             int64
dtypes: float64(2), int16(6), int32(2), int64(10), int8(4)
memory usage: 312.1 MB
```

进一步，我们需要删除部分变量，保持与进行模型开发的训练数据集一致，删除变量的代码如下所示。

```
#删除部分变量，保持与训练数据集一致
test_data_Decision=test_data[['id',
                              'msno',
                              'song_id',
                              'source_type',
                              'song_length',
                              'genre_ids',
                              'artist_name',
                              'city',
                              'bd',
                              'registration_init_time',
                              'expiration_date',
                              'registration_init_time_month',
                              'registration_init_time_day',
                              'expiration_date_day']]
```

利用训练好的决策树模型对测试数据集进行预测，并把结果保存至本地数据文件 decision.csv 中，具体代码如下所示。

```
#调用模型对测试数据集进行计算
predictions = np.zeros(shape=[len(test_data_Decision)])
predictions+=model.predict(test_data_Decision.drop(['id', 'msno', 'song_id'], axis=1))
submission = pd.read_csv('D:/ReSystem/Data/chapter14/sample_submission.csv')
submission.target=predictions
submission.to_csv('D:/ReSystem/Data/chapter14/decision.csv', index=False)
submission.head()
```

运行上述程序，测试数据集的预测结果如图 14-2 所示，变量 target=1 表示用户在听完一首歌后的一个月内重复收听；target=0 表示没有重复收听。

	id	target
0	0	0.0
1	1	0.0
2	2	0.0
3	3	0.0
4	4	1.0
5	5	0.0
6	6	0.0
7	7	0.0
8	8	0.0
9	9	0.0

图 14-2　测试数据集前 10 条记录的预测结果

最后，计算模型的性能指标，一般衡量模型的指标有准确率、召回率、F1 分数、ROC 曲线等，首先，计算模型在评估数据集上的准确率、召回率等指标，代码如下所示。

```
#计算模型的性能分数
import matplotlib.pyplot as plt
from sklearn import metrics
from sklearn.metrics import classification_report
y_V=train_data_Decision_V['target'].values
x_V = train_data_Decision_V.drop(['target', 'msno', 'song_id'], axis=1)
#计算预测值
predictions_V = model.predict(x_V)
target_names = ['class 0', 'class 1']
print(classification_report(y_V,                        #实际结果
                           predictions_V,               #预测结果
                           target_names=target_names))
```

运行上述程序，结果如下所示，正样本（target=1）的准确率为 0.47，负样本（target=0）的准确率为 0.64，模型的平均准确率为 0.55，同时也分别计算了模型的召回率和 F1 分数，均为 0.55。

```
              precision    recall  f1-score   support
     class 0       0.64      0.57      0.60   1304405
     class 1       0.47      0.54      0.50    908821
    accuracy                           0.56   2213226
   macro avg       0.55      0.55      0.55   2213226
weighted avg       0.57      0.56      0.56   2213226
```

接着，绘制 ROC 曲线并计算其下的面积，代码如下所示。

```
#绘制 ROC 曲线图
from sklearn.metrics import roc_curve, auc
import matplotlib.pyplot as plt
probs = model.predict_proba(x_V)
preds = probs[:,1]
#---find the FPR, TPR, and threshold---
fpr, tpr, threshold = roc_curve(y_V, preds)
#---find the area under the curve---
roc_auc = auc(fpr, tpr)
plt.plot(fpr, tpr, 'b', label = 'AUC = %0.2f' % roc_auc)
plt.plot([0, 1], [0, 1],'r--')
plt.xlim([0, 1])
plt.ylim([0, 1])
plt.ylabel('True Positive Rate (TPR)')
plt.xlabel('False Positive Rate (FPR)')
plt.title('Receiver Operating Characteristic (ROC)')
plt.legend(loc = 'lower right')
plt.show()
```

运行上述程序，结果如图 14-3 所示，其中 ROC 曲线下的面积为 0.55，表示模型的性能较好。

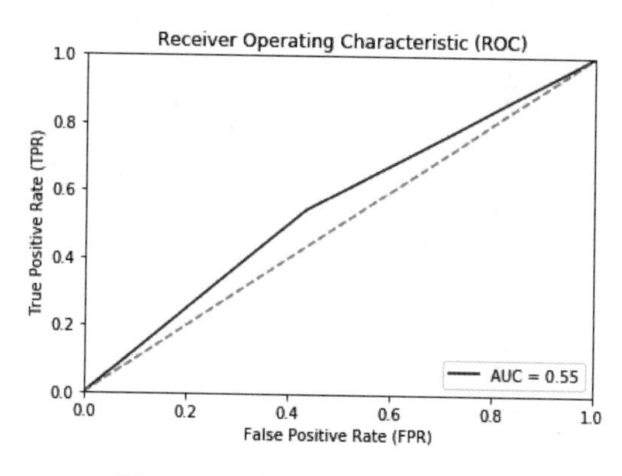

图 14-3　决策树模型的 ROC 曲线

14.5.2　Logistic 回归模型

首先，对原始的训练数据集 train_data 进行分割，具体代码如下。其中的 70%作为模型训练数据集，剩下的30%作为模型测试数据集。

```
#分割数据集，70%作为训练数据集
split = 0.30
train_data_Logistic_T=train_data[0:int(length*(1-split))]
#剩下的30%作为测试数据集
train_data_Logistic_V=train_data[int(length*(1-split)):length]
print(train_data_Logistic_T.shape)
print(train_data_Logistic_V.shape)
```

运行上述程序，结果如下所示。训练数据集有5164192个样本，测试数据集有2213226个样本，均有21个变量。

```
(5164192, 21)
(2213226, 21)
```

接着，直接调用Logistic回归模型接口进行训练，并采用5折交叉验证方法进行模型训练，代码如下所示。

```
from sklearn.linear_model import LogisticRegression
from sklearn.model_selection import KFold
kf = KFold(n_splits=5)
model=LogisticRegression(penalty='l2',
                         dual=False,
                         tol=0.0001,
                         C=1.0,
                         fit_intercept=True,
                         intercept_scaling=1,
                         class_weight=None,
                         random_state=None,
                         solver='liblinear',
                         max_iter=100,
                         multi_class='ovr',
                         verbose=0,
                         warm_start=False,
                         n_jobs=-1)
for train_indices,val_indices in kf.split(train_data_Logistic_T) :
    model.fit(train_data_Logistic_T.drop(['target',
                                          'msno',
                                          'song_id'],
                                          axis=1).loc[train_indices,:],
              train_data_Logistic_T.loc[train_indices,'target'])
```

运行上述程序后，即可得到拟合的logistic回归模型。接着，我们可以利用训练好的模型对测试数据集进行预测，并把结果保存到本地的数据文件logistic.csv中，代码如下所示。

```
predictions = np.zeros(shape=[len(test_data)])
```

```
#调用模型对测试数据集进行计算
predictions+=model.predict(test_data.drop(['id'],axis=1))
submission = pd.read_csv('D:/ReSystem/Data/chapter14/sample_submission.csv')
submission.target=predictions
submission.to_csv('D:/ReSystem/Data/chapter14/logistic.csv', index=False)
```

运行上述程序，即可得到测试数据集的预测结果。这里的保存方法与 14.5.1 小节中决策树模型预测结果的保存方法一致，在后续的内容中将不再赘述。

进一步，可以计算模型的性能分数。首先计算模型的精确率、召回率、F1 分数，具体代码如下所示。

```
#计算模型的性能分数
import matplotlib.pyplot as plt
from sklearn import metrics
from sklearn.metrics import classification_report
x_V = train_data_Logistic_V.drop(['target','msno','song_id'], axis=1)
y_V=train_data_Logistic_V['target'].values
predictions_V = model.predict(x_V)
target_names = ['class 0', 'class 1']
print(classification_report(y_V,predictions_V, target_names=target_names))
```

运行上述程序，结果如下所示，正样本（target=1）的准确率为 0.42，负样本（target=0）的准确率为 0.69，模型的平均准确率为 0.55，模型的召回率为 0.51，F1 分数为 0.34，相比决策树模型，Logistic 回归模型的 F1 分数较低。

```
              precision    recall  f1-score    support
     class 0       0.69      0.06      0.11    1304405
     class 1       0.42      0.96      0.58     908821
    accuracy                           0.43    2213226
   macro avg       0.55      0.51      0.34    2213226
weighted avg       0.58      0.43      0.30    2213226
```

接着，绘制 ROC 曲线并计算其下的面积，代码如下所示。

```
#绘制 ROC 曲线
from sklearn.metrics import roc_curve, auc
import matplotlib.pyplot as plt
probs = model.predict_proba(x_V)
preds = probs[:,1]
#---find the FPR, TPR, and threshold---
fpr, tpr, threshold = roc_curve(y_V,preds)
#---find the area under the curve---
roc_auc = auc(fpr, tpr)
plt.plot(fpr, tpr, 'b', label = 'AUC = %0.2f' % roc_auc)
plt.plot([0, 1], [0, 1],'r--')
plt.xlim([0, 1])
```

```
plt.ylim([0, 1])
plt.ylabel('True Positive Rate (TPR)')
plt.xlabel('False Positive Rate (FPR)')
plt.title('Receiver Operating Characteristic (ROC)')
plt.legend(loc = 'lower right')
plt.show()
```

运行上述程序，结果如图 14-4 所示，其中 ROC 曲线下的面积为 0.53，表示模型的性能比决策树模型还要差，仅比随机模型好一点。

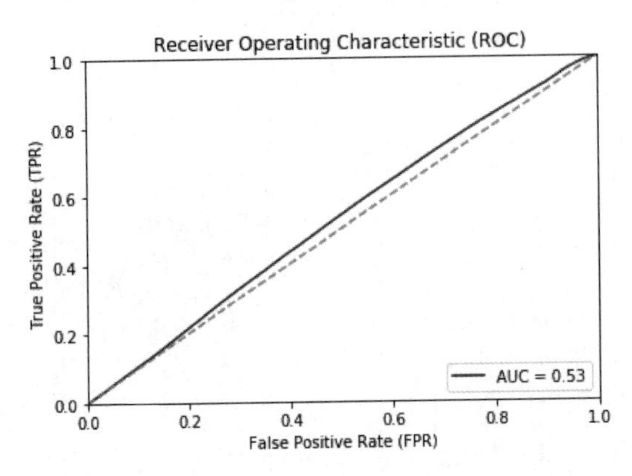

图 14-4 Logistic 回归模型的 ROC 曲线

14.5.3 随机森林模型

同 14.5.2 小节中的 Logistic 回归模型一样，可以直接调用 Scikit-Learn 库中的随机森林模型接口训练模型。首先利用随机森林模型计算各个变量的重要性分数，其中决策树数量设置为 200，树的最大深度设置为 10，代码如下所示。

```
#最佳估计量模型
from sklearn import model_selection, metrics, ensemble
from sklearn.model_selection import GridSearchCV
import numpy as np
import pandas as pd
import matplotlib.pyplot as plt
import warnings
warnings.filterwarnings('ignore')
model = ensemble.RandomForestClassifier(n_estimators=200,
                                        max_depth=10,
                                        n_jobs=-1)
model.fit(train_data[train_data.columns[train_data.columns != 'target']],
train_data.target)
#计算变量的重要性分数
train_data_importances = pd.DataFrame({'features': train_data.columns
```

```
[train_data.columns != 'target'],
                              'importances': model.feature_importances_})
train_data_importances = train_data_importances.sort_values('importances',
ascending=False)
print(train_data_importances)
```

运行上述程序，结果如下所示，变量按照重要性分数排序。

```
                       features        importances
4                   source_type        0.352510
3            source_screen_name        0.261380
2             source_system_tab        0.200338
13              expiration_date        0.037021
6                     genre_ids        0.025536
8                      language        0.017653
17         expiration_date_year        0.015484
12       registration_init_time        0.015113
5                   song_length        0.013764
7                   artist_name        0.010785
10                           bd        0.007585
14  registration_init_time_year        0.006754
0                          msno        0.006596
19          expiration_date_day        0.004864
18        expiration_date_month        0.004646
9                          city        0.004369
16   registration_init_time_day        0.004303
1                       song_id        0.004164
11               registered_via        0.003887
15 registration_init_time_month        0.003246
```

接着，为了降低模型复杂度以及提高模型计算效率，直接删除重要性分数较小的变量，具体代码如下所示。

```
#删除 importances < 0.01 的变量
train_data_RF = train_data.drop(
     train_data_importances.features[
          train_data_importances.importances < 0.01].tolist(), 1)
#剩下的变量清单
train_data_RF.info()
```

运行上述程序，结果如下所示，训练数据集保留了 11 个变量。

```
<class 'pandas.core.frame.DataFrame'>
Int64Index: 7377418 entries, 0 to 7377417
Data columns (total 11 columns):
source_system_tab              int8
source_screen_name             int8
source_type                    int8
```

```
target                      int64
song_length                 float64
genre_ids                   int16
artist_name                 int32
language                    float64
registration_init_time      int16
expiration_date             int16
expiration_date_year        int64
dtypes: float64(2), int16(3), int32(1), int64(2), int8(3)
memory usage: 692.9 MB
```

删除重要性分数较小的变量后，则可以直接进行模型训练，首先，分割数据集，其中的70%作为训练数据集，剩下的30%作为模型评估数据集，代码如下所示。

```
#分割数据集，其中的 70%作为训练数据集
split = 0.30
train_Data_RF_T=train_data_RF[0:int(length*(1-split))]
#剩下的 30%作为测试数据集
train_data_RF_V=train_data_RF[int(length*(1-split)):length]
```

下面使用5折交叉验证方法进行模型开发，代码如下所示。

```
from sklearn import model_selection, metrics, ensemble
from sklearn.model_selection import KFold
kf = KFold(n_splits=5)
model = ensemble.RandomForestClassifier(n_estimators=200,
                                        max_depth=10,
                                        n_jobs=-1)
for train_indices,val_indices in kf.split(train_data_RF_T) :
    model.fit(train_data_RF_T.drop(['target'], axis=1).loc[train_indices,:],
                                  train_data_RF_T.loc[train_indices,'target'])
```

运行上述程序后，即可得到随机森林模型，接着，即可利用模型计算出测试数据集的预测结果，这里不再赘述。

模型训练完成后，可以计算模型在评估数据集上的性能分数，首先计算模型的准确率、召回率、F1分数等，代码如下所示。

```
#计算模型的性能分数
import matplotlib.pyplot as plt
from sklearn import metrics
from sklearn.metrics import classification_report
y_V=train_data_RF_V['target'].values
x_V = train_data_RF_V.drop(['target'], axis=1)
predictions_V = model.predict(x_V)
target_names = ['class 0', 'class 1']
print(classification_report(y_V,predictions_V, target_names=target_names))
```

运行上述程序，结果如下所示。模型的准确率、召回率、F1 分数均为 0.58，相比 Logistic 回归模型，性能稍好一些。

```
              precision    recall   f1-score    support
     class 0       0.66      0.62       0.64    1304405
     class 1       0.50      0.54       0.52     908821
    accuracy                            0.59    2213226
   macro avg       0.58      0.58       0.58    2213226
weighted avg       0.59      0.59       0.59    2213226
```

接着，绘制 ROC 曲线并计算其下的面积，代码如下所示。

```
#绘制 ROC 曲线
from sklearn.metrics import roc_curve, auc
import matplotlib.pyplot as plt
probs = model.predict_proba(x_V)
preds = probs[:,1]
#---find the FPR, TPR, and threshold---
fpr, tpr, threshold = roc_curve(y_V,preds)
#---find the area under the curve---
roc_auc = auc(fpr, tpr)
plt.plot(fpr, tpr, 'b', label = 'AUC = %0.2f' % roc_auc)
plt.plot([0, 1], [0, 1],'r--')
plt.xlim([0, 1])
plt.ylim([0, 1])
plt.ylabel('True Positive Rate (TPR)')
plt.xlabel('False Positive Rate (FPR)')
plt.title('Receiver Operating Characteristic (ROC)')
plt.legend(loc = 'lower right')
plt.show()
```

运行上述程序，结果如图 14-5 所示。其中 ROC 曲线下的面积为 0.62，表示模型的性能中等，比 Logistic 回归模型好一点。

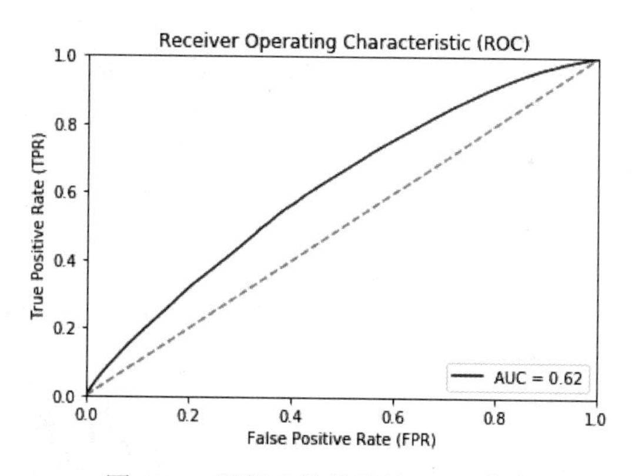

图 14-5　随机森林模型的 ROC 曲线

14.5.4 XGBoost 模型

与随机森林模型的开发一样，可以直接调用 XGBoost 模型的接口来训练模型，并设置其学习率为 0.1，树的最大深度为 10，数的数量为 100。首先计算变量的重要性分数，代码如下所示。

```
import xgboost as xgb
from xgboost import XGBClassifier
model = XGBClassifier(learning_rate=0.1,
                      max_depth=10,
                      min_child_weight=10,
                      n_estimators=100,
                      nthread=-1)
model.fit(train_data[train_data.columns[train_data.columns != 'target']],
train_data.target)

#计算变量的重要性分数
train_data_importances = pd.DataFrame({'features': train_data.columns
[train_data.columns != 'target'],'importances': model.feature_importances_})
train_data_importances = train_data_importances.sort_values('importances',
ascending = False)
print(train_data_importances)
```

运行上述程序，即可得到各个变量的重要性分数，结果如下所示。考虑到模型的复杂度，删除重要性分数小于 0.028 的变量，保留前 10 个变量。

```
                    features     importances
4                source_type     0.403871
2          source_system_tab     0.095090
13           expiration_date     0.038365
6                  genre_ids     0.033408
11            registered_via     0.031204
8                   language     0.030581
12    registration_init_time     0.029387
5                song_length     0.029214
14 registration_init_time_year   0.029192
10                        bd     0.028522
1                    song_id     0.027874
3         source_screen_name     0.027871
9                       city     0.026912
18     expiration_date_month     0.025202
17      expiration_date_year     0.025083
16  registration_init_time_day   0.024556
15 registration_init_time_month  0.024417
19       expiration_date_day     0.024192
```

```
0                       msno        0.023935
7                artist_name        0.021123
```

过滤重要性分数较小的变量，代码如下所示。

```
#过滤重要性分数较小的变量
train_data_XGB = train_data.drop(train_data_importances.features[
                 train_data_importances.importances < 0.028].tolist(), 1)
train_data_XGB.info()
```

运行上述程序后，结果如下所示，保留 11 个变量。

```
<class 'pandas.core.frame.DataFrame'>
Int64Index: 7377418 entries, 0 to 7377417
Data columns (total 11 columns):
source_system_tab              int8
source_type                    int8
target                         int64
song_length                    float64
genre_ids                      int16
language                       float64
bd                             int64
registered_via                 int64
registration_init_time         int16
expiration_date                int16
registration_init_time_year    int64
dtypes: float64(2), int16(3), int64(4), int8(2)
memory usage: 770.3 MB
```

筛选好变量后，分割数据集，其中 60%作为训练数据集，其余 40%作为测试数据集，这里同样采用 5 折交叉验证方法，代码如下所示。

```
#分割数据集，其中 60%作为训练数据集
split = 0.40
train_data_XGB_T=train_data_XGB[0:int(length*(1-split))]
#剩下的 40%作为测试数据集
train_data_XGB_V=train_data_XGB[int(length*(1-split)):length]
print(train_data_XGB_T.shape)
print(train_data_XGB_V.shape)
from sklearn.model_selection import KFold
kf = KFold(n_splits=5)
model = XGBClassifier(learning_rate=0.1,
                      max_depth=10,
                      min_child_weight=10,
                      n_estimators=100,
                      nthread=-1)
for train_indices,val_indices in kf.split(train_data_XGB_T) :
```

```
model.fit(train_data_XGB_T.drop(['target'],axis=1).loc[train_indices,:],
          train_data_XGB_T.loc[train_indices,'target'])
model.score(train_data_XGB_T[train_data_XGB_T.columns[train_data_XGB_T.columns !=
            'target']], train_data_XGB_T.target)
```

运行上述程序后，即可得到模型结果。

最后，计算模型的性能评分，并与其他模型比较。首先，计算模型的准确率、召回率等指标分数，代码如下所示。

```
#计算模型的性能分数
import matplotlib.pyplot as plt
from sklearn import metrics
from sklearn.metrics import classification_report
y_V=train_data_XGB_V['target'].values
x_V = train_data_XGB_V.drop(['target'], axis=1)
predictions_V = model.predict(x_V)
target_names = ['class 0', 'class 1']
print(classification_report(y_V,predictions_V, target_names=target_names))
```

运行上述程序，结果如下所示。模型的准确率、召回率、F1 分数均为 0.59、0.60、0.59，相比随机森林模型来说，模型性能基本一致。

```
              precision    recall  f1-score   support
     class 0       0.68      0.57      0.62   1723166
     class 1       0.51      0.62      0.56   1227802
    accuracy                           0.59   2950968
   macro avg       0.59      0.60      0.59   2950968
weighted avg       0.61      0.59      0.60   2950968
```

同样，绘制出 ROC 曲线并计算其下的面积，代码如下所示。

```
#绘制 ROC 曲线
from sklearn.metrics import roc_curve, auc
import matplotlib.pyplot as plt
probs = model.predict_proba(x_V)
preds = probs[:,1]
#---find the FPR, TPR, and threshold---
fpr, tpr, threshold = roc_curve(y_V,preds)
#---find the area under the curve---
roc_auc = auc(fpr, tpr)
plt.plot(fpr, tpr, 'b', label = 'AUC = %0.2f' % roc_auc)
plt.plot([0, 1], [0, 1],'r--')
plt.xlim([0, 1])
plt.ylim([0, 1])
plt.ylabel('True Positive Rate (TPR)')
plt.xlabel('False Positive Rate (FPR)')
plt.title('Receiver Operating Characteristic (ROC)')
```

```
plt.legend(loc = 'lower right')
plt.show()
```

运行上述程序，结果如图 14-6 所示。其中 ROC 曲线下的面积为 0.64，表示模型的性能中等，比随机森林模型好一点。

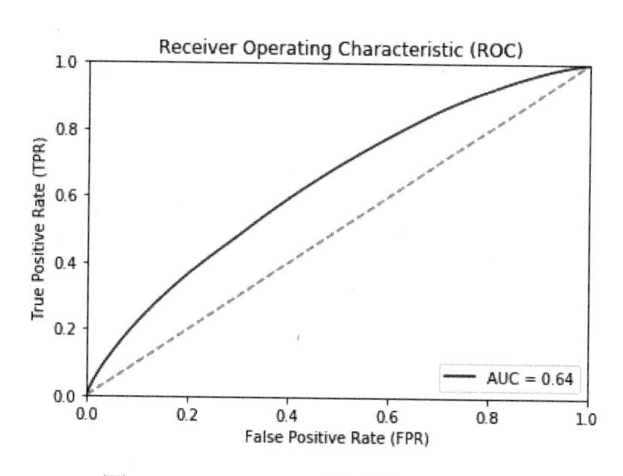

图 14-6　XGBoost 模型的 ROC 曲线

14.5.5　LightGBM 模型

本小节调用 LightGBM 模型进行预测，这里不再对数据进行处理，直接使用 14.5.4 小节中 XGBoost 模型使用的训练数据集进行训练，依然采用 5 折交叉验证方法，代码如下所示。

```
import numpy as np
import pandas as pd
from sklearn.model_selection import KFold
import lightgbm as lgbm
#K 折交叉验证
k = KFold(n_splits=5)
for train_indices,val in k.split(train_data_XGB_T) :
      td = lgbm.Dataset(train_data_XGB_T.drop(['target'],
                                             axis=1).loc[train_indices,:],
label=train_data_XGB_T.loc[train_indices,'target'])
vd = lgbm.Dataset(train_data_XGB_T.drop(['target'], axis=1).loc[val,:],
                  label=train_data_XGB_T.loc[val,'target'])
params = {
    'metric': 'binary_logloss',
    'boosting': 'gbdt',
    'objective': 'binary',
    'learning_rate': 0.1,
    'verbose': 0,
    'num_leaves': 500,
    'bagging_fraction': 0.95,
    'bagging_freq': 1,
```

```
    'bagging_seed': 1,
    'feature_fraction': 0.9,
    'feature_fraction_seed': 1,
    'max_bin': 128,
    'max_depth': 10,
    'num_rounds': 200,
    'application':'binary',
    'nthread': -1
    }
model = lgbm.train(params, td, 100, valid_sets=[vd])
```

运行上述程序，即可得到模型。进一步查看模型的性能，代码如下所示，首先计算模型的准确率等指标。

```
#计算模型的性能分数
import matplotlib.pyplot as plt
from sklearn import metrics
from sklearn.metrics import classification_report
y_V=train_data_XGB_V['target'].values
x_V = train_data_XGB_V.drop(['target'], axis=1)
#计算样本概率分数
predictions_V = model.predict(x_V)
target_names = ['class 0', 'class 1']
#计算准确率的指标时，需要转换为 0、1 类别，这里设置阈值为 0.5
print(classification_report(y_V,np.where(predictions_V > 0.5, 1, 0),
                                   target_names=target_names))
```

运行上述程序，结果如下所示，模型的准确率为 0.60，F1 分数为 0.59。

```
              precision    recall   f1-score    support
     class 0       0.68      0.56       0.62    1723166
     class 1       0.51      0.63       0.56    1227802
    accuracy                            0.59    2950968
   macro avg       0.60      0.60       0.59    2950968
weighted avg       0.61      0.59       0.60    2950968
```

同样，可以绘制出 ROC 曲线并计算其下的面积，代码如下所示。

```
#绘制 ROC 曲线
from sklearn.metrics import roc_curve, auc
import matplotlib.pyplot as plt
#probs = model.predict_proba(x_V)
#preds = probs[:,1]
#---find the FPR, TPR, and threshold---
#需要转换为 0、1 类别，这里设置阈值为 0.5
fpr, tpr, threshold = roc_curve(y_V,np.where(predictions_V > 0.5, 1, 0))
#---find the area under the curve---
```

```
roc_auc = auc(fpr, tpr)
plt.plot(fpr, tpr, 'b', label = 'AUC = %0.2f'% roc_auc)
plt.plot([0, 1], [0, 1],'r--')
plt.xlim([0, 1])
plt.ylim([0, 1])
plt.ylabel('True Positive Rate (TPR)')
plt.xlabel('False Positive Rate (FPR)')
plt.title('Receiver Operating Characteristic (ROC)')
plt.legend(loc = 'lower right')
plt.show()
```

运行上述程序，结果如图 14-7 所示。其中 ROC 曲线下的面积为 0.60，模型整体性能比 XGBoost 模型差一点。

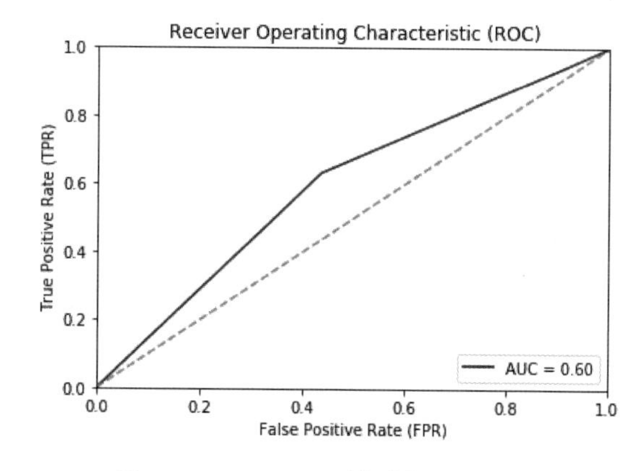

图 14-7　LightGBM 模型的 ROC 曲线

本章分别使用了决策树模型、Logistic 回归模型、随机森林模型、XGBoost 模型和 LightGBM 模型进行了音乐推荐模型的开发。更进一步，我们可以在上述五个模型的基础上，以各个模型的输出作为输入来训练一个模型，以得到一个最终的输出，这就是 Stacking 方法，即使用另外一个机器学习算法来将每个机器学习器的结果结合在一起，能够得到更佳的效果。关于 Stacking 方法，这里不再进行阐述，感兴趣的读者可以参考相关书籍。

14.6　模型应用

模型开发完成，并利用其计算测试数据集的预测分数之后，在 Kaggle 网站上提交结果数据即可了解模型的性能评价结果及竞赛排名。相比竞赛事项，在实际的业务环境中，模型开发完成后，需要及时进行部署，以便能尽快应用于业务并进行相关音乐的推荐。

模型开发仅是整个业务流的一个节点，这里需要读者务必关注。

第 15 章

基于客户生命周期的推荐

客户生命周期是指企业与客户从建立业务关系到终止业务关系的全过程，即客户的发展轨迹。其描述了客户关系在不同阶段的特征情况，针对不同阶段的客户，企业可以采取不同的产品、信息、服务策略，真正做到针对性、个性化地管理客户，从而最大限度地实现客户价值，这是每个企业必须考虑的问题。本章将为读者介绍一种围绕客户生命周期管理的推荐策略。

15.1 客户生命周期

客户是企业最重要的资产，如果客户无法对企业保持忠诚，则企业难以发展客户与企业之间的关系，该企业不可能有任何的商业前景，这就是为什么每个企业都应该有一个明确的战略来对待客户。客户关系管理（CRM）是建立、管理和加强忠诚、持久的客户关系的重要策略。客户关系管理应该是以客户洞察为基础、以客户为中心的方法，其范围应该是通过识别和理解客户不同的需求、偏好和行为，将客户作为不同的实体进行“个性化”处理。

CRM 有两个主要目标：

- 通过使顾客满意来留住顾客。
- 通过客户洞察力开发客户。

第一个目标的重要性显而易见，获取客户是很困难的，尤其是在成熟的、竞争激烈的市场，获取竞争对手的新客户来取代现有客户是异常困难的。

关于第二个目标，由于客户群均由不同的人组成，他们有不同的需求、行为、潜力，需要有相应的“个性化”处理。

谈到不同客户群的“个性化”处理，这涉及客户分群与客户生命周期管理。

客户分群是将客户划分为不同的、内部同质的群体，以便根据其特点制定差异化运营策略的过程。客户分群的方法有很多。例如，根据客户行为特征进行分群，利用数据挖掘技术进行客户细分等。

客户生命周期一般可以分为客户获取、客户提升、客户成熟、客户衰退及客户流失 5 个阶段，如图 15-1 所示。本章将重点讲述客户生命周期各个阶段的产品、服务、信息推荐策略。

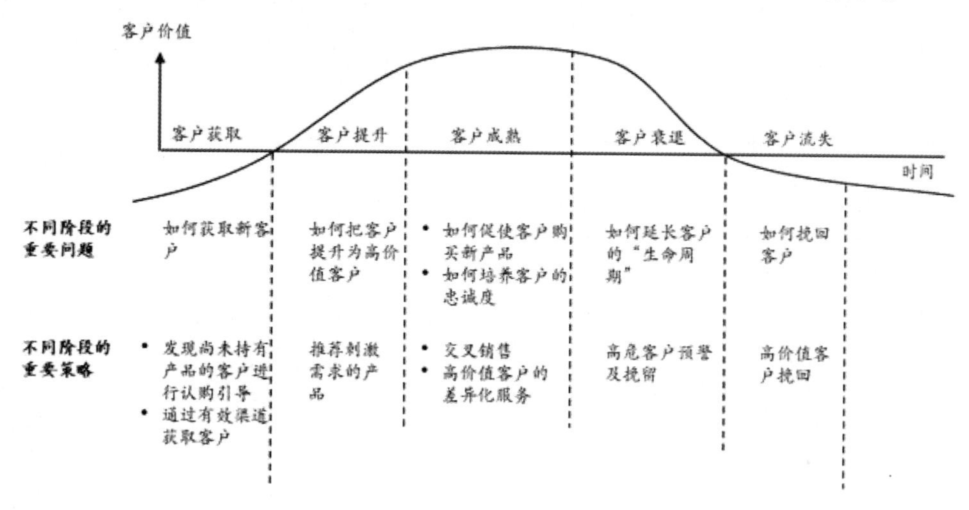

图 15-1 客户生命周期

1. 客户获取

客户获取阶段为发现和获取潜在客户，并通过有效渠道提供合适的价值定位以获取客户。一般情况下，此阶段主要是根据地区、性别、年龄等客户粗粒度指标进行数据分析，并结合产品的定位与目标客户群的匹配进行客户获取。例如，获取高档消费品的潜在客户的营销活动应该在高档小区的范围内开展，高风险资管产品的营销广告应该在高净值人群中进行投放。

2. 客户提升

客户获取后，考虑到前期投放的广告成本，新客户此时的价值并不大，下一步就要考虑如何进行客户提升，使其成为高价值客户。一般情况下，客户运营部门会通过刺激需求的产品组合或服务组合把客户培养成高价值客户。

由于对不同客户群需要针对性的“个性化”处理，此阶段就需要对客户进行分群，以便提升新客户转化为高价值客户的效率。一般根据客户的基本信息，从人口统计信息、社会状态、产品使用行为等方面对客户进行细致的描述，这对分析客户类型结构、修正产品定位、满足细分群体需求、开发新产品、提高客户满意度和分析客户需求变化趋势都是有意义的。

除了客户分群，还可以通过交叉销售、分析产品之间的关联关系来发现产品销售中预期不到的模式。例如，“啤酒与尿布”的规律就是从客户在超市中的购物记录中获取的，这种营销模式目前被广泛运用在零售业、银行、保险等领域，如京东商场的推荐产品和淘宝的“猜你喜欢”两个模块。

在客户提升阶段，精准营销技术也是客户价值提升的重要方面，其目的在于扩大客户消费的范围。例如，公司开发了一款新产品，希望快速找到目标客户，这就可以通过分析现有客户的属性和产品购买行为来确定响应可能性最大的群体进行营销。

3. 客户成熟

使客户长期处于成熟期是企业追求的目标，此阶段的主要任务是培养客户的忠诚度，尽量延长客户生命周期。培养客户忠诚度的基础是持续提供超过客户期望的产品或服务，使客户坚信目前的企业提供的产品是最有价值的，由此对企业、企业员工、产品或服务产生一种强烈的感情依附，进而发展为忠诚。

增强客户的忠诚度一般有两种方式：一种是持续提供最好的产品；另一种是尽量增加个性化增值服务。

4. 客户衰退

虽然企业为了保持客户关系采取了各种措施，但是由于种种原因，仍然无法阻止客户对企业忠诚度的衰退，此阶段应该建立高危客户预警机制，目的是充分挖掘客户的潜在价值，一方面尽可能挽留处于客户衰退期的高危客户，另一方面尽可能降低客户衰退、流失给企业带来的不良影响，并认真分析客户流失的原因，总结经验，改进企业的产品和服务。

5. 客户流失

客户流失阶段主要考虑如何赢回客户，主要通过投入一定的资源，重新恢复与客户的关系，进行客户关系的二次开发。

总结上述各阶段的描述，客户生命周期不同阶段的推荐策略如表 15-1 所示。结合各阶段的核心业务问题，表 15-1 挑选了 5 个场景，全面介绍了相关的推荐策略体系的构建过程。图 15-2 给出了客户生命周期管理的闭环迭代体系。

表 15-1　客户生命周期不同阶段的推荐策略

序　　号	生命周期阶段	核心业务问题	策　　略	备　　注
1	客户获取	获取客户	（1）广告投放策略。 （2）热门推荐	外部广告投放策略优化，热门产品推荐
2	客户提升	激活客户、提升客户价值	（1）客户激活。 （2）产品个性化推荐	利用合适产品进行客户激活；产品个性化推荐；事件营销
3	客户成熟	提高客户黏性、活跃度	（1）产品交叉销售。 （2）产品个性化推荐。 （3）服务推荐	产品交叉销售；偏好产品推荐；个性化服务推荐
4	客户衰退	客户行为监控，延长客户生命周期	（1）产品推荐。 （2）服务推荐。 （3）客户关怀	给客户管理部门推荐高流失风险的客户名单，对不同价值的客户落实不同的客户挽留策略
5	客户流失	客户挽回	（1）流失预警。 （2）客户挽留	

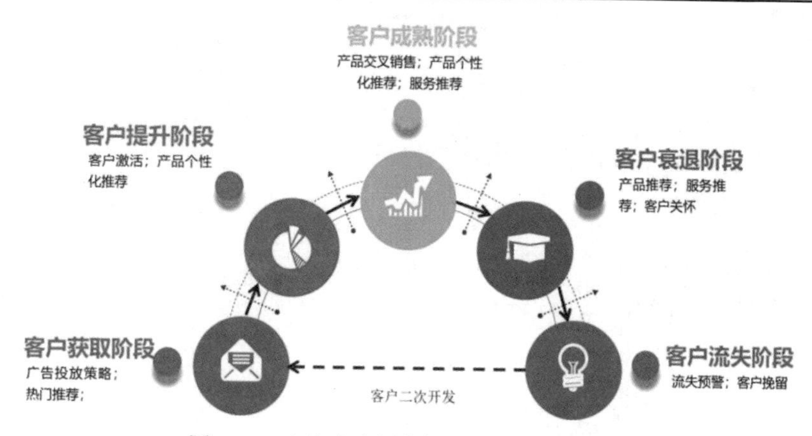

图 15-2　客户生命周期管理的闭环迭代体系

15.2　客户获取：获客广告点击率预测

客户是每个企业生存的根本，没有客户，谈何盈利？获客是每个企业必须严肃对待的重要一步，那如何进行获客呢？一般情况下，有以下几种获客方式。

（1）地推：地推是很多人都不愿意干的事情，但不可否认这是一种重要的获客方式，如何把发传单、扫微信这样的耗时耗力的方式做得有趣、让更多人愿意接受、提高转化率，是一件重要的事情。

（2）建立网站：建立网站能破除地理距离带来的信息不对称。如果把自己的网站建立好，目标客户就不会因距离出现隔阂，企业也会有更大的市场。网站的建立带来的不仅是客源的增加，还有如何去提升管理效率，降低不必要的潜在成本。

（3）广告投放：广告投放是一种非常常见的推广方式。其中广告的设计是一个非常重要的环节，要深挖自身产品的特点，以此为核心，做出具有记忆点的广告，做出适当的广告投入。

（4）异业合作：异业合作是指跨行业的合作，合作双方互相借助对方产品优势进行合作、宣传，同时降低自己的成本，实现 1+1>2 的目标。合作方式包括品牌联合及线上、线下合作。例如，旅行社可以与当地的矿泉水供应商进行合作推广，以提高获客效率。

（5）搜索优化：SEO 是指利用搜索引擎的规则提高网站在有关搜索引擎内的自然排名，ASO 是指应用商店优化，帮助提升在各类 APP 应用商店的排名。通过分析面对的目标群体，研究一些具有高匹配度的关键词，从而提高被搜索到的概率，为应用页面带去更多的流量。SEO/ASO 涉及多个环节，除了最核心的关键词优化，还包括标题、icon、截图等环节的优化。

（6）社交传播：这些年来，社交传播的获客模式兴起，通常是使用一些红包裂变、消费裂变或团购裂变式的方法刺激消费者进行消费。同时，裂变起到了非常好的宣传作用。这种方式是一种基于社交资源的裂变，通过裂变，将帮助相关企业提高广告点击率，提高客户转化率，快速获客。

以上几种是比较常见的获客方式，随着互联网生态环境的逐渐完善、互联网广告精准化程度的提高，以及媒体质量的快速崛起等优势的逐渐凸显，广告主对互联网广告的认可程度逐渐增强，目前获客基本都采用投放互联网广告的方式。在第 12 章中已经系统地介绍过如何开发广告 CTR 模型，这里不再赘述。

15.3 客户提升：保险产品精准推荐

客户提升阶段的主要目标是提升客户价值，通过分析客户行为特征，采取针对性的营销服务，将其转化为成熟客户。本节将通过一个经典的保险产品的营销案例来介绍如何通过数据挖掘技术进行客户提升操作。

15.3.1 数据说明

本案例的数据来自 Kaggle 网站的 Health Insurance Cross Sell Prediction 竞赛项目，其目标是通过数据挖掘技术来预测客户是否对汽车保险感兴趣。该项目对保险公司是非常有帮助的，公司可以根据预测结果制定客户沟通策略，并通过接触这些客户，优化其商业模式和收入。

为了预测客户是否对车辆保险感兴趣，需要了解一些客户基本信息（如性别、年龄等）、车辆基本信息（如车龄、损坏情况）以及当前的保单信息（如保费、购买渠道等），具体数据信息如表 15-2 所示。

本项目有 2 个数据集，分别为训练数据集和测试数据集。训练数据集包含 381109 条客户记录，每条客户记录包含 12 个变量，即 1 个客户 id 变量、10 个输入变量及 1 个目标变量 Response（是否响应，1 表示感兴趣；0 表示不感兴趣）。测试数据集包含 127037 条客户记录，变量数量与训练数据集相同，由于是用来测试的，所以目标变量没有值。数据集变量说明如表 15-2 所示。

表 15-2　数据集变量说明

变量名称	变量说明
id	客户 id
Gender	性别
Age	年龄
Driving_License	是否有驾照，0 表示没有；1 表示有
Region_Code	客户所属地区
Previously_Insured	之前是否投保，0 表示否；1 表示是
Vehicle_Age	车龄
Vehicle_Damage	车的损坏情况，0 表示未损坏过；1 表示损坏过
Annual_Premium	年度保费
Policy_Sales_Channel	销售渠道
Vintage	客户与公司建立联系的时长，单位：天
Response（目标变量）	是否响应，1 表示感兴趣；0 表示不感兴趣

15.3.2　数据探索

首先，导入数据集，代码如下所示。

```
import numpy as np
import pandas as pd
import matplotlib.pyplot as plt
import seaborn as sns
df = pd.read_csv('D:/ReSystem/Data/chapter15/
CrossSellPrediction/train.csv')
df_test = pd.read_csv('D:/ReSystem/Data/chapter15/
CrossSellPrediction/test.csv')
print(df.info())
print(df_test.info())
```

运行上述程序，结果如下所示，可知训练数据集有 381109 条记录、12 个变量；测试数据集有 127037 条记录、11 个变量。

```
<class 'pandas.core.frame.DataFrame'>
RangeIndex: 381109 entries, 0 to 381108
Data columns (total 12 columns):
id                     381109 non-null int64
```

```
Gender                    381109 non-null object
Age                       381109 non-null int64
Driving_License           381109 non-null int64
Region_Code               381109 non-null float64
Previously_Insured        381109 non-null int64
Vehicle_Age               381109 non-null object
Vehicle_Damage            381109 non-null object
Annual_Premium            381109 non-null float64
Policy_Sales_Channel      381109 non-null float64
Vintage                   381109 non-null int64
Response                  381109 non-null int64
dtypes: float64(3), int64(6), object(3)
memory usage: 34.9+ MB
None
<class 'pandas.core.frame.DataFrame'>
RangeIndex: 127037 entries, 0 to 127036
Data columns (total 11 columns):
id                        127037 non-null int64
Gender                    127037 non-null object
Age                       127037 non-null int64
Driving_License           127037 non-null int64
Region_Code               127037 non-null float64
Previously_Insured        127037 non-null int64
Vehicle_Age               127037 non-null object
Vehicle_Damage            127037 non-null object
Annual_Premium            127037 non-null float64
Policy_Sales_Channel      127037 non-null float64
Vintage                   127037 non-null int64
dtypes: float64(3), int64(5), object(3)
memory usage: 10.7+ MB
None
```

接着，对训练数据集的变量进行逐一分析，了解其分布特征。首先来看一下数据集是否有缺失的情况，代码如下所示。

```
df.isnull().sum()
```

运行上述程序，结果如下所示。数据集没有缺失。

```
id                        0
Gender                    0
Age                       0
Driving_License           0
Region_Code               0
Previously_Insured        0
Vehicle_Age               0
Vehicle_Damage            0
Annual_Premium            0
Policy_Sales_Channel      0
Vintage                   0
```

```
Response                 0
dtype: int64
```

进一步，分析目标变量 Response 的分布情况，代码如下所示。

```
plt.title("Response Distribution")
sns.countplot(df['Response'],data=df)
print(df.Response.value_counts()[1]/df.Response.value_counts()[0])
```

运行上述程序，结果如图 15-3 所示。客户响应率为 13.97%，图 15-3 绘制了 0、1 样本的分布柱状图，从样本分布可知，数据集不平衡，在进行模型训练之前需要进行样本重采样，使 0、1 样本基本平衡。

```
0.13968343206767964
```

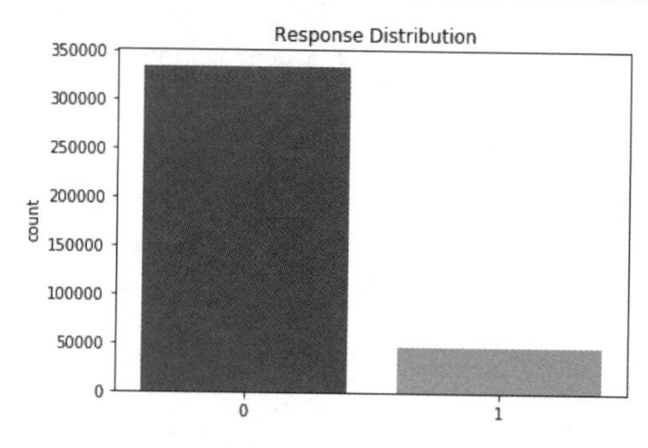

图 15-3　数据集的 0、1 样本分布柱状图

进一步，分析变量 Age，代码如下所示，绘制分布图。

```
plt.figure(figsize=(15,8))
plt.title("Age Distribution")
sns.distplot(df.Age)
df['Age'].describe()
```

运行上述程序，结果如图 15-4 所示。客户年龄最小为 20 岁，最大为 85 岁，平均年龄为 38.8 岁。另外从图 15-4 中的数据分布上看，大部分客户集中在 20~30 岁。

```
count    381109.000000
mean         38.822584
std          15.511611
min          20.000000
25%          25.000000
50%          36.000000
75%          49.000000
max          85.000000
Name: Age, dtype: float64
```

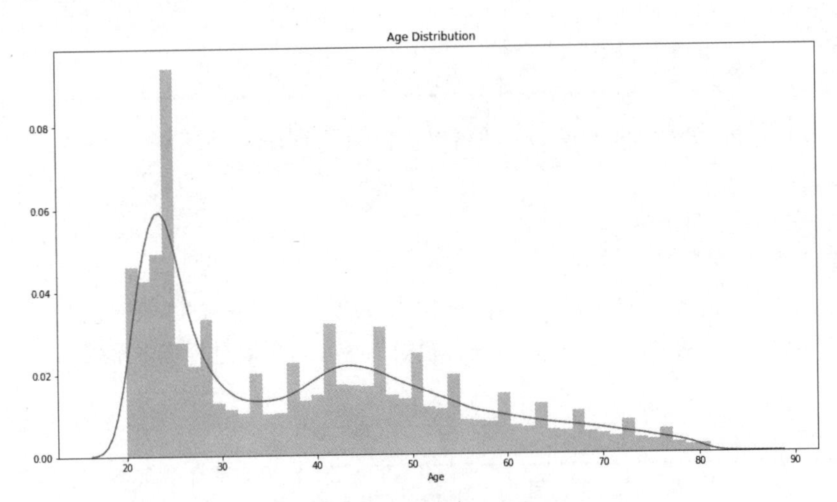

图 15-4　变量 Age 的分布图

接着，对变量 Annual_Premium 进行分析，代码如下所示。

```
plt.figure(figsize=(15,8))
plt.title("Annual_Premium Distribution")
sns.distplot(df.Annual_Premium)
```

运行上述程序，结果如图 15-5 所示。从分布看，变量 Annual_Premium 主要分布在 0~100000，且存在极端值，需要进一步探索。

接着对变量 Annual_Premium 进行分析，代码如下。

```
plt.figure(figsize=(15,8))
plt.title("Annual_Premium Distribution")
sns.distplot(df.Annual_Premium)
```

运行上述程序，结果如下图 15-5 所示，从分布看，变量 Annual_Premium 主要分布在 0~100000，且存在极端值，需要进一步探索。

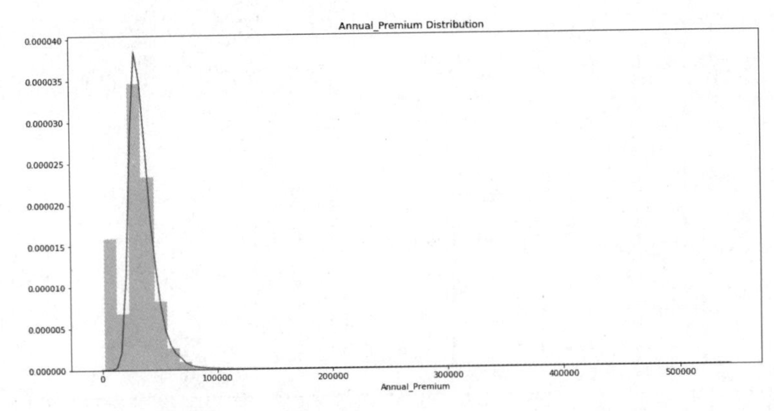

图 15-5　变量 Annual_Premium 的分布图

我们继续绘制变量 Annual_Premium 小于 100000 的分布图，代码如下。

```
plt.figure(figsize=(15,8))
plt.title("Annual_Premium Distribution ('zoomed in')")
sns.distplot(df.query("Annual_Premium < 100000").Annual_Premium)
```

运行上述程序，结果如下图 15-6 所示，很明显，变量 Annual_Premium 在 20000~100000 之间呈正态分布。

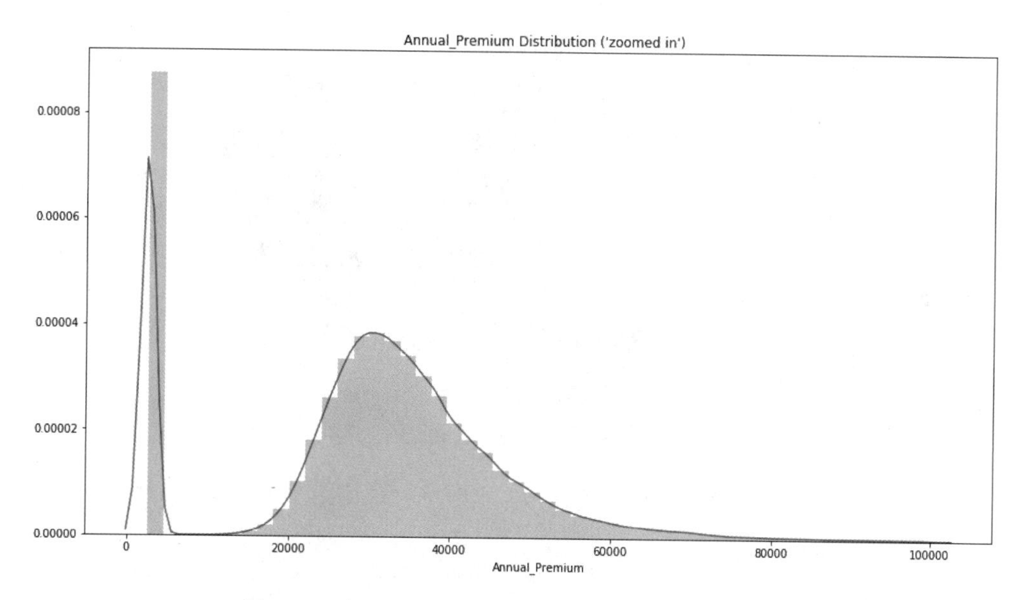

图 15-6　变量 Annual_Premium 小于 100000 的分布图

当然，也可以通过绘制箱图来观察变量 Annual_Premium 的极端值分布情况，代码如下所示。运行程序后，结果如图 15-7 所示。从图中明显能看到存在异常值，在后续进行模型训练时需要提前处理。

```
plt.title("Annual_Premium Distribution for each Response")
sns.boxplot(y='Annual_Premium', x='Response', data=df)
```

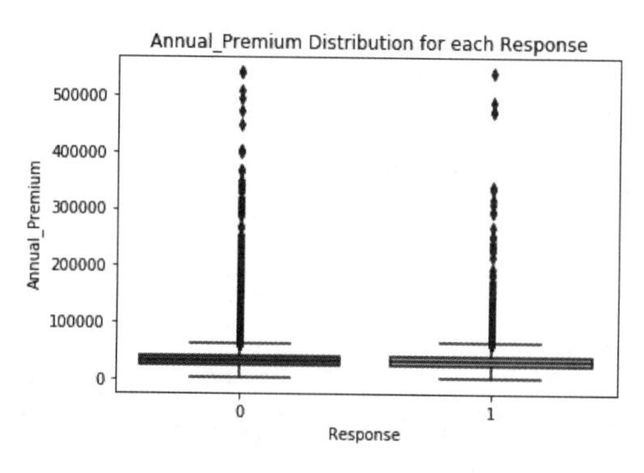

图 15-7　变量 Annual_Premium 的箱图分布

接下来，分析变量 Vehicle_Age，代码如下所示。

```
plt.figure(figsize=(8,4))
plt.title("count of Vehicle_Age")
sns.countplot(df.Vehicle_Age)
```

运行上述程序，结果如图 15-8 所示。变量分布情况显示，车龄在 2 年以上的很少，基本都是 2 年以内的新车。

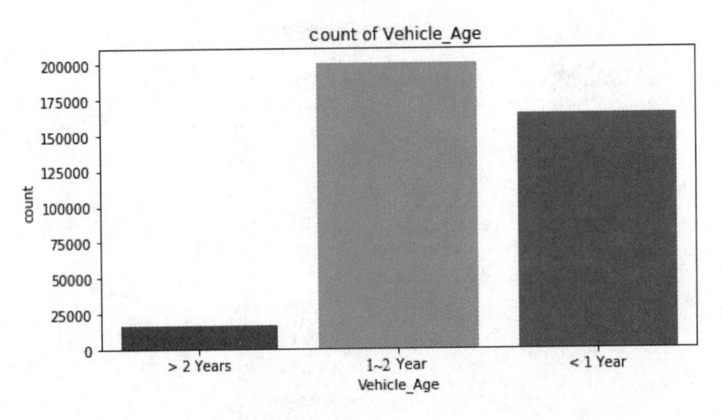

图 15-8　变量 Vehicle_Age 的分布图

继续对变量 Driving_License 进行分析，代码如下所示，计算客户有无驾照的分布情况。

```
df.Driving_License.value_counts()
```

运行上述程序，结果如下所示，仅有 812 个客户没有驾照。

```
1    380297
0       812
Name: Driving_License, dtype: int64
```

接下来，绘制变量 Previously_Insured、Vehicle_Damage、Gender 的分布图，代码如下所示。

```
plt.figure(figsize=(5,5))
plt.title("count of Previously Insured")
sns.countplot(df.Previously_Insured)
plt.figure(figsize=(5,5))
plt.title("count of Vehicle Damage")
sns.countplot(df.Vehicle_Damage);
plt.figure(figsize=(5,5))
plt.title("count of Gender")
sns.countplot(df.Gender)
```

运行上述程序，结果如图 15-9~图 15-11 所示。从分布结果看，上述三个变量分布基本均衡。

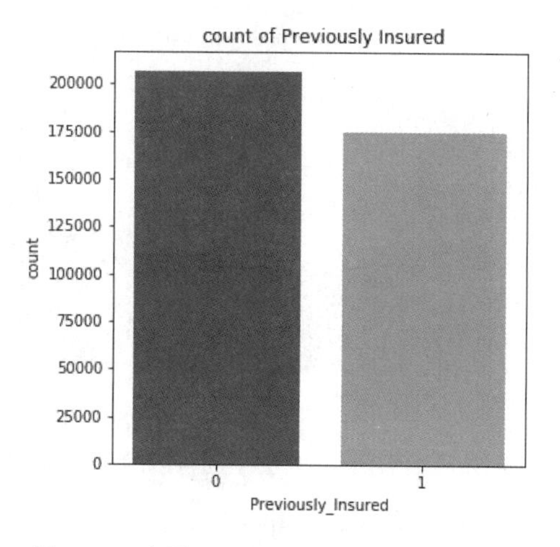

图 15-9　变量 Previously_Insured 的分布图

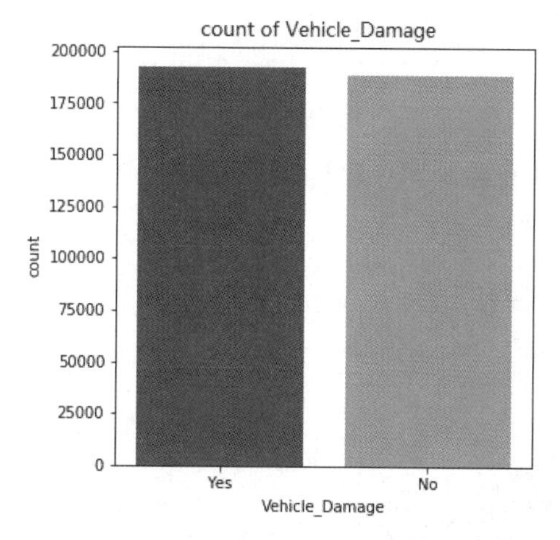

图 15-10　变量 Vehicle_Damage 的分布图

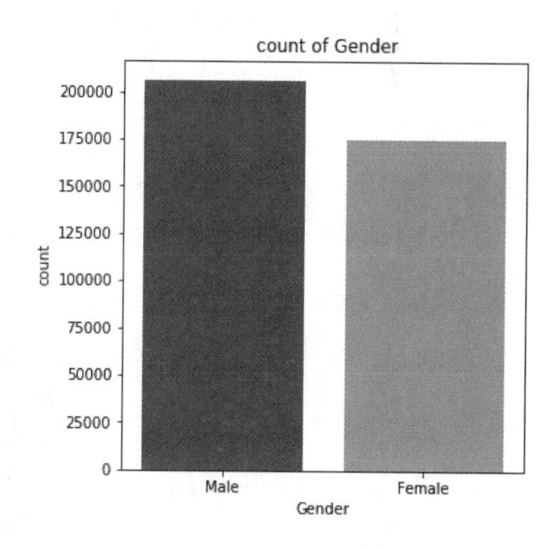

图 15-11　变量 Gender 的分布图

进一步，继续分析变量与变量的交叉分布情况。首先绘制之前投保客户的不同年龄的响应分布情况，代码如下所示。

```
df_ins = df[df['Previously_Insured']==1]
df_pos = df[df['Response']==1]
(df_ins['Age'].value_counts()/df['Age'].value_counts()).
plot(kind="area")
plt.title("Distribution of insured customers by age")
plt.ylabel('Probability')
plt.xlabel('Age')
```

运行上述程序，结果如图 15-12 所示。大多数 30 岁以下、70 岁以上的客户都有保险。

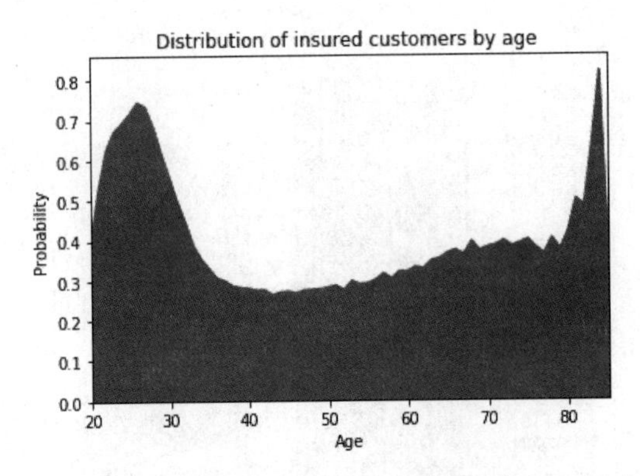

图 15-12　之前投保客户的不同年龄的响应分布图

分析对车险感兴趣的客户的年龄分布，代码如下所示。

```
(df_pos['Age'].value_counts()/df['Age'].value_counts()).plot(kind="area")
plt.title("Distribution of interested customers by age")
plt.ylabel('Probability')
plt.xlabel('Age')
```

运行上述程序，结果如图 15-13 所示。很明显对汽车保险最感兴趣的客户年龄在 30~50 岁之间，低于 30 岁及高于 50 岁的客户，其购买保险的兴趣急剧下降。

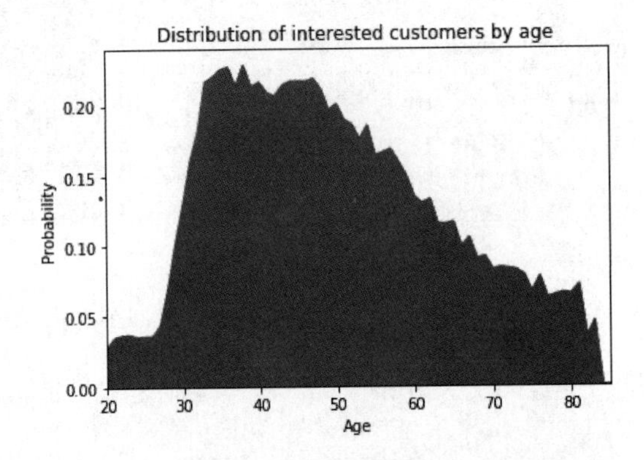

图 15-13　对汽车保险感兴趣的客户的年龄分布

最后，分析目标变量与 Previously_Insured、Vehicle_Age 的交叉分布，代码如下所示。

```
sns.countplot(x='Previously_Insured',
              hue='Response',
              data=df,
              palette='husl')
sns.countplot(x='Vehicle_Age',
              hue='Response',
              data=df,
              palette='husl')
```

运行上述程序，结果如图 15-14 和图 15-15 所示。从分布结果看，之前已经投保的客户对车险明显有兴趣，车龄在 1~2 年的客户比其他客户更有可能感兴趣，车龄低于 1 年的客户购买保险的机会很小。

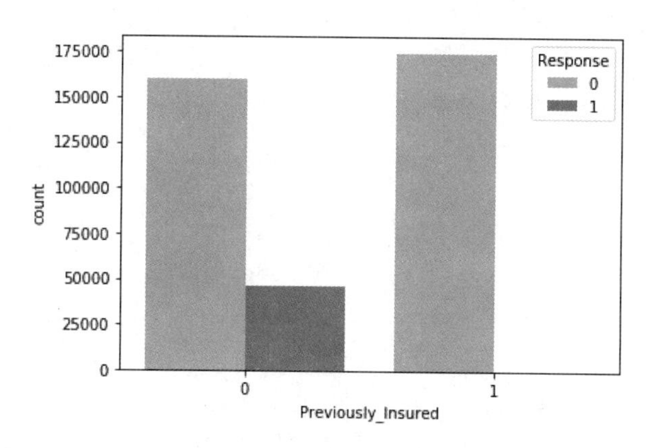

图 15-14　变量 Previously_Insured 与变量 Response 的交叉分布

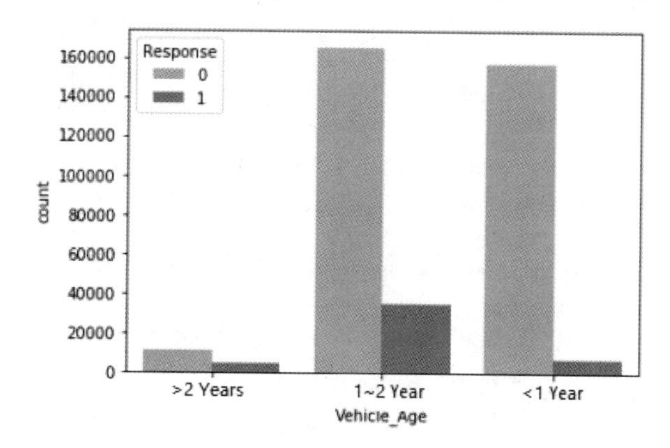

图 15-15　变量 Vehicle_Age 与变量 Response 的交叉分布

15.3.3　数据准备

通过探索数据集的变量分布，我们基本了解了各个变量的情况，接下来，需要对原始数据集中的各个变量进行处理，使得各个变量满足进入模型训练阶段的条件，此部分工作主要包含变量选择、数据清洗和数据编码等。

首先是取值过多的类别变量，如变量 Region_Code 和变量 Policy_Sales_Channel，分别为所属地区和销售渠道，考虑其分类数过多且不易解读，所以直接删除。

其次为存在极端值的变量，如变量 Annual_Premium，需要对其进行极端值处理。

最后是一些字符型变量，如 Gender、Vehicle_Age、Vehicle_Damage，需要将分类型数据转换为数值型编码。

数据处理的代码如下所示。

```
from sklearn.preprocessing import LabelEncoder
#删除变量
df = df.drop(['Region_Code', 'Policy_Sales_Channel'], axis=1)
labelEncoder= LabelEncoder()
df['Gender'] = labelEncoder.fit_transform(df['Gender'])
df['Vehicle_Damage'] = labelEncoder.fit_transform(df['Vehicle_Damage'])
df['Vehicle_Age'] = df['Vehicle_Age'].map({'< 1 Year': 0, '1~2 Year': 1, '> 2 Years': 2})
#截断法处理异常值
f_max = df['Annual_Premium'].mean() + 3*df['Annual_Premium'].std()
f_min = df['Annual_Premium'].mean() - 3*df['Annual_Premium'].std()
df.loc[df['Annual_Premium'] > f_max, 'Annual_Premium'] = f_max
df.loc[df['Annual_Premium'] < f_min, 'Annual_Premium'] = f_min
df.head().T
```

运行上述程序，结果如图 15-16 所示。所有变量均被处理成可进入模型训练的数值型。

	0	1	2	3	4
id	1.0	2.0	3.0	4.0	5.0
Gender	1.0	1.0	1.0	1.0	0.0
Age	44.0	76.0	47.0	21.0	29.0
Driving_License	1.0	1.0	1.0	1.0	1.0
Previously_Insured	0.0	0.0	0.0	1.0	1.0
Vehicle_Age	2.0	1.0	2.0	0.0	0.0
Vehicle_Damage	1.0	0.0	1.0	0.0	0.0
Annual_Premium	40454.0	33536.0	38294.0	28619.0	27496.0
Vintage	217.0	183.0	27.0	203.0	39.0
Response	1.0	0.0	1.0	0.0	0.0

图 15-16　处理后的训练数据集的前 5 个样本

15.3.4　模型开发

由于本项目的目标是预测客户是否对车辆保险感兴趣，所以属于二分类问题，可以选择的模型较多，如决策树、Logistic 回归、随机森林、GBDT 模型等。下面使用多种模型进行预测，并对结果进行比较。

首先，利用随机森林模型计算每个变量的重要性分数，并根据重要性分数对变量进行筛选，代码如下所示。

```
#变量的重要性分数计算
from sklearn.ensemble import ExtraTreesClassifier
x=df.drop(['Response','id'],axis=1)
y=df['Response']              #因变量
```

```
model = ExtraTreesClassifier()
model.fit(x,y)
print(model.feature_importances_)
#绘图
feat_importances = pd.Series(model.feature_importances_, index=x.columns)
feat_importances.nlargest(11).plot(kind='barh')
plt.show()
```

运行上述程序，结果如图 15-17 所示。变量 Driving_License 和 Gender 的重要性分数较低，可直接删除。

```
[0.00199844 0.14620989 0.00043866 0.06452      0.02337707 0.07164006
 0.35526079 0.33655507]
```

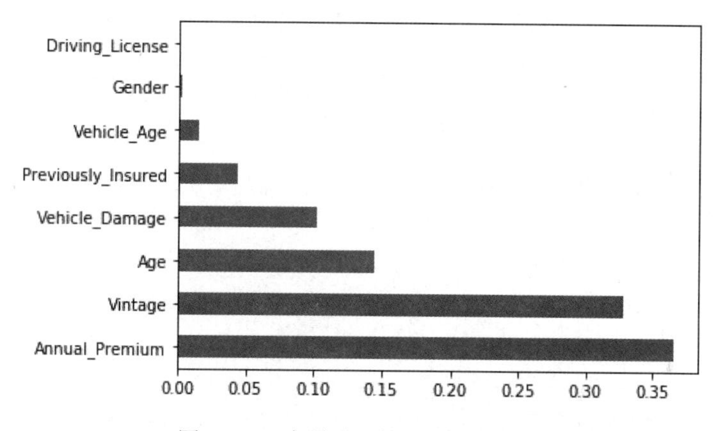

图 15-17　变量重要性分数的分布图

删除变量的代码如下所示。

```
#根据变量重要性分数删除变量 Driving_License、Gender
x=x.drop(['Driving_License','Gender'],axis=1)
```

接着，对数据集进行分割，其中的 70%作为模型训练的数据集，剩下的 30%作为测试的数据集，具体代码如下所示。

```
#将数据集分为训练数据集和测试数据集
#导入相关库
import pandas  as pd
import numpy as np
import seaborn as sns
import matplotlib.pyplot as plt
from sklearn.preprocessing import LabelEncoder
from sklearn.model_selection import train_test_split
```

```
from collections import Counter
from sklearn.preprocessing import StandardScaler
from sklearn.linear_model import LogisticRegression
from sklearn.metrics import precision_score,recall_score,accuracy_score
from sklearn.metrics import f1_score,confusion_matrix,roc_auc_score
from sklearn.metrics import classification_report
from sklearn.ensemble import RandomForestClassifier
from xgboost import XGBClassifier
xtrain,xtest,ytrain,ytest=train_test_split(x,
                                            y,
                                            test_size=0.30,
                                            random_state=0)
print(xtrain.shape, xtest.shape, ytrain.shape, ytest.shape)
```

运行上述程序，结果如下所示。其中，训练数据集的样本有 266776 个；测试数据集的样本有 114333 个。

```
(266776, 6) (114333, 6) (266776,) (114333,)
```

进一步，对各个变量进行标准化操作，代码如下所示。

```
#变量标准化
from sklearn.preprocessing import StandardScaler
scaler=StandardScaler()
xtrain=scaler.fit_transform(xtrain)
xtest=scaler.transform(xtest)
```

运行上述代码后，即可完成变量标准化。然后调用模型接口进行模型训练。首先，使用 Logistic 回归模型进行训练，代码如下所示。

```
#Logistic 回归模型
from sklearn.metrics import roc_curve,auc
from sklearn.linear_model import LogisticRegression
model=LogisticRegression()
model=model.fit(xtrain,ytrain)
lr_pred=model.predict(xtest)
lr_probability =model.predict_proba(xtest)[:,1]
fpr, tpr,  = roc_curve(ytest, lr_probability)
acc_lr=accuracy_score(ytest,lr_pred)
recall_lr=recall_score(ytest,lr_pred)
precision_lr=precision_score(ytest,lr_pred)
f1score_lr=f1_score(ytest,lr_pred)
AUC_LR=auc(fpr,tpr)
print(classification_report(lr_pred,ytest))
```

运行上述程序，结果如下所示，模型的准确率为 0.88。

```
              precision    recall  f1-score   support
           0       1.00      0.88      0.93    114320
           1       0.00      0.23      0.00        13
    accuracy                           0.88    114333
   macro avg       0.50      0.55      0.47    114333
weighted avg       1.00      0.88      0.93    114333
```

接着，可以绘制模型的 ROC 曲线，代码如下所示。

```
from sklearn.metrics import roc_curve,auc
fpr, tpr, = roc_curve(ytest, lr_probability)
roc_auc = auc(fpr,tpr)
print("Accuracy : ", accuracy_score(ytest,lr_pred))
print("ROC_AUC Score:",roc_auc)
plt.title('Linear Regression ROC curve')
plt.xlabel('FPR (Precision)')
plt.ylabel('TPR (Recall)')
plt.plot(fpr, tpr, 'b', label = 'AUC = %0.2f' % roc_auc)
plt.plot(fpr,tpr)
plt.plot((0,1), ls='dashed',color='black')
plt.legend(loc = 'lower right')
plt.show()
```

运行上述程序，结果如图 15-18 所示，模型的 ROC 曲线下的面积为 0.83。

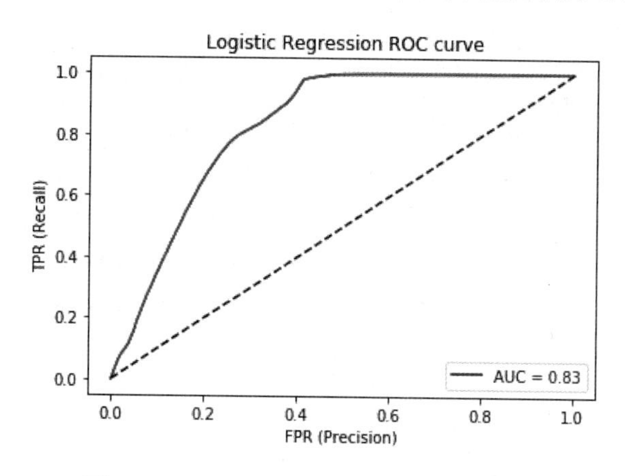

图 15-18　Logistic 回归模型的 ROC 曲线图

进一步，可以调用决策树、随机森林等模型的接口进行模型训练，这里不再逐一介绍。下面对比 Logistic 回归模型、决策树模型和随机森林模型的性能分数，具体代码如下所示。

```
#随机森林模型
from sklearn.ensemble import RandomForestClassifier
randomforest = RandomForestClassifier(n_estimators=100)
```

```
randomforest=randomforest.fit(xtrain, ytrain)
rf_pred = randomforest.predict(xtest)
RF_probability = randomforest.predict_proba(xtest)[:,1]
fpr, tpr, _ = roc_curve(ytest, RF_probability)
AUC_RF=auc(fpr,tpr)
acc_rf=accuracy_score(ytest,rf_pred)
recall_rf=recall_score(ytest,rf_pred)
precision_rf=precision_score(ytest,rf_pred)
f1score_rf=f1_score(ytest,rf_pred)
#决策树模型
from sklearn.tree import DecisionTreeClassifier
DT = DecisionTreeClassifier(criterion = 'entropy', random_state = 0)
DT_fit=DT.fit(xtrain, ytrain)
dt_predict = DT_fit.predict(xtest)
DT_probability = DT_fit.predict_proba(xtest)[:,1]
fpr, tpr, _ = roc_curve(ytest, DT_probability)
acc_dt=accuracy_score(ytest,dt_predict)
recall_dt=recall_score(ytest,dt_predict)
precision_dt=precision_score(ytest,dt_predict)
f1score_dt=f1_score(ytest,dt_predict)
AUC_dt=auc(fpr,tpr)
#模型对比
ind=['Logistic regression','Randomforest','DecisionTree']
data={'Accuracy':[acc_lr,acc_rf,acc_dt],
      'Recall':[recall_lr,recall_rf,recall_dt],
      'Precision':[precision_lr,precision_rf,precision_dt],
      'f1_score':[f1score_lr,f1score_rf,f1score_dt],
      'ROC_AUC':[AUC_LR,AUC_RF,AUC_dt]}
result=pd.DataFrame(data=data,index=ind)
result
```

运行上述程序，即可得到各个模型的评估分数表，结果如图 15-19 所示。根据模型的准确率、ROC 曲线面积等进行判断，Logistic 回归模型的性能较好，其模型准确率为 0.88，ROC 曲线下的面积为 0.83。

	Accuracy	Recall	Precision	f1_score	ROC_AUC
Logistic regression	0.876685	0.000213	0.230769	0.000425	0.830260
Randomforest	0.851443	0.152853	0.299125	0.202320	0.805714
DecisionTree	0.824635	0.271998	0.281342	0.276591	0.599732

图 15-19　模型评估分数表

15.3.5　模型应用

精准营销模型的应用十分简单，业务人员无须关注模型本身，只要关心在模型预测下，公司客户群中有多少真正会购买车险的客户。

目标客户群确定后，即可通过电话、APP、柜台等各种渠道触达客户，提升客户的购买率，降低营销成本。

15.4　客户成熟：产品交叉销售推荐

所谓交叉销售，就是发现现有客户的多种需求，并通过满足其需求而实现多种相关服务或产品的销售的营销方式，促成交叉销售的各种策略和方法称为“交叉营销”。

简单地说，就是根据客户的多种需求，在满足其需求的基础上实现额外服务或产品的销售。例如，客户已经购买了 A 产品，根据客户的行为分析和属性分析结果，推荐 B 产品给客户。

这里需要读者注意的是，交叉销售的目标是企业现有的客户，而不是与企业还没有建立关系的消费者。由于现有客户是公司产品的更好的潜在消费者，因而企业不应当浪费这种既有资源，而是应该更好地利用它。交叉销售就是利用这种资源的一种方式，它是利用企业与客户已经建立的交易关系来开展营销活动，并在实施交叉销售的过程中加强这种已有的关系，从而在交易中使买卖双方共赢。

关联规则应用的最初形式是零售商的购物篮分析，主要通过研究购物篮中各种不同商品，即不同项之间的关系来对顾客分析，最终获得购买习惯。购买习惯就是所谓的频繁项集，通过频繁项集挖掘商品之间的关联关系以帮助零售商做出明智的决策。关联规则的典型应用是帮助商家设计不同的商店布局。一种方案是把经常购买的商品摆放得近一些，这样就可以促进这些商品的共同销售。例如，如果购买啤酒的顾客大部分也购买了尿布，这样将啤酒和尿布摆放得近一些，就会促进两者的共同销售；如果将啤酒和尿布摆放在商店的两个边缘，就会促使购买这两者的顾客在中间选购其他商品。购物篮分析以最简单的方式展示了关联规则挖掘的大致流程及对决策的作用，到目前为止关联规则已经广泛地应用在多个领域，帮助商家解决了很多复杂的问题。

15.4.1　关联规则知识简介

关联规则由 Agrawal、Lmielinski 和 Swami 的团队在 1993 年提出，最初是用来研究超市的交易数据库中顾客购买商品之间的关联规则的挖掘问题，即所谓的购物篮问题。

在零售业中，关联规则技术的应用在很大程度上可以帮助企业经营者发现客户的购买意图，分析客户消费模式，为客户进行有针对性的产品推荐，可以帮助企业经营者制定出合理的交叉销售方案，促进产品销售。

关联规则的一些定义。

- 项与项集：设 $I=\{i_1,i_2,\cdots,i_m\}$ 是项的集合，称 I 为项集。例如，客户购买了商品 P_1 、 P_2 、 P_5 ，则形成的项集为 $I=\{P_1,P_2,P_5\}$ 。

- 事务、事务集：事务是指在交易数据中产生的一次交易。例如，客户在超市购买商品时，每次交易的单笔记录便是一个事务。例如，如果客户在超市购买了商品 P_1、P_2、P_5，则其交易表示为 C_1；如果客户 B 在超市购买了 P_2、P_4、P_8，则其交易表示为 C_2，则 C_1、C_2 均为事务，事务集表示事务的集合，比如 $\{C_1,C_2\}$ 就是一个事务集。
- 关联规则、规则前件、规则后件：对于项集 $A \subseteq I$，$B \subseteq I$，且 $A \cap B = \Phi$，用 $A \Rightarrow B$ 表示一条关联规则，于是，在关联规则 $A \Rightarrow B$ 中，A 叫作规则前件，B 叫作规则后件。关联规则表示当 A 中的事件出现时，B 中的事件也会一起出现。
- 支持度：关联规则的支持度指的是交易集合中共同含有 A 和 B 的交易数与全部交易数的比值，记作 $\text{Support}(A \Rightarrow B)$，计算公式如下。其中，$|T|$ 表示总事务数；$|T(A \cap B)|$ 表示同时包含项目 A 和 B 的事务数。支持度反映了 A 和 B 中所含的项在事务集中同时出现的频率，反映了简单关联规则的普遍性。

$$\text{Support}(A \Rightarrow B) = \frac{|T(A \cap B)|}{|T|}$$

- 置信度：对于规则 $A \Rightarrow B$，包含 A 和 B 的事务数占包含 A 的事务数的比例记为 $A \Rightarrow B$ 置信度，计算公式如下。其中，$|T(A \cap B)|$ 表示同时包含项目 A 和 B 的事务数，$|T(A)|$ 表示包含 A 的事务数。置信度高，则说明 A 出现比 B 出现的可能性高，所反映的是在给定 A 情况下 B 的条件概率。

$$\text{Confidence}(A \Rightarrow B) = \frac{|T(A \cap B)|}{|T(A)|}$$

- 最小支持度、最小置信度、强关联规则：对于事务集 D 来说，由客户指定最小支持度和最小置信度，对规则 $A \Rightarrow B$，如 $\text{Support}(A \Rightarrow B)$ 大于等于最小支持度，且 $\text{Confidence}(A \Rightarrow B)$ 大于等于最小置信度，则称 $A \Rightarrow B$ 为强关联规则。
- 规则提升度：规则提升度是置信度与后项支持度的比，其计算公式如下，规则提升度反映了项目 A 的出现对项目 B 出现的影响程度。这个数值一般大于 1 才有意义，这表示 A 的出现对 B 的出现有促进作用，规则提升度越大越好。

$$\text{Lift} = \frac{|T(A \cap B)|}{|T(A)|} \Big/ \frac{|T(B)|}{|T|}$$

- 频繁项集：指支持度大于或等于某一个值（支持度阈值）的项集。

关联规则用来从客户的交易信息中寻找产品之间的关联，以获得隐含在交易中对客户服务有意义的知识，关联分析的目标就是找出强关联规则，常用的方法是 Apriori 算法，其基本思想如下。

- 找出交易记录中所有的频繁项集，这些项集出现的频率要大于或等于支持度阈值。
- 根据频繁项集产生强关联规则，这些规则必须大于等于支持度阈值且大于等于置信度阈值。

由此可见，关联规则中度量规则质量的指标为支持度阈值和置信度阈值，依据支持度和置信度的定义，给出关联规则 $A \Rightarrow B$ 的支持度和置信度的形式化定义。

- $\text{Support}(A \Rightarrow B)$ 等于同时包含 A 和 B 的记录数除以数据集记录总数。

- Confidence($A \Rightarrow B$) 等于同时包含 A 和 B 的记录数除以数据集中包含 A 的记录数。

下面将通过实际案例来介绍关联规则在产品交叉销售推荐业务中的具体用法。

15.4.2 关联规则分析

本案例的数据集为某超市的交易流水，包含售出的全部商品的集合及购买者的个人数据（可通过客户会员卡获得），目的是寻找隐藏在交易数据中客户购买产品的规律，便于进行产品推荐服务。

首先，导入数据集，代码如下所示。

```
import pandas as pd
import numpy as np
import matplotlib.pyplot as plt
%matplotlib inline
import matplotlib.pyplot as plt
import plotly.express as px
import matplotlib.pyplot as plt
import seaborn as sns
from mlxtend.preprocessing import TransactionEncoder
from mlxtend.frequent_patterns import apriori, association_rules
from mlxtend import frequent_patterns
tradedata=pd.read_csv('D:/ReSystem/Data/chapter15/tradedata.csv')
print(tradedata.shape)
tradedata.info()
```

运行上述程序，结果如下所示。数据集总计有 1000 个样本，其中每个样本表示一个购物篮，总计有 18 个变量，包括购物篮信息、持卡人的个人详细信息，以及购物篮的产品情况等。

```
(1000, 18)
<class 'pandas.core.frame.DataFrame'>
RangeIndex: 1000 entries, 0 to 999
Data columns (total 18 columns):
cardid          1000 non-null int64
value           1000 non-null int64
pmethod         1000 non-null object
sex             1000 non-null object
homeown         1000 non-null object
income          1000 non-null int64
age             1000 non-null int64
fruitveg        1000 non-null object
freshmeat       1000 non-null object
dairy           1000 non-null object
cannedveg       1000 non-null object
cannedmeat      1000 non-null object
frozenmeal      1000 non-null object
```

```
beer              1000 non-null object
wine              1000 non-null object
softdrink         1000 non-null object
fish              1000 non-null object
confectionery     1000 non-null object
dtypes: int64(4), object(14)
memory usage: 140.8+ KB
```

由于需要使用 Apriori 算法大致了解购物篮内容的亲缘关系（关联）以生成关联规则，所以选择要在此建模过程中使用的变量，其他无关变量直接删除，具体代码如下所示。

```
tradedata.drop(['cardid','value','pmethod',
                'sex','homeown','income','age'],
                axis = 1,
                inplace=True)
tradedata. head ()
```

运行上述程序，仅保留了购物篮的产品购买信息，结果如图 15-20 所示。

	fruitveg	freshmeat	dairy	cannedveg	cannedmeat	frozenmeal	beer	wine	softdrink	fish	confectionery
0	F	T	T	F	F	F	F	F	F	F	T
1	F	T	F	F	F	F	F	F	F	F	T
2	F	F	F	T	F	T	T	F	F	T	F
3	F	F	T	F	F	F	F	T	F	F	F
4	F	F	F	F	F	F	F	F	F	F	F

图 15-20　保留进行 Apriori 算法的变量

上述数据集中产品是否被购买使用了 F 或 T 编码表示，此处要将其转换为 0 或 1 编码表示，之后才可以进行关联分析，代码如下所示。

```
tradedata['fruitveg'] = np.where(tradedata['fruitveg']=='T', 1, 0)
tradedata['freshmeat'] = np.where(tradedata['freshmeat']=='T', 1, 0)
tradedata['dairy'] = np.where(tradedata['dairy']=='T', 1, 0)
tradedata['cannedveg'] = np.where(tradedata['cannedveg']=='T', 1, 0)
tradedata['cannedmeat'] = np.where(tradedata['cannedmeat']=='T', 1, 0)
tradedata['frozenmeal'] = np.where(tradedata['frozenmeal']=='T', 1, 0)
tradedata['beer'] = np.where(tradedata['beer']=='T', 1, 0)
tradedata['wine'] = np.where(tradedata['wine']=='T', 1, 0)
tradedata['softdrink'] = np.where(tradedata['softdrink']=='T', 1, 0)
tradedata['fish'] = np.where(tradedata['fish']=='T', 1, 0)
tradedata['confectionery'] = np.where(tradedata['confectionery']=='T', 1, 0)
tradedata.head()
```

运行上述程序，结果如图 15-21 所示。

	fruitveg	freshmeat	dairy	cannedveg	cannedmeat	frozenmeal	beer	wine	softdrink	fish	confectionery
0	0	1	1	0	0	0	0	0	0	0	1
1	0	1	0	0	0	0	0	0	0	0	1
2	0	0	0	1	0	1	1	0	0	1	0
3	0	0	1	0	0	0	0	1	0	0	0
4	0	0	0	0	0	0	0	0	0	0	0

图 15-21　转换为 0 或 1 后的产品购买数据集

整理完数据集后，即可调用接口进行关联规则的分析计算，代码如下所示，其中的最小支持度和最小置信度均取值为 0.1。

```
frequent_itemsets = frequent_patterns.apriori(tradedata,
                                              min_support=0.1,
                                              use_colnames=True)
#提取关联规则
rules = frequent_patterns.association_rules(frequent_itemsets,
                                            metric='confidence',
                                            min_threshold=0.1)
rules
```

运行上述程序，结果如图 15-22 所示。图中的这些规则显示 frozenmeal（冻肉）、cannedveg（罐装蔬菜）和 beer（啤酒）之间存在多种关联，也出现了双向关联规则。

	antecedents	consequents	antecedent support	consequent support	support	confidence	lift	leverage	conviction
0	(fruitveg)	(fish)	0.299	0.292	0.145	0.484950	1.660787	0.057692	1.374623
1	(fish)	(fruitveg)	0.292	0.299	0.145	0.496575	1.660787	0.057692	1.392463
2	(frozenmeal)	(cannedveg)	0.302	0.303	0.173	0.572848	1.890586	0.081494	1.631736
3	(cannedveg)	(frozenmeal)	0.303	0.302	0.173	0.570957	1.890586	0.081494	1.626877
4	(beer)	(cannedveg)	0.293	0.303	0.167	0.569966	1.881075	0.078221	1.620802
5	(cannedveg)	(beer)	0.303	0.293	0.167	0.551155	1.881075	0.078221	1.575154
6	(beer)	(frozenmeal)	0.293	0.302	0.170	0.580205	1.921208	0.081514	1.662715
7	(frozenmeal)	(beer)	0.302	0.293	0.170	0.562914	1.921208	0.081514	1.617530
8	(wine)	(confectionery)	0.287	0.276	0.144	0.501742	1.817906	0.064788	1.453063
9	(confectionery)	(wine)	0.276	0.287	0.144	0.521739	1.817906	0.064788	1.490818
10	(beer, frozenmeal)	(cannedveg)	0.170	0.303	0.146	0.858824	2.834401	0.094490	4.937083
11	(beer, cannedveg)	(frozenmeal)	0.167	0.302	0.146	0.874251	2.894873	0.095566	5.550762
12	(frozenmeal, cannedveg)	(beer)	0.173	0.293	0.146	0.843931	2.880309	0.095311	4.530037
13	(beer)	(frozenmeal, cannedveg)	0.293	0.173	0.146	0.498294	2.880309	0.095311	1.648374
14	(frozenmeal)	(beer, cannedveg)	0.302	0.167	0.146	0.483444	2.894873	0.095566	1.612603
15	(cannedveg)	(beer, frozenmeal)	0.303	0.170	0.146	0.481848	2.834401	0.094490	1.601847

图 15-22　关联规则分析结果

我们可以直接打印出置信度大于等于 0.1 的产品关联规则，代码如下所示。

```
#support 阈值
```

```
support_threshold = 0.1
#confidence 阈值
confidence_threshold = 0.1

print('confidence 至少为%.2f%%的关联规则为' % (confidence_threshold * 100, ))
for left, right, confidence in zip(rules['antecedents'], rules['consequents'],
rules['confidence']):
    print('%s => %s: %.2f%%' % (set(left), set(right), confidence * 100))
```

运行上述程序，结果如下所示。可以得到：购买了产品 fruitveg 的客户同时购买产品 fish 的置信度为 48.49%，即表示在买了产品 fruitveg 的情况下，有 48.49%的概率同时购买产品 fish。同样，客户在购买了产品 beer 和 cannedveg 的情况下，有高达 87.43%的概率同时购买产品 frozenmeal，所以超市在进行产品推销时可以参考以下的关联规则进行产品摆放，对具有强关联规则的商品进行捆绑促销，优化超市商品布局，为顾客提供一个快捷便利的购物环境。

```
confidence 至少为10.00%的关联规则为
{'fruitveg'} => {'fish'}: 48.49%
{'fish'} => {'fruitveg'}: 49.66%
{'frozenmeal'} => {'cannedveg'}: 57.28%
{'cannedveg'} => {'frozenmeal'}: 57.10%
{'beer'} => {'cannedveg'}: 57.00%
{'cannedveg'} => {'beer'}: 55.12%
{'beer'} => {'frozenmeal'}: 58.02%
{'frozenmeal'} => {'beer'}: 56.29%
{'wine'} => {'confectionery'}: 50.17%
{'confectionery'} => {'wine'}: 52.17%
{'beer', 'frozenmeal'} => {'cannedveg'}: 85.88%
{'beer', 'cannedveg'} => {'frozenmeal'}: 87.43%
{'frozenmeal', 'cannedveg'} => {'beer'}: 84.39%
{'beer'} => {'frozenmeal', 'cannedveg'}: 49.83%
{'frozenmeal'} => {'beer', 'cannedveg'}: 48.34%
{'cannedveg'} => {'beer', 'frozenmeal'}: 48.18%
```

15.4.3 关联规则的应用

上述案例的背景是零售业务中的产品推荐业务，关联规则对提高零售行业的客户的满意度作用重大。与超级市场一样，大型的电子商务网站也会通过关联规则挖掘有价值的产品推荐策略，提升客户价值。例如，可以使用关联规则等数据挖掘技术得到的关联规则设置客户有意要一起购买的产品推荐包，也有一些购物网站使用关联规则设置相应的交叉销售产品，也就是购买某种商品的客户会看到相关的另外一种商品的广告。

除了线下的超级市场及线上的购物网站，对于金融行业的保险、银行、基金等公司，关联规则等数据挖掘技术依然是研究各层级客户产品购买偏好，提升客户营销服务满意度的重要手段。

例如，银行可以根据各资产等级、各年龄段客户购买产品的关联规则，差异化设计产品和营销推荐方式。私人银行客户在定期储蓄、理财和信托三类产品购买上有较强的关联性，而将年龄因素纳入计算后，青年和中老年私人银行客户呈现出不同的风险偏好。利用关联分析结果结合生命周期理论及我国国情，可以综合分析各年龄区间、各资产等级客户的金融需求，将合适的产品推荐给合适的人。

15.5 客户衰退：客户流失预警与挽回

客户流失预警是指通过对客户一定时间段内的支付行为、业务行为及基本属性进行分析，揭示隐藏在数据背后的客户流失模式，预测客户在未来一段时间内的流失概率及可能的原因，指导客户挽留工作。因此，客户流失预警的业务对象是公司的客户部门，利用数据挖掘技术识别流失可能性较高的客户群体，及时推送给客户部门进行客户关怀、挽留等业务处理，故这里的推荐信息是客户名单及可能的流失原因，而不是具体的产品、新闻、视频等信息。接下来，将通过实际案例来说明如何识别流失率高的客户群。

15.5.1 数据说明

本实例分析的数据集为 Kaggle 数据科学竞赛网站上的银行信用卡流失客户数据集 BankChurners.csv，如图 12-1 所示。该数据集由 10000 多名客户组成，变量包含客户的年龄、工资、婚姻状况、信用卡限额、信用卡类别等信息，总计有 23 个变量。

对于银行来说，客户经理对越来越多的客户取消信用卡服务感到不安，如果能够预测到哪些客户会流失，这样客户经理就能主动去找客户，为他们提供更好的服务，使流失的客户量大大降低，并延长客户生命周期。

本案例的目的就是利用数据挖掘技术预测每个客户在未来一段时间内的流失概率，并分析哪些因素对客户流失起决定性的作用。

首先，导入数据，代码如下所示。

```
import pandas as pd
import numpy as np
import matplotlib.pyplot as plt
import seaborn as sns
import missingno as msn
from collections import Counter
df=pd.read_csv('D:/ReSystem/Data/chapter15/BankChurners.csv')
df.info()
```

运行上述程序，结果如下所示，数据集总计有 10127 个样本、23 个变量，其中最后的 2 个变量为朴素贝叶斯模型的预测结果，无须进行分析，在数据清洗阶段直接删除即可。

```
<class 'pandas.core.frame.DataFrame'>
```

```
RangeIndex: 10127 entries, 0 to 10126
Data columns (total 23 columns):
CLIENTNUM                           10127 non-null int64
Attrition_Flag                      10127 non-null object
Customer_Age                        10127 non-null int64
Gender                              10127 non-null object
Dependent_count                     10127 non-null int64
Education_Level                     10127 non-null object
Marital_Status                      10127 non-null object
Income_Category                     10127 non-null object
Card_Category                       10127 non-null object
Months_on_book                      10127 non-null int64
Total_Relationship_Count            10127 non-null int64
Months_Inactive_12_mon              10127 non-null int64
Contacts_Count_12_mon               10127 non-null int64
Credit_Limit                        10127 non-null float64
Total_Revolving_Bal                 10127 non-null int64
Avg_Open_To_Buy                     10127 non-null float64
Total_Amt_Chng_Q4_Q1                10127 non-null float64
Total_Trans_Amt                     10127 non-null int64
Total_Trans_Ct                      10127 non-null int64
Total_Ct_Chng_Q4_Q1                 10127 non-null float64
Avg_Utilization_Ratio               10127 non-null float64
Naive_Bayes_Classifier_Attrition_Flag_Card_Category_Contacts_Count_12_mon_Dependent_
count_Education_Level_Months_Inactive_12_mon_1    10127 non-null float64
Naive_Bayes_Classifier_Attrition_Flag_Card_Category_Contacts_Count_12_mon_Dependent_
count_Education_Level_Months_Inactive_12_mon_2    10127 non-null float64
dtypes: float64(7), int64(10), object(6)
memory usage: 1.8+ MB
```

15.5.2 数据探索

本实例涉及的业务较简单，仅是预测客户的流失概率，且数据集中的变量 Attrition_Flag 是目标变量，不需要再根据客户行为特征进行流失客户的定义。

数据探索是对数据进行初步研究，以便更好地理解它的特殊性质，有助于选择合适的数据预处理和数据分析技术。

如 15.5.1 小节所述，最后 2 个变量为朴素贝叶斯模型的预测结果，故直接删除，代码如下所示。

```
df.drop([df.columns[21],df.columns[22]],axis=1,inplace=True)
```

接着，我们了解一下每个变量是否存在缺失值，代码如下所示。

```
df.isnull().any()
```

运行上述程序，结果如下所示，从结果看，变量不存在缺失值。

```
CLIENTNUM                     False
Attrition_Flag                False
Customer_Age                  False
Gender                        False
Dependent_count               False
Education_Level               False
Marital_Status                False
Income_Category               False
Card_Category                 False
Months_on_book                False
Total_Relationship_Count      False
Months_Inactive_12_mon        False
Contacts_Count_12_mon         False
Credit_Limit                  False
Total_Revolving_Bal           False
Avg_Open_To_Buy               False
Total_Amt_Chng_Q4_Q1          False
Total_Trans_Amt               False
Total_Trans_Ct                False
Total_Ct_Chng_Q4_Q1           False
Avg_Utilization_Ratio         False
dtype: bool
```

进一步，对其他变量逐一进行数据统计分析，首先分析变量 Customer_Age，代码如下所示。

```
sns.distplot(df['Customer_Age'])
plt.title('Credit Card Customer_Age Distribution')
```

运行上述程序，结果如图 15-23 所示，客户年龄呈正态分布，且大多数客户年龄聚集在平均值周围（40~60 岁之间）。

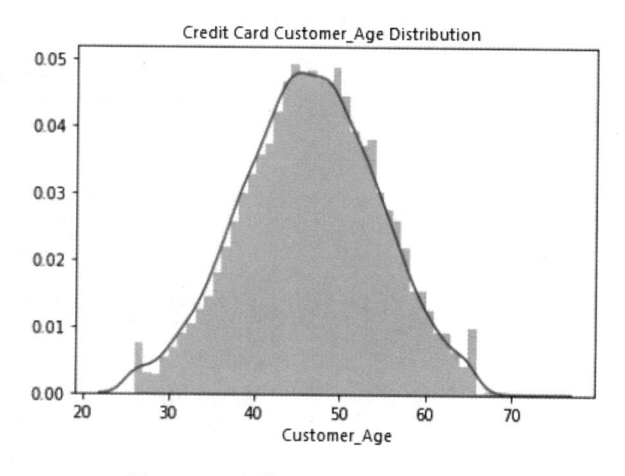

图 15-23　变量 Customer_Age 的分布

对变量 Gender 进行分析，代码如下所示。

```
#获取数量
df['Gender'].value_counts()
plt.pie(df['Gender'].value_counts(),
          labels = ['Female', 'Male'],
          autopct='%1.1f%%',
          shadow = True,
          startangle = 90)
plt.title('Proportion of Gender count', fontsize = 16)
plt.show()
```

运行上述程序，结果如图 15-24 所示。其中，女性客户为 5358 个；男性客户为 4769 个。从饼图中可知，女性占比 52.9%，男性占比 47.1%。

```
F    5358
M    4769
Name: Gender, dtype: int64
```

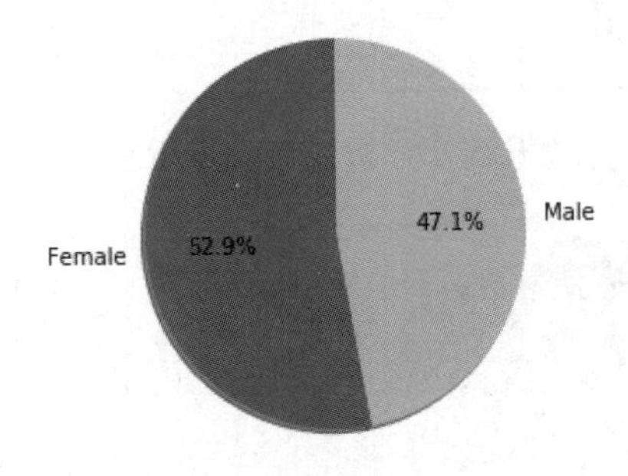

图 15-24　客户性别分布饼图

进一步，分析流失客户占比，代码如下所示。

```
plt.pie(df['Attrition_Flag'].value_counts(),
          labels = ['Existing Customer', 'Attrited Customer'],
          autopct='%1.1f%%',
          startangle = 90)
plt.title('Proportion of Existing and Attrited Customer count', fontsize = 16)
plt.show()
```

运行上述程序，结果如图 15-25 所示。流失客户占比为 16.1%，与客户性别分布相比，流失客户与未流失客户的比例非常不平衡。

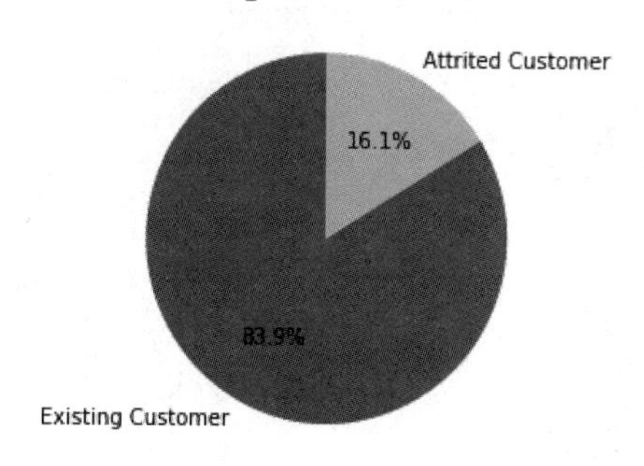

图 15-25　目标变量 Attrition_Flag 的分布饼图

所以，继续查看不同性别客户的流失分布占比，以及流失客户与未流失客户的性别分布情况，代码如下所示。

```
#直方图
plt.figure(figsize=(10,6))
sns.countplot(x='Gender',
             hue='Attrition_Flag',
             data=df)
plt.title('Existing and Attrited Customers by Gender',
         fontsize=20)
#饼图
fig,(ax1,ax2)=plt.subplots(1,2,figsize=(15,15))
attrited_gender = df.loc[df['Attrition_Flag'] == 'Attrited Customer',
                        ['Gender']].Gender.value_counts().tolist()
ax1.pie(x=attrited_gender,
        labels=["Male", "Female"],
        autopct='%1.1f%%',
        startangle=90)
ax1.set_title('Attrited Customer vs Gender', fontsize=16)
existing_gender=df.loc[df['Attrition_Flag'] == 'Existing Customer',
                      ['Gender']].Gender.value_counts().tolist()
ax2.pie(x=existing_gender,
        labels=["Male","Female"],
        autopct='%1.1f%%',
        startangle=90)
ax2.set_title('Existing Customer vs Gender',
             fontsize=16)
```

运行上述程序，结果如图 15-26 和图 15-27 所示。从饼图分布来看，流失客户与未流失客户的性别分布基本一致。

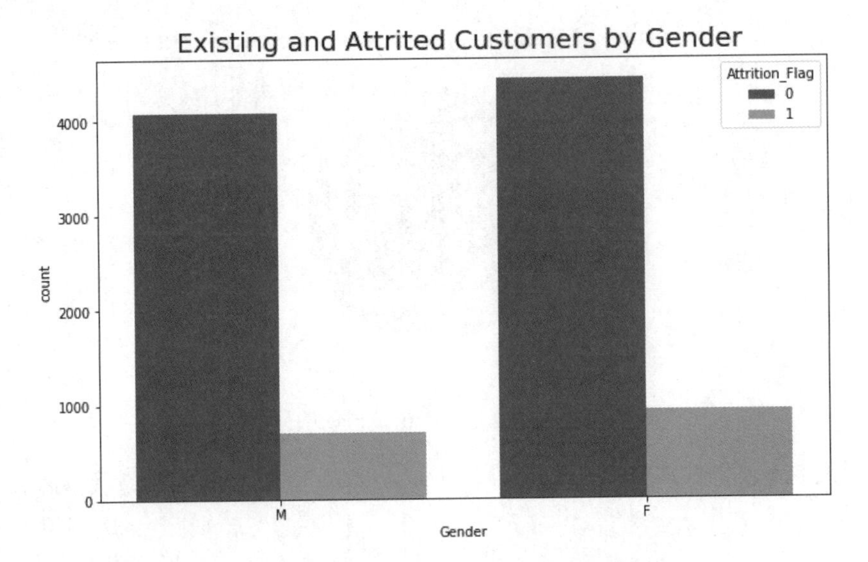

图 15-26　变量 Attrition_Flag 与 Gender 的直方图

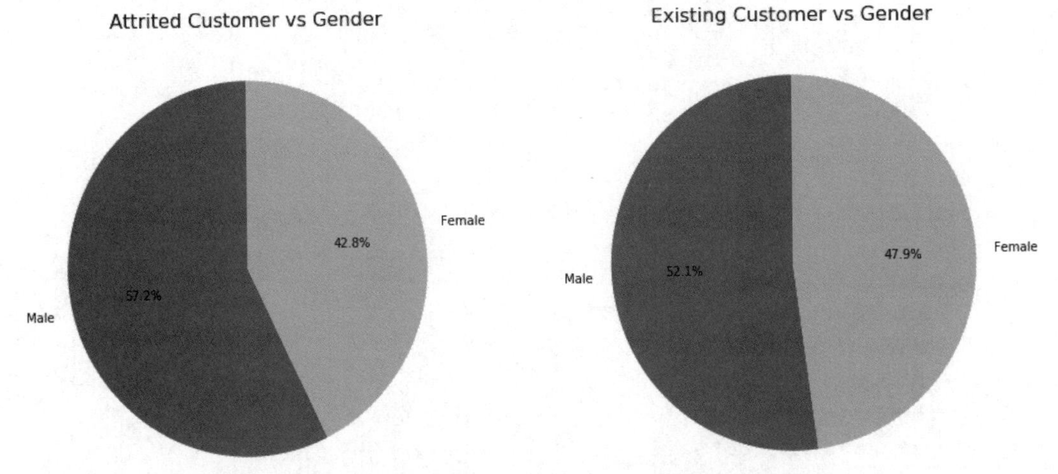

图 15-27　变量 Attrition_Flag 与 Gender 的饼图

接着，分析变量的分布情况，代码如下所示。

```
edu = df['Education_Level'].value_counts().to_frame('Counts')
plt.figure(figsize = (8,8))
plt.pie(edu['Counts'],
        labels = edu.index,
        autopct = '%1.1f%%')
plt.title('Proportion of Education Level', fontsize = 18)
plt.show()
```

运行上述程序，结果如图 15-28 所示。其中，15%的客户的教育水平未知，当然，我们可以继续分析 Education_Level 变量与 Gender、Age 等变量的交叉分布情况，在此不再赘述。

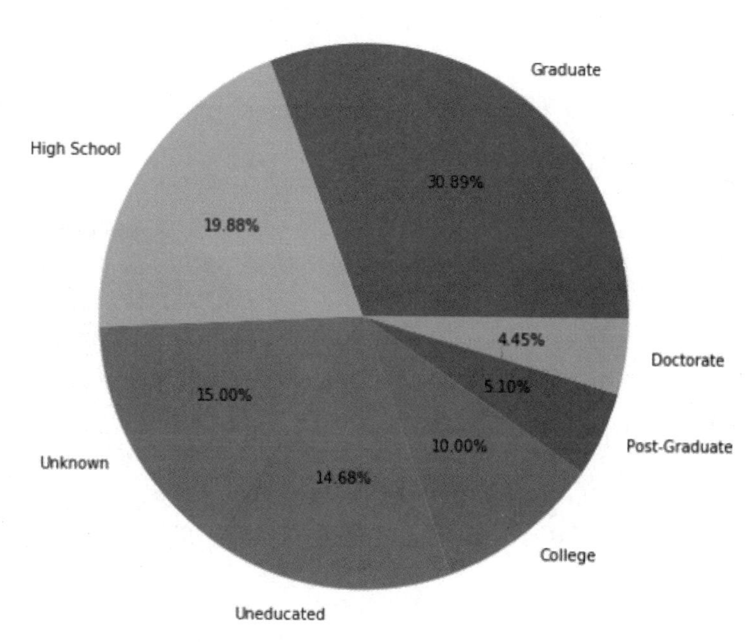

图 15-28　变量 Education_Level 的分布饼图

接下来，分析变量 Marital_Status，该变量表示客户的婚姻状态，代码如下所示。

```
df['Marital_Status'].value_counts()
#客户婚姻状态占比
fig,(ax1,ax2)=plt.subplots(1,2,figsize=(15,15))
attrited_mar = df.loc[df["Attrition_Flag"] == "Attrited Customer",
                      ["Marital_Status"]].Marital_Status.value_counts().tolist()
ax1.pie(x=attrited_mar,
        labels=['Married', 'Single', 'Unknown', 'Divorced'],
        autopct='%1.1f%%',
        startangle=90)
ax1.set_title('Attrited Customer vs Marital_Status', fontsize=16)
existing_mar = df.loc[df["Attrition_Flag"] == "Existing Customer",
                      ["Marital_Status"]].Marital_Status.value_counts().tolist()
ax2.pie(x=existing_mar,
        labels=['Married', 'Single', 'Unknown', 'Divorced'],
        autopct='%1.1f%%',
        startangle=90)
ax2.set_title('Existing Customer vs Marital_Status', fontsize=16)
```

运行上述程序，结果如图 15-29 所示。客户婚姻状态在流失客户群与未流失客户群的分布基本一致，已婚及单身的比例较大。

```
Married       4687
Single        3943
Unknown        749
Divorced       748
Name: Marital_Status, dtype: int64
```

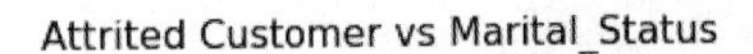

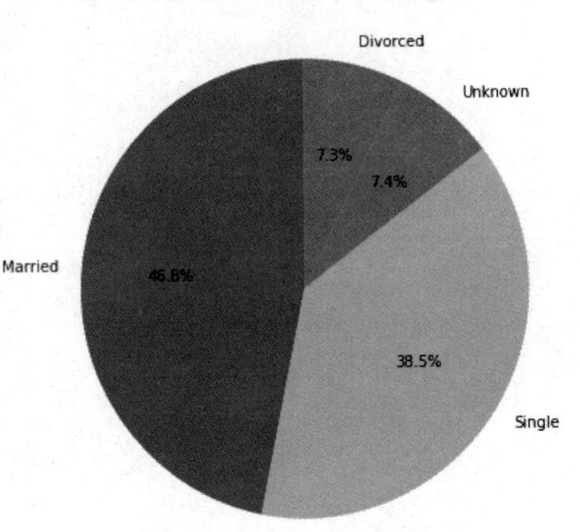

图 15-29　变量 Marital_Status 的分布饼图

最后，分析变量客户收入类别 Income_Category，代码如下所示。

```
#客户收入类别占比
fig,(ax1,ax2)=plt.subplots(1,2,figsize=(15,15))
count = Counter(df['Income_Category'])
attrited_inc=df.loc[df["Attrition_Flag"]=="Attrited Customer",
 ["Income_Category"]].Income_Category.value_counts().tolist()
ax1.pie(x=attrited_inc,
         labels=count,
         autopct='%1.1f%%',
         startangle=90)
ax1.set_title('Attrited Customer vs Income_Category', fontsize=16)
existing_inc=df.loc[df["Attrition_Flag"]=="Existing Customer",
 ["Income_Category"]].Income_Category.value_counts().tolist()
ax2.pie(x=existing_inc,
         labels=count,
         autopct='%1.1f%%',
         startangle=90)
ax2.set_title('Existing Customer vs Income_Category', fontsize=16)
```

运行上述程序，结果如图 15-30 所示。从分布饼图可以看出，无论是流失客户群还是未流失客户群，客户收入类别的比例均高度集中在 6 万~8 万。

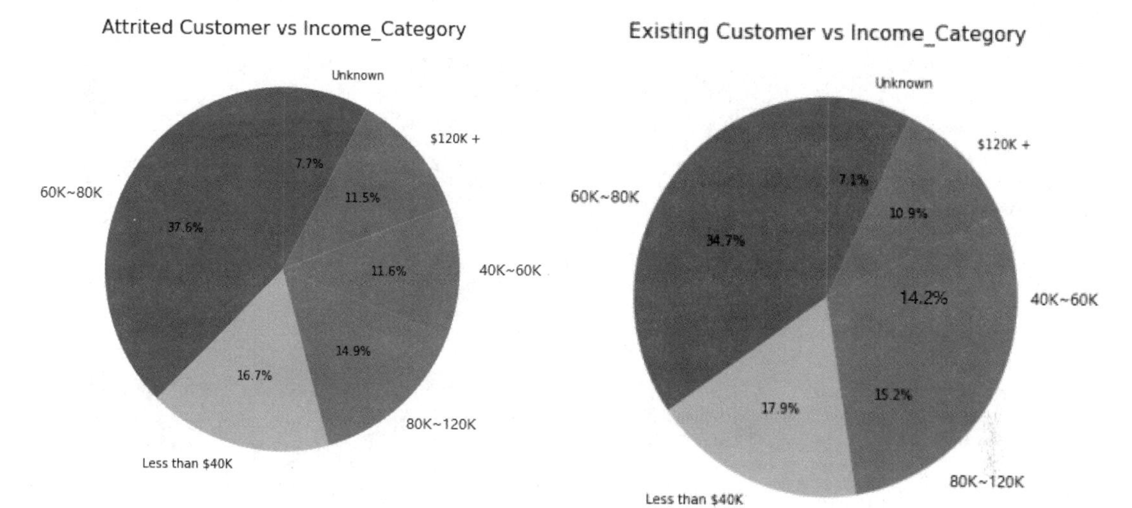

图 15-30　变量 Income_Category 与 Attrition_Flag 的分布饼图

最后，绘制各个变量的相关系数分布热图，以便了解哪些变量之间的相关系数较大，代码如下所示。

```
#CLIENTNUM 为客户 id，直接删除
df.drop('CLIENTNUM',axis=1,inplace=True)
#将目标变量转换为 0-1 编码，便于计算相关系数
df.Attrition_Flag.replace(['Existing Customer','Attrited Customer'],[0,1],inplace=True)
f, ax = plt.subplots(figsize=(15, 6))
sns.heatmap(df.corr(), annot=True, cmap="Blues")
plt.show()
```

运行上述程序，结果如图 15-31 所示。与目标变量的相关系数的绝对值较大的几个变量分别为 Contacts_Count_12_mon、Dependent_count、Total_Trans_Ct、Total_Ct_Chng_Q4_Q1，在模型训练阶段，需要重点关注。

上述数据探索阶段已基本完成，之后因为预测模型需要数值型变量，所以所有的分类变量均需要转换为数值型变量，分类型变量有 5 个，分别为 Gender、Education_Level、Marital_Status、Income_Category、Card_Category，变量转换代码如下所示。

```
#对部分变量进行哑变量处理
df_all = pd.get_dummies(data=df, \
columns = ['Gender', 'Education_Level',
            'Marital_Status', 'Income_Category',
            'Card_Category'],
prefix = ['Gender', 'Education_Level',
```

```
            'Marital_Status', 'Income_Category',
            'Card_Category'])
print(df_all.info())
```

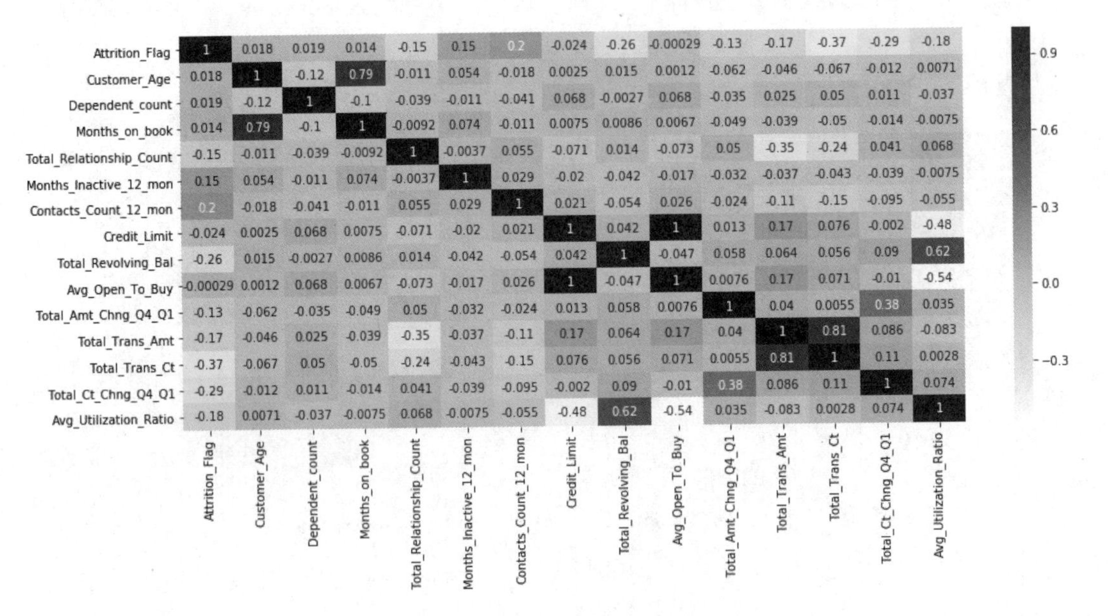

图 15-31　各变量相关系数的分布热图

运行上述程序，结果如下所示。衍生后的数据集总计包括 38 个目标变量。

```
<class 'pandas.core.frame.DataFrame'>
RangeIndex: 10127 entries, 0 to 10126
Data columns (total 38 columns):
Attrition_Flag                  10127 non-null int64
Customer_Age                    10127 non-null int64
Dependent_count                 10127 non-null int64
Months_on_book                  10127 non-null int64
Total_Relationship_Count        10127 non-null int64
Months_Inactive_12_mon          10127 non-null int64
Contacts_Count_12_mon           10127 non-null int64
Credit_Limit                    10127 non-null float64
Total_Revolving_Bal             10127 non-null int64
Avg_Open_To_Buy                 10127 non-null float64
Total_Amt_Chng_Q4_Q1            10127 non-null float64
Total_Trans_Amt                 10127 non-null int64
Total_Trans_Ct                  10127 non-null int64
Total_Ct_Chng_Q4_Q1             10127 non-null float64
Avg_Utilization_Ratio           10127 non-null float64
Gender_F                        10127 non-null uint8
Gender_M                        10127 non-null uint8
```

```
Education_Level_College             10127 non-null uint8
Education_Level_Doctorate           10127 non-null uint8
Education_Level_Graduate            10127 non-null uint8
Education_Level_High School         10127 non-null uint8
Education_Level_Post-Graduate       10127 non-null uint8
Education_Level_Uneducated          10127 non-null uint8
Education_Level_Unknown             10127 non-null uint8
Marital_Status_Divorced             10127 non-null uint8
Marital_Status_Married              10127 non-null uint8
Marital_Status_Single               10127 non-null uint8
Marital_Status_Unknown              10127 non-null uint8
Income_Category_$120K +             10127 non-null uint8
Income_Category_$40K - $60K         10127 non-null uint8
Income_Category_$60K - $80K         10127 non-null uint8
Income_Category_$80K - $120K        10127 non-null uint8
Income_Category_Less than $40K      10127 non-null uint8
Income_Category_Unknown             10127 non-null uint8
Card_Category_Blue                  10127 non-null uint8
Card_Category_Gold                  10127 non-null uint8
Card_Category_Platinum              10127 non-null uint8
Card_Category_Silver                10127 non-null uint8
dtypes: float64(5), int64(10), uint8(23)
memory usage: 1.4 MB
None
```

15.5.3 模型开发与评估

数据探索完成之后，即可进行模型开发，由于本案例为二分类问题，可使用的模型较多，本次使用不同的模型进行流失概率的预测。

首先分割数据集。将原始数据集的70%作为训练数据集，其余的30%作为模型评估数据集，并对数据集变量进行标准化处理，消除不同量纲对模型结果的影响，代码如下所示。

```
#对数据集进行分割
X = df_all.drop(['Attrition_Flag'], axis = 1)
y = df_all['Attrition_Flag']
X_train, X_test, y_train, y_test = train_test_split(X,
                                                    y,
                                                    test_size=0.3,
                                                    random_state=2021)
#进行变量标准化处理
scaler = MinMaxScaler()
X_train = scaler.fit_transform(X_train)
X_test = scaler.transform(X_test)
```

运行上述程序，即可完成数据分割及变量的标准化处理。然后，进行模型训练。先直接调用随机森林模型进行预测训练，代码如下所示。

```
target_names = ['Attrited Customer', 'Existing Customer']
parameters_randomforest = {'n_estimators':range(10,400,5),
                           'max_depth':range(2,8,2)}
#class_weight = 'balanced': 使用 y 的值自动调整与输入数据中的类频率成反比的权重
randomforest = RandomForestClassifier(class_weight = 'balanced')
clf_randomforest = RandomizedSearchCV(randomforest,
                                      parameters_randomforest,
                                      random_state=0)
clf_randomforest.fit(X_train, y_train)
y_pred_randomforest = clf_randomforest.predict(X_test)
#打印出模型分类评估报告
print(classification_report(y_test,
                            y_pred_randomforest,
                            target_names=target_names))
```

运行上述程序，结果如下所示。随机森林模型的准确率为 93%，流失客户的召回率为 94%。

```
                   precision    recall  f1-score   support
Attrited Customer       0.98      0.94      0.96      2545
Existing Customer       0.73      0.89      0.80       494
         accuracy                           0.93      3039
        macro avg       0.85      0.91      0.88      3039
     weighted avg       0.94      0.93      0.93      3039
```

下一步，调用 GBDT（梯度提升模型）进行预测，并设置模型参数，进行最优模型的计算，代码如下所示。

```
parameters_gb = {'learning_rate':(0.1,0.01),
                 'n_estimators':range(10,400,5),
                 'max_depth':range(2,8,2)
            }
gb = GradientBoostingClassifier()
clf_gb = RandomizedSearchCV(gb,
                            parameters_gb,
                            random_state=0)
clf_gb.fit(X_train, y_train)
y_pred_gb = clf_gb.predict(X_test)
print(classification_report(y_test,
                            y_pred_gb,
                            target_names=target_names))
```

运行上述程序，结果如下所示。模型准确率为 97%，流失客户的召回率为 99%，相比随机森林模型，模型性能更加优秀。

```
                   precision    recall  f1-score   support
Attrited Customer       0.98      0.99      0.98      2545
Existing Customer       0.95      0.87      0.91       494
         accuracy                           0.97      3039
        macro avg       0.96      0.93      0.95      3039
     weighted avg       0.97      0.97      0.97      3039
```

最后，调用经典的 Logistic 回归模型，采用 L2 正则，避免过拟合，代码如下所示。

```
clf_lg = LogisticRegression(C=0.5,
                            penalty='l2',
                            n_jobs=6,
                            random_state=0)
clf_lg.fit(X_train, y_train)
y_pred_lg = clf_lg.predict(X_test)
print(classification_report(y_test,
                            y_pred_lg,
                            target_names=target_names))
```

运行上述程序，结果如下所示。Logistic 回归模型的准确率为 90%，流失客户的召回率为 98%。

```
                   precision    recall  f1-score   support
Attrited Customer       0.91      0.98      0.95      2545
Existing Customer       0.85      0.50      0.63       494
         accuracy                           0.90      3039
        macro avg       0.88      0.74      0.79      3039
     weighted avg       0.90      0.90      0.89      3039
```

最后，合并三个模型的预测分数，加权后计算每个客户的流失概率分数，并计算加权模型的评分数据，代码如下所示。

```
y_pred_all = (0.5*y_pred_gb) + (y_pred_randomforest*0.3) + (y_pred_lg*0.2)
print(average_precision_score(y_test, y_pred_all), roc_auc_score(y_test, y_pred_all))
```

运行上述程序，结果如下所示。加权后的模型准确率为 90%，ROC 分数为 97%。

```
0.9017448156621379 0.9667960516373298
```

15.5.4　模型应用

模型应用是指将数据建模结果应用在业务上。具体到本实例中的商业问题，即需要业务人员根据经验及预测的流失概率分数选取流失概率较高的客户群，然后将其提交给客服或营销部门进行一对一服务或采取其他挽留措施，以减少客户的流失量，延长客户的生命周期。

银行产生客户流失问题的原因是比较复杂的，如同类型银行的数量不断增加、业务同质化、互联网金融的冲击等因素，都使银行逐渐失去竞争优势。下面就如何实现流失模型的落地，提出两点可行性建议。

（1）深入分析高价值客户流失的原因。高价值客户对于任何一家银行都是最重要的客户群体，需要银行投放更多的精力进行维护。对于高价值客户的流失，银行应该详细分析这部分客户群的特点，尽可能多地了解流失优质客户的属性信息以及行为信息，总结此类客户群体具有什么特征，从而深入挖掘流失的可能原因，避免造成更多高价值客户的流失。

（2）制定个性化挽留措施。结合客户对银行的贡献度把客户分成若干客户群体，针对不同级别的客户群体采取不一样的挽留方案。对于高贡献度、高流失风险客户，需要挑选在营销产品方面经验丰富的经理对其进行一对一服务，为客户选取更具竞争力且专属的服务，不仅可以提高客户的收益，还可以保证客户的黏性。对于低贡献度、低流失风险客户，可以采取一些激励手段促使客户进一步消费。